大气黑碳气溶胶理化特征与来源

王启元 曹军骥 著

科学出版社

北京

内 容 简 介

　　本书重点介绍我国典型地区大气环境中黑碳的理化特征、来源及辐射效应,通过一系列高精度黑碳及气溶胶化学组分在线监测手段,阐明我国内陆、沿海及青藏高原典型区域大气中黑碳的浓度变化特征;通过多种受体模型、双波段光学源解析模型及稳定碳同位素的方法,定量不同来源对大气黑碳的贡献比,结合数值模式,探索区域输送对黑碳的影响,定量分析表征不同环境中黑碳的吸光性,揭示影响黑碳吸光性的主要因素;基于辐射传输模型,定量获得大气中不同来源黑碳的直接辐射效应。

　　本书可作为大气气溶胶研究领域科技工作者及相关专业师生的专业学习书籍,也可作为环保工作者的知识拓展书籍。

图书在版编目(CIP)数据

大气黑碳气溶胶理化特征与来源 / 王启元,曹军骥著. —北京:科学出版社,2024.1

ISBN 978-7-03-076635-9

Ⅰ. ①大… Ⅱ. ①王… ②曹… Ⅲ. ①气溶胶－研究 Ⅳ. ①O648.18

中国国家版本馆 CIP 数据核字(2023)第 197241 号

责任编辑:祝 洁 / 责任校对:崔向琳
责任印制:师艳茹 / 封面设计:陈 敬

科学出版社 出版

北京东黄城根北街 16 号
邮政编码:100717
http://www.sciencep.com

中煤(北京)印务有限公司印刷
科学出版社发行 各地新华书店经销
*

2024 年 1 月第 一 版　开本:720×1000 1/16
2024 年 9 月第二次印刷　印张:13 1/4
字数:260 000

定价:168.00 元

(如有印装质量问题,我社负责调换)

前　　言

　　大气中黑碳气溶胶是地球气候辐射强迫中主要的颗粒态吸光物质，来自含碳物质（如化石燃料和生物质）不完全燃烧产生的副产物。尽管大气中黑碳的质量浓度只占总气溶胶质量浓度的百分之几至百分之十几，但其独特的理化性质及其与气溶胶组分的协同作用，对地球气候环境系统造成显著影响。黑碳在大气中的寿命周期仅为数天，因此控制其排放量被认为是短期内缓解气候变暖的有效途径。

　　2016 年签署《巴黎气候变化协定》以来，我国为实现承诺，采取了一系列的二氧化碳减排措施，包括严格控制煤炭消费及推进化石能源清洁化利用等。大气中黑碳气溶胶被认为是继二氧化碳之后第二大人为增温因子，而我国是全球黑碳排放量高值区，产生的气候效应一直是国内外学术界关注的焦点。理解黑碳气溶胶的理化性质与来源是探索其气候效应的基础，对理解不同政策背景下未来黑碳减排也起着重要作用，将有利于我国未来开展的气候外交谈判。

　　鉴于此，作者系统总结课题组近十年在黑碳气溶胶领域取得的相关成果，主要包括以下四个方面：①改进优化黑碳在线源解析方法，定量不同燃烧源对黑碳的贡献份额，为量化黑碳气溶胶的来源提供有效思路；②发展动力学与化学模式，阐明黑碳污染传输通道及定量贡献，为深入理解黑碳跨区域、跨境输送提供科学依据；③系统开展环境大气与排放源黑碳理化性质的研究，阐释黑碳混合态及其化学组成的演变规律，为改进数值模式、评估黑碳辐射效应提供重要的理论依据；④定量表征多环境中黑碳的吸光性，揭示老化过程对黑碳吸光增强因子的影响，定量估算不同源黑碳直接辐射效应贡献。

　　全书共 9 章，第 1 章介绍黑碳的概念及其对气候环境的影响；第 2 章介绍黑碳及气溶胶理化性质测量与分析方法的原理；第 3 章重点介绍典型区域黑碳浓度特征；第 4 章基于不同来源解析方法，定量分析黑碳来源特征及贡献比；第 5 章基于数值模式探究黑碳区域输送的影响；第 6 章重点介绍不同大气环境中黑碳粒径分布的特征；第 7 章重点介绍黑碳混合态演变规律及其影响因素；第 8 章讨论和分析黑碳吸光性及其影响因素；第 9 章通过辐射传输模型，定量分析大气中不同来源黑碳产生的直接辐射效应。

　　感谢国家重点研发计划项目（2022YFF0802501）、国家自然科学基金项目（42192512 和 41877391）、陕西省自然科学基础研究计划项目（2023-JC-JQ-23）和中国科学院青年创新促进会（2019402）对本书相关研究的资助。中国科学院地球环境研究所田杰副研究员，博士后刘卉昆，王锦研究助理，博士研究生李丽、张勇与硕士研究生陈楠、陈铄元和李萌津，西安建筑科技大学张倩副教授及其课题组硕士研究生张瑜洁、李子易、王佳丽和吴智春，以及香港理工大学王蒙博士，参与了前期资料的收集和梳理工作，在此一并感谢。同时，感谢美国国家海洋和大气管理局（National Oceanic and Atmospheric Administration）高汝山教授、美国沙漠研究所（Desert Research Institute）Judith C. Chow 教授和 John G. Watson 教授对本书相关研究内容的指导。

　　由于作者水平有限，书中难免存在不足之处，敬请读者批评指正。

目　　录

前言

第1章　绪论 ··· 1

    参考文献 ··· 4

第2章　BC及气溶胶测量与分析方法 ······································· 6

  2.1　气溶胶化学组分在线测量 ··· 6

    2.1.1　单颗粒黑碳光度计 ··· 6

    2.1.2　多波段黑碳仪 ··· 8

    2.1.3　单颗粒气溶胶质谱仪 ··· 9

    2.1.4　气溶胶化学组分在线监测仪 ···································· 10

    2.1.5　在线金属元素分析仪 ··· 11

  2.2　气溶胶化学组分离线分析 ··· 12

    2.2.1　碳组分分析 ··· 12

    2.2.2　水溶性离子分析 ··· 13

    2.2.3　无机元素分析 ·· 14

  2.3　气溶胶光学测量 ·· 15

    2.3.1　光声气溶胶消光仪 ·· 15

    2.3.2　积分浊度仪 ··· 15

  2.4　源排放模拟实验 ·· 15

  2.5　本章小结 ··· 17

  参考文献 ··· 18

第3章　典型区域大气环境中BC质量浓度特征 ····················· 19

  3.1　内陆地区大气环境中BC质量浓度特征 ·························· 19

    3.1.1　北京BC质量浓度特征 ··· 19

    3.1.2　西安BC质量浓度特征 ··· 21

    3.1.3　宝鸡BC质量浓度特征 ··· 24

    3.1.4　香河BC质量浓度特征 ··· 27

  3.2　沿海地区大气环境中BC质量浓度特征 ·························· 29

　　　3.2.1　厦门 BC 质量浓度特征 ···29

　　　3.2.2　三亚 BC 质量浓度特征 ···30

　　3.3　青藏高原大气环境中 BC 质量浓度特征 ·····························32

　　　3.3.1　青海湖 BC 质量浓度特征 ···32

　　　3.3.2　鲁朗 BC 质量浓度特征 ···33

　　3.4　本章小结 ··36

　　参考文献 ··37

第 4 章　大气环境中 BC 来源研究 ···**38**

　　4.1　BC 源解析方法 ···38

　　　4.1.1　受体模型 ···38

　　　4.1.2　双波段光学源解析模型 ···42

　　　4.1.3　稳定碳同位素法 ···44

　　4.2　正定矩阵因子分解模型的应用 ·······································45

　　4.3　多元线性引擎模型的应用 ··48

　　4.4　混合环境受体模型的应用 ··50

　　4.5　双波段光学源解析模型的应用 ·······································58

　　　4.5.1　香河 BC 来源解析 ···58

　　　4.5.2　青藏高原 BC 来源解析 ···63

　　4.6　稳定碳同位素法的应用 ···70

　　4.7　本章小结 ··74

　　参考文献 ··75

第 5 章　大气环境中 BC 的区域输送 ··**79**

　　5.1　基于后向轨迹分析法的分析 ··79

　　　5.1.1　后向轨迹聚类分析法 ··79

　　　5.1.2　潜在源贡献因子分析法 ···80

　　　5.1.3　浓度权重轨迹分析法 ··81

　　5.2　气象-化学在线耦合数值模式 ··81

　　5.3　区域输送对大气环境 BC 的影响 ·····································83

　　　5.3.1　区域输送对北京大气 BC 的影响 ································83

　　　5.3.2　区域输送对香河大气 BC 的影响 ································85

　　　5.3.3　区域输送对厦门大气 BC 的影响 ································89

　　　5.3.4　区域输送对宝鸡大气 BC 的影响 ································89

　　　5.3.5　区域输送对关中盆地大气 BC 的影响 ·····················90

5.4 区域输送对青藏高原大气 BC 的影响 ·················· 96
　　5.4.1 区域输送对青海湖大气 BC 的影响 ·············· 96
　　5.4.2 区域输送对鲁朗大气 BC 的影响 ·············· 97
　　5.4.3 区域输送对高美古大气 BC 的影响 ·············· 100
5.5 本章小结 ··· 103
参考文献 ··· 104

第 6 章　大气环境中 BC 粒径分布特征 ···················· 106
6.1 典型城市大气环境中 BC 粒径分布特征 ·············· 106
　　6.1.1 西安大气 BC 粒径分布特征 ····················· 106
　　6.1.2 厦门大气 BC 粒径分布特征 ····················· 109
6.2 青藏高原大气环境中 BC 粒径分布特征 ·············· 111
　　6.2.1 青海湖大气 BC 粒径分布特征 ··················· 111
　　6.2.2 鲁朗大气 BC 粒径分布特征 ····················· 113
6.3 生物质燃烧源新鲜排放的 BC 粒径分布特征 ········· 115
6.4 本章小结 ··· 118
参考文献 ··· 118

第 7 章　大气环境中 BC 混合态特征 ······················· 121
7.1 大气 BC 混合态的测量 ·· 121
7.2 典型城市大气 BC 混合态的演变规律 ··················· 123
　　7.2.1 北京大气 BC 混合态的演变规律 ················ 123
　　7.2.2 西安大气 BC 混合态的演变规律 ················ 125
　　7.2.3 厦门大气 BC 混合态的演变规律 ················ 127
7.3 青藏高原大气 BC 混合态的演变规律 ··················· 129
　　7.3.1 青海湖大气 BC 混合态的演变规律 ············· 129
　　7.3.2 鲁朗大气 BC 混合态的演变规律 ················ 130
7.4 大气氧化性对 BC 混合态的影响 ·························· 132
7.5 生物质燃烧排放的 BC 混合态特征 ······················ 136
7.6 大气中 BC 内混态化学物质的组成 ······················ 137
　　7.6.1 正定矩阵因子分解模型的应用 ·················· 137
　　7.6.2 自适应共振理论神经网络算法的应用 ·········· 141
7.7 本章小结 ··· 144
参考文献 ··· 145

第 8 章　大气环境中 BC 的吸光性 ··· **147**

　　8.1　城市大气 BC 的吸光性 ·· 147

　　8.2　大气中不同化学组分对气溶胶消光的贡献 ······· 153

　　　　8.2.1　气溶胶消光系数的重建 ································· 153

　　　　8.2.2　北京大气中不同化学组分对气溶胶消光的贡献 ······· 154

　　　　8.2.3　西安大气中不同化学组分对气溶胶消光的贡献 ······· 161

　　　　8.2.4　三亚大气中不同化学组分对气溶胶消光的贡献 ······· 169

　　8.3　BC 吸光性的影响因素 ·· 173

　　　　8.3.1　BC 混合态对吸光性的影响 ··························· 173

　　　　8.3.2　光化学氧化对 BC 吸光性的影响 ···················· 177

　　　　8.3.3　相对湿度对 BC 吸光性的影响 ······················ 179

　　8.4　源排放 BC 混合态和粒径对吸光性的影响 ········· 182

　　8.5　本章小结 ·· 184

　　参考文献 ··· 184

第 9 章　大气环境中 BC 的直接辐射效应 ······················· **188**

　　9.1　BC 辐射效应评估方法 ·· 188

　　9.2　不同来源 BC 直接辐射效应 ··································· 189

　　　　9.2.1　青藏高原大气中不同来源 BC 直接辐射效应 ········ 189

　　　　9.2.2　内陆城市大气中不同来源 BC 的直接辐射效应 ······ 191

　　　　9.2.3　沿海城市大气中不同来源 BC 的直接辐射效应 ······ 195

　　9.3　气流运动对大气 BC 直接辐射效应的影响 ········· 196

　　　　9.3.1　气流运动对城市大气 BC 直接辐射效应的影响 ······ 196

　　　　9.3.2　气流运动对高山大气 BC 直接辐射效应的影响 ······ 198

　　9.4　本章小结 ·· 201

　　参考文献 ··· 201

第1章 绪 论

在 20 世纪七八十年代，众多研究人员发现了黑碳的存在（Andreae, 1983; Heintzenberg, 1982; Levin et al., 1979），而对于黑碳的定义众说纷纭。因广泛存在于土壤、雪冰、大气和水体等不同介质中，黑碳的定义和名称一般会有所差别。从形式上看，在不涉及测量方法或形成过程的情况下，术语"黑"理想地描述了反射率为 0、吸收率为 1、发射率为 1 的完全吸光物体。然而，当物体具有接近 1 的吸收率时仍被视为"黑色"（Schwartz et al., 2012）。术语"碳"指元素周期表中的第六个元素，而"元素碳"用于表示不与其他元素结合的碳。综合这些观点，对术语"黑碳"和"元素碳"提出了严格的定义。

黑碳（black carbon，BC）被定义为由碳组成的吸光物质。BC 的形成过程被排除在这个定义之外，这是因为存在各种潜在复杂的形成过程。虽然 BC 主要是在含碳物质不完全燃烧中形成的，但其也可以是含碳物质热解的产物。例如，在 250℃ 以上的温度下，由于氢原子/氧原子的损失，含碳化合物的化学结构发生变化（Chow et al., 2004），如糖脱水，或在无氧环境下加热木材（Schwartz et al., 2012）。元素碳（elemental carbon，EC）被定义为仅包含碳的物质，碳不与其他元素结合，但可能以一种或多种同素异形体形式存在（Schwartz et al., 2012），如金刚石、石墨或富勒烯等。因此，正式术语 BC 和 EC 是指具有不同光学特性和物理特性的物质，而不是具有明确特性的给定物质。这些严格的定义在实践中并不是特别有用，含碳物质在任何情况下都不会作为纯物质出现在大气气溶胶中，相反，它会以具有不同物质特性的不同含碳化合物的高度可变混合物的形式出现。更有用的 BC 定义应该考虑颗粒的各种特性，这些特性使得其与气候变化、大气化学、环境空气质量、生物地球化学和古气候学相联系起来（Petzold et al., 2013）。

当前术语中，EC 是指颗粒物含碳部分在 4000K 的高温惰性环境中仍然保持热稳定，并且只能在高于 613K 的温度下被氧化气化，它被认为在大气环境中呈惰性和非挥发性，并且不溶于任何溶剂（Ogren et al., 1983）。Bond 等（2013）首次综合定义了 BC，其具有以下不同特性：①在可见光范围具有很强的吸光能力，对于新鲜排放的 BC 颗粒，在波长 $\lambda=550$nm 处的吸光效率高于 $5m^2/g$；②具有难熔性，挥发温度接近 4000K；③不溶于水以及包括甲醇和丙酮在内的有机溶剂，也不溶于大气气溶胶的其他成分；④由粒径 $10\sim50$nm 的碳小球聚集体组成。这是目前最为常用的一种定义。关于黑碳的定义通常会有部分重叠，但原则上不对其进行区分，具体研究中可选择不同的物质种类定义为黑碳。

　　BC 是碳基燃料不完全燃烧的副产物。大气环境中 BC 来源十分广泛，类型包括自然源和人为源。自然源主要有草原野火、森林火灾等，人为源主要有机动车源（如汽油和柴油)、燃煤源（如民用及工业用）、生物质燃烧源（如农作物秸秆、薪柴、牦牛粪等）等（Wang et al., 2014, 2012）。燃烧过程中，一系列涉及多环芳烃分子的复杂反应形成了 BC 前体，这些前体凝结成足够大的颗粒核，并通过表面的反应生长。扫描电子显微镜图像显示，这些球体在大气颗粒中独一无二，褶皱的石墨层在中空或无序的内部形成一个外壳（Heidenreich et al., 1968），它们的直径有几十纳米，并且碳氢比例较高。形成后不久，石墨球体凝结形成聚集体或由成百上千个石墨球体组成了分形链状结构，如图 1-1 所示。如果燃烧烟气保持高温，并且有足够的氧气与燃烧产物充分混合，那么这些碳颗粒在离开燃烧室之前可能通过氧化反应被消除（Lee et al., 1962）；否则，它们就会被排放出来。

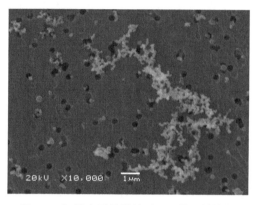

图 1-1　扫描电子显微镜下 BC 的形貌特征

　　链状聚合物在排放后其形貌将迅速发生变化。水汽和其他气态物质凝结在聚合物上，形成更密集的团簇（Weingartner et al., 1997; Ramachandran et al., 1995）。大气环境中存在的其他颗粒和气态物质也会与燃烧产生的气溶胶凝结。大气 BC 的混合态大致可分为外混态（外部混合）和内混态（内部混合）。外混态即 BC 与其他成分的物质存在于不同的颗粒中；内混态则是 BC 与其他成分的物质（如硫酸盐、硝酸盐、有机物等）存在于相同颗粒中，这些颗粒不再是纯 BC，而是含有硫酸盐、硝酸盐、有机物等的颗粒，这些物质通常也称为包裹物（coating）。图 1-2 显示了透射电子显微镜下内混态 BC 的形貌特征。在某些地方，BC 排放出来几个小时即可形成内混态（Moffet et al., 2009; Moteki et al., 2007），当前依然缺乏足够的测量结果来估算整个大气中 BC 的内混程度。对 BC 微观物理过程的数值模拟结果表明，大多数 BC 在排放出来后的 1～5d 与其他物质混合形成内混态（Jacobson, 2001），并且在不同海拔的地方普遍发现有内混态的 BC（Aquila et al., 2011）。

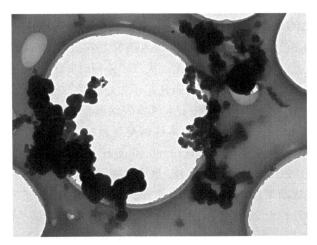

图 1-2　透射电子显微镜下内混态 BC 的形貌特征

BC 是大气中主要的颗粒态吸光物质，对环境和气候效应具有显著影响。BC 被认为是继二氧化碳之后第二大人为源增温因子（Bond et al., 2013）。由于 BC 在大气中的寿命周期通常仅为数天至十几天，控制 BC 排放量被认为是短期内缓解气候变化的有效途径。BC 对气候变化的影响主要有三种方式：①直接吸收太阳辐射，扰动地球大气系统的能量收支平衡，从而直接影响气候变化；②与硫酸盐、硝酸盐及水溶性有机物等气溶胶混合，形成云凝结核或直接作为冰核，从而改变云的微物理特性及云的寿命，间接影响气候系统；③增加太阳加热率，促进低云蒸发，造成云量和云反照率的减小，进而影响气候，这被称为 BC 的半直接效应。BC 经干湿沉降进入冰雪中，可以降低冰雪表面的反照率，减少其对太阳辐射的反射，增加冰雪对太阳辐射的吸收，加速冰雪融化，改变区域能量收支平衡，对气候系统形成反馈作用。大量观测结果表明，青藏高原的冰川正在不断退化（Ke et al., 2017; Kang et al., 2015; Yao et al., 2012）。此外，BC 的吸光性可以降低大气能见度（Watson, 2002），抑制大气边界层的发展，加重灰霾污染（Ding et al., 2016）。

尽管黑碳在大气气溶胶中占比较小，但其独特的理化性质及其与其他气溶胶组分的协同作用，使 BC 对地球短期气候系统造成显著影响。因此，BC 理化性质及其来源是国际气溶胶研究的前沿领域之一。在观测方面，从 20 世纪 80 年代起国际上便开展了大量的野外飞行及地基观测实验，如平流层和对流层上部的 BC 观测、极地地区和海洋上空大气的观测研究。90 年代以后，国际组织的大规模气溶胶观测实验，均将 BC 作为一项重要的观测研究内容，如在大洋洲地区举行的气溶胶特性实验（aerosol characterization experiment, ACE-I）、欧洲和非洲地区的 ACE-II 实验以及北美地区进行的气溶胶辐射特性实验（radiative aerosol characterization experiment, RACE）等。世界气象组织（World Meteorological

Organization, WMO）全球大气监测网的各监测站中也普遍开展本底大气 BC 的连续观测。随着对 BC 大尺度环境效应的深入研究，各国对 BC 的城市及背景地区的浓度、光学性质、尺度分布、源和汇、大气中停留时间等方面进行了广泛研究。

　　与国外研究相比，我国对 BC 的研究起步相对较晚。20 世纪 90 年代，汤洁等（1999）在 1991 年利用黑碳仪在临安大气本底站进行了观测，随后于 1994 年 7 月～1995 年 12 月在瓦里关国家大气本底基准观测站进行了观测。研究发现，瓦里关地区 BC 平均质量浓度范围为 0.13～0.30µg/m³，均值为 0.18µg/m³，低于东部地区临安的均值（2.31µg/m³）。随着 BC 重要性被逐渐认识，我国学者对 BC 浓度及来源的研究也逐渐增多，尤其是在京津冀、珠江三角洲、长江三角洲等重点区域。Cao 等（2007）于 2003 年不同季节在全国 14 个城市开展了碳气溶胶的同步观测，这也是首次报道大气环境中全国分布的 EC 浓度特征。随后，Zhang 等（2008）也做了类似的同步观测研究。随着 BC 测量技术的不断发展，除浓度特征及来源研究外，越来越多的研究集中在 BC 的混合态及其对光学性质影响上。BC 老化对其混合态及光学性质的影响在学术界也一直存在争议，是 BC 研究的难点。

　　本书总结课题组近十年在 BC 领域的研究成果，从燃烧模拟实验、外场观测以及数值模式模拟等方面系统地介绍了 BC 的理化性质及来源。第 1 章，介绍 BC 的基本定义及其对环境气候的影响；第 2 章，介绍 BC 及气溶胶理化性质测量与分析仪器的原理；第 3 章，介绍我国不同区域，包括内陆地区、沿海地区及青藏高原大气 BC 的浓度特征；第 4 章，介绍多种源解析方法的原理（包括正定矩阵因子分解、多元线性引擎、混合环境受体模型、双波段光学源解析模型和稳定碳同位素）及其在大气 BC 源解析中的应用；第 5 章，介绍包括后向轨迹聚类分析法、潜在源贡献因子分析法、浓度权重轨迹分析法和气象-化学在线耦合数值模式在内的多种区域输送研究方法的应用；第 6 章，介绍我国典型城市、青藏高原及燃烧源排放 BC 的粒径分布特征；第 7 章，介绍我国典型城市和青藏高原 BC 混合态及其内混物组成特征及影响因素；第 8 章，介绍 BC 吸光性及其影响因素；第 9 章介绍不同源排放的 BC 在大气中产生的直接辐射效应。

参 考 文 献

汤洁, 温玉璞, 周凌晞, 等, 1999. 中国西部大气清洁地区黑碳气溶胶的观测研究[J]. 应用气象学报, 10(2): 160-170.
ANDREAE M O, 1983. Soot carbon and excess fine potassium: Long-range transport of combustion-derived aerosols[J]. Science, 220(4602): 1148-1151.
AQUILA V, HENDRICKS J, LAUER A, et al., 2011. MADE-in: A new aerosol microphysics submodel for global simulation of insoluble particles and their mixing state[J]. Geoscientific Model Development, 4(2): 325-355.
BOND T C, DOHERTY S J, FAHEY D W, et al., 2013. Bounding the role of black carbon in the climate system: A scientific assessment[J]. Journal of Geophysical Research: Atmospheres, 118(11): 5380-5552.
CAO J J, LEE S C, CHOW J C, et al., 2007. Spatial and seasonal distributions of carbonaceous aerosols over China[J]. Journal of Geophysical Research: Atmospheres, 112(D22), DOI: 10.1029/2006JD008205.

CHOW J C, WATSON J G, CHEN L W A, et al., 2004. Equivalence of elemental carbon by thermal/optical reflectance and transmittance with different temperature protocols[J]. Environmental Science & Technology, 38(16): 4414-4422.

DING A J, HUANG X, NIE W, et al., 2016. Enhanced haze pollution by black carbon in megacities in China[J]. Geophysical Research Letters, 43(6): 2873-2879.

HEIDENREICH R D, HESS W M, BAN L L, 1968. A test object and criteria for high resolution electron microscopy[J]. Journal of Applied Crystallography, 1(1): 1-19.

HEINTZENBERG J, 1982. Size-segregated measurements of particulate elemental carbon and aerosol light absorption at remote arctic locations[J]. Atmospheric Environment, 16(10): 2461-2469.

JACOBSON M Z, 2001. Strong radiative heating due to the mixing state of black carbon in atmospheric aerosols[J]. Nature, 409(6821): 695-697.

KANG S, WANG F, MORGENSTERN U, et al., 2015. Dramatic loss of glacier accumulation area on the Tibetan Plateau revealed by ice core tritium and mercury records[J]. Cryosphere, 9(3): 1213-1222.

KE L H, DING X L, LI W K, et al., 2017. Remote sensing of glacier change in the central Qinghai-Tibet Plateau and the relationship with changing climate[J]. Remote Sensing, 9(2), DOI: 10.3390/rs9020114.

LEE K B, THRING M W, BEÉR J M, 1962. On the rate of combustion of soot in a laminar soot flame[J]. Combustion and Flame, 6(3): 137-145.

LEVIN Z, LINDBERG J D, 1979. Size distribution, chemical composition, and optical properties of urban and desert aerosols in Israel[J]. Journal of Geophysical Research: Oceans, 84(NC11): 6941-6950.

MOFFET R C, PRATHER K A, 2009. In-situ measurements of the mixing state and optical properties of soot with implications for radiative forcing estimates[J]. Proceedings of the National Academy of Sciences of the United States of America, 106(29): 11872-11877.

MOTEKI N, KONDO Y, 2007. Effects of mixing state on black carbon measurements by laser-induced incandescence[J]. Aerosol Science and Technology, 41(4): 398-417.

OGREN J A, CHARLSON R J, 1983. Elemental carbon in the atmosphere: Cycle and lifetime[J]. Tellus B: Chemical and Physical Meteorology, 35(4): 241-254.

PETZOLD A, OGREN J A, FIEBIG M, et al., 2013. Recommendations for reporting "black carbon" measurements[J]. Atmospheric Chemistry and Physics, 13(16): 8365-8379.

RAMACHANDRAN G, REIST P C, 1995. Characterization of morphological changes in agglomerates subject to condensation and evaporation using multiple fractal dimensions[J]. Aerosol Science and Technology, 23(3): 431-442.

SCHWARTZ S E, LEWIS E R, 2012. Interactive comment on "Are black carbon and soot the same?" by P. R. Buseck et al.: Disagreement on proposed nomenclature[J]. Atmospheric Chemistry and Physics Discussions, 12: C9099-C9109.

WANG R, TAO S, SHEN H Z, et al., 2014. Trend in global black carbon emissions from 1960 to 2007[J]. Environmental Science & Technology, 48(12): 6780-6787.

WANG R, TAO S, WANG W T, et al., 2012. Black carbon emissions in China from 1949 to 2050[J]. Environmental Science & Technology, 46(14): 7595-7603.

WATSON J G, 2002. Visibility: Science and regulation[J]. Journal of the Air & Waste Management Association, 52(6): 628-713.

WEINGARTNER E, BURTSCHER H, BALTENSPERGER U, 1997. Hygroscopic properties of carbon and diesel soot particles[J]. Atmospheric Environment, 31(15): 2311-2327.

YAO T D, THOMPSON L, YANG W, et al., 2012. Different glacier status with atmospheric circulations in Tibetan Plateau and surroundings[J]. Nature Climate Change, 2(9): 663-667.

ZHANG X Y, WANG Y Q, ZHANG X C, et al., 2008. Carbonaceous aerosol composition over various regions of China during 2006[J]. Journal of Geophysical Research: Atmospheres, 113(D14), DOI: 10.1029/2007JD009525.

第 2 章　BC 及气溶胶测量与分析方法

本章将介绍 BC 及气溶胶化学性质与光学参数的主要测量仪器和分析方法，同时介绍固定燃烧源和移动源排放颗粒物的模拟实验，以便读者对本书中涉及的实验和方法有一个较全面了解。

2.1　气溶胶化学组分在线测量

2.1.1　单颗粒黑碳光度计

本书将使用单颗粒黑碳光度计（single particle soot photometer，SP2）测量 BC 的质量浓度、粒径分布及混合态特征。图 2-1 为 SP2 工作原理示意图。使用腔内掺钕钇铝石榴石（Nd：YAG）晶体激光（λ=1064nm）来定量单个 BC 的质量。当 BC 气溶胶经过 YAG 激光束时，被加热至其蒸发温度而释放出白炽光信号，该信号被检测器捕获，白炽光信号的峰值强度与 BC 质量成正比，且这种关系与 BC 的形貌和混合态无关（Slowik et al.，2007）。

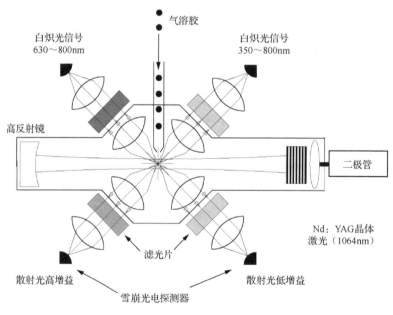

图 2-1　SP2 工作原理示意图

（改自 Gao et al., 2007）

　　SP2 的核心部件是 Nd：YAG 晶体激光。如图 2-1 所示，YAG 晶体激光位于系统的中间，四个探测器位于四周，气溶胶喷射嘴位于垂直方向。气溶胶从喷射嘴喷出后逐一进入激光腔室内与激光束相遇。如果该气溶胶为 BC 时，则在遇到激光束后会吸收激光的能量而使自身达到蒸发温度发出白炽光信号。SP2 包含四个探测器，一个用来测量气溶胶的散光信号，两个用来测量白炽光信号，包括宽带光（350～800nm）和窄带光（630～800nm），通过色温的计算进一步判断该颗粒是否为 BC。研究表明，BC 的蒸发温度范围为 3700～4300K，与其他一些难熔金属元素（如 Si、Nb、Cr）的温度范围并无显著性重叠，说明 SP2 对 BC 具有很强的选择性（Schwarz et al., 2006）。第四个探测器的作用主要是使用边缘散光信号（leading edge of the scattering signal）来计算 BC 的包裹层厚度（Gao et al., 2007）。

　　SP2 测量 BC 得到的是白炽光信号强度，需要使用标准 BC 粒子来标定，从而将白炽光信号强度转化成 BC 质量。通常使用富勒烯烟炱（fullerene soot）作为BC 标定的标准物。将富勒烯烟炱加入去离子水中（$R>18.2\text{M}\Omega$）。考虑到富勒烯烟炱是憎水性物质，可以超声萃取 15min，从而使富勒烯烟炱与去离子水充分混合。利用气溶胶发生器将混合充分的富勒烯烟炱雾化产生 BC 气溶胶，并使产生的气流通过差分迁移率分析仪（differential mobility analyzer，DMA），筛选固定粒径的 BC 进入 SP2 中测量。

　　对于本书中涉及的 SP2 测量，此处用一典型的标定案例来进行说明。使用DMA 在 80～600nm 选取不同粒径的富勒烯烟炱，记录 SP2 测量的数据。在 SP2测量过程中，每个粒径的富勒烯烟炱信息大概记录 4 万个用来进行后续数据分析。各粒径的富勒烯烟炱对应的白炽光信号峰值强度和相应粒径的富勒烯烟炱质量建立线性回归方程。如图 2-2 所示，富勒烯烟炱质量与白炽光信号峰值强度呈现非常好的线性关系，该线性方程即为白炽光信号峰值强度与 BC 质量的换算公式。

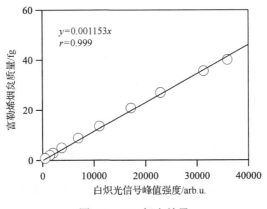

图 2-2　SP2 标定结果

2.1.2 多波段黑碳仪

多波段黑碳仪主要用于测量 BC 质量浓度及不同波长下气溶胶吸光系数，其测量原理是通过测量气溶胶负载滤膜点和空载滤膜点的光衰减来获得气溶胶的吸光系数，可实现多个波长（如 370nm、470nm、520nm、660nm、880nm 和 950nm）吸光系数的同步测量。根据朗伯-比尔（Lambert-Beer）定律可得吸光系数（b_{abs}）的公式为

$$I = I_0 e^{-b_{abs}x} \tag{2-1}$$

式中，I_0 ——入射光强；

I ——通过厚度 x 介质的光强。

光衰减（ATN）的计算公式为

$$\text{ATN} = \ln \frac{I_0}{I} \tag{2-2}$$

$$b_{\text{ATN}} = \frac{S}{Q} \times \frac{\Delta \text{ATN}}{\Delta t} \tag{2-3}$$

式中，b_{ATN} ——光衰减系数；

S ——滤膜采样点的面积；

Q ——样点流速；

ΔATN ——Δt 时间内光衰减变化量。

基于滤膜法的多波段黑碳仪实际测量的是光衰减系数 b_{ATN}，与气溶胶吸光系数 b_{abs} 之间存在差异，需要通过一定的手段将 b_{ATN} 转换成 b_{abs}。根据不同型号的多波段黑碳仪，测量方法主要分为单点法和双点法两类。

单点法的多波段黑碳仪滤膜上有一个样点和一个参考点（如 AE31）。Weingartner 等（2003）引入因子 C_{ref} 和 $R(\text{ATN})$，将 b_{ATN} 转换为 b_{abs}，计算公式为

$$b_{abs} = b_{\text{ATN}} \times \frac{1}{C_{\text{ref}} \times R(\text{ATN})} \tag{2-4}$$

式中，C_{ref} ——滤膜多重散光效应修正因子；

$R(\text{ATN})$ ——滤膜负载效应的修正因子。

在此基础上，不同研究者根据实验也提出了一些不同的校正算法（Collaud Coen et al., 2010; Virkkula et al., 2007; Schmid et al., 2006; Arnott et al., 2005）。

双点法的多波段黑碳仪滤膜上有两个样点和一个参考点（如 AE33），以两种不同流速将气溶胶采集到两个滤膜点上，通过测量两个滤膜点与参考点的光衰减来获得吸光系数。这种双点法测量能得到实时的负载效应补偿因子（k），进而对负载效应进行修正（Drinovec et al., 2015）。BC 质量浓度（ρ_{BC}）的修正公式为

$$\rho_{BC} = \frac{\Delta ATN}{\Delta t} \times \frac{S}{F \times (1 - \xi)} \times \frac{1}{\sigma \times C_{ref}} \times \frac{1}{(1 - k \times ATN)} = \frac{\rho_{BC_{NC}}}{(1 - k \times ATN)} \quad (2\text{-}5)$$

式中，F ——实际测量的流速；

$\quad\quad \xi$ ——滤带泄漏因子，与使用的滤带型号有关；

$\quad\quad \sigma$ ——BC 质量吸光截面；

$\quad\quad \rho_{BC_{NC}}$ ——无负载效应修正的 BC 质量浓度。

通过代入因子 C_{ref} 和 k，将 b_{ATN} 转换为 b_{abs}，公式为

$$b_{abs} = \rho_{BC} \times \sigma = \frac{\Delta ATN_1}{\Delta t \times C_{ref}} \times \frac{S}{F_1 \times (1 - \xi)} \times \frac{1}{(1 - k \times ATN_1)} = \frac{b_{ATN_1}}{C_{ref} \times (1 - k \times ATN_1)} \quad (2\text{-}6)$$

式中，F_1 ——滤膜点 1 的实际测量流速；

$\quad\quad b_{ATN_1}$ ——滤膜点 1 的光衰减系数；

$\quad\quad ATN_1$ ——滤膜点 1 的光衰减。

通过同时测量两个滤膜样点的光衰减 ATN_1 和 ATN_2，利用式（2-5）计算出补偿因子 k，进而获得等效的 BC 质量浓度，公式为

$$\rho_{BC_1} = \rho_{BC} \times (1 - k \times ATN_1) \quad (2\text{-}7)$$

$$\rho_{BC_2} = \rho_{BC} \times (1 - k \times ATN_2) \quad (2\text{-}8)$$

2.1.3　单颗粒气溶胶质谱仪

单颗粒气溶胶质谱仪（single particle aerosol mass spectrometry，SPAMS）主要由控制软件、数据采集与分析软件、进样系统、测粒径系统、电离源、质量分析器、真空系统及数据采集系统组成。图 2-3 给出了 SPAMS 工作原理示意图。SPAMS 进样口采用的是空气动力学透镜，通过双光束测量粒径的原理进行单颗粒气溶胶粒径的测量与计数，之后利用飞行时间质谱原理进行化学成分的分子量鉴定，通过自适应共振理论神经网络（adaptive resonance theory neural network，ART-2a）算法进行颗粒物分类，实现单颗粒气溶胶化学成分和颗粒物粒径的同步测量。

SPAMS 可以直接快速地对单个颗粒进行实时在线测量，可实现的数据分析功能包括：①颗粒分类，即根据空气动力学直径和质谱特征分别对颗粒进行分类，也可同时对颗粒的粒径和化学组成进行分类，建立化学组分与粒径之间的对应关系；②数浓度变化，即可以分析不同化学组分颗粒及其在不同粒径下的数浓度变化特征；③化学成分分析，即可以分析某种化学成分（如 BC）随时间的变化特征，揭示其在大气中的演化规律及形成机理。

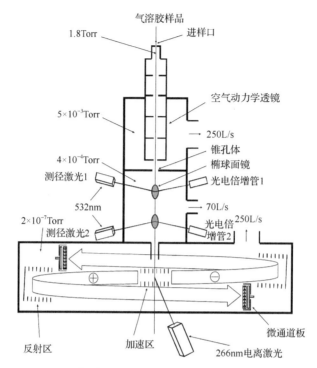

图 2-3　SPAMS 工作原理示意图（改自 www.tofms.net/goods/39.html）

Torr 为压强单位托，1Torr=1mmHg=1.33322×10^{2}Pa

SPAMS 的校准分为粒径校准和谱图校准。粒径校准：首先将不同粒径的聚苯乙烯乳胶球（polystyrene latex spheres，PSL）溶液分别加入去离子水中，装上气溶胶发生器，使用高纯氮气连接气溶胶发生器，将产生的标准粒径 PSL 通入 SPAMS 的进样口，持续数分钟后停止采样，记录文件后开始下一个粒径的校准，共计 7 个粒径，如 0.23μm、0.32μm、0.51μm、0.74μm、0.96μm、1.4μm 和 2.0μm。然后，将粒径校准文件导入数据处理软件中生成校准曲线。谱图校准：通常使用实际大气环境中气溶胶的质谱进行校准。校准时，选取同时具有明显特征峰的气溶胶进行标注，如正质谱图中的离子碎片 $^{23}Na^+$、$^{39}K^+$ 和 $^{206,207,208}Pb^+$ 以及负质谱图中的离子碎片 $^{46}NO_2^-$、$^{62}NO_3^-$ 和 $^{97}HSO_4^-$。标注后查看其他粒子碎片的特征峰是否有偏移，当所有的离子峰都能对应准确的组分时，校准完成。

2.1.4　气溶胶化学组分在线监测仪

气溶胶化学组分在线监测仪（aerosol chemical speciation monitor，ACSM）主要由气溶胶样品进气口、空气动力学透镜、真空系统、热气化和电子轰击离子化装置、四极杆质谱仪及数据采集系统六部分组成（图 2-4）。ACSM 可对大气中非难熔性气溶胶的组分进行高时间分辨率测量，包括有机气溶胶（OA）、SO_4^{2-}、NO_3^-、NH_4^+ 和 Cl^-。通过质谱图的解析，可以将 OA 进一步分成不同来源的有机物，如类碳氢类 OA（HOA）、生物质燃烧 OA（BBOA）、燃煤 OA（CCOA）、氧化性 OA（OOA）等。

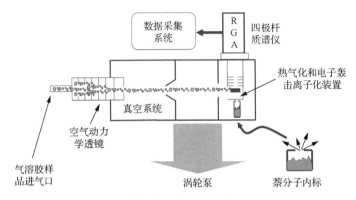

图 2-4　ACSM 工作原理示意图（改自 Ng et al., 2011）

使用分析纯的 NH_4NO_3 和 $(NH_4)_2SO_4$ 作为标准物对 ACSM 进行标定。由于 NH_4NO_3 的热不稳定性较强，在仪器内部蒸发器上可以 100%蒸发成气体，因此 NH_4NO_3 用于响应因子（response factor，RF）校准。将约 0.5mmol/L 的 NH_4NO_3 溶液装入气溶胶发生器中，利用干净空气将溶液雾化形成气溶胶，再将雾化得到的气溶胶通过干燥管，使其相对湿度降至 30%以下。干燥后的气溶胶进入 DMA，筛分出 300nm 的气溶胶粒子，然后分别进入 ACSM 和凝结粒子计数器（condensation particle counter，CPC）进行测量。通过拟合 ACSM 信号值与利用 CPC 计算获得的 NH_4NO_3 浓度之间的关系，得到 NO_3^- 的 RF 和 NH_4^+ 的相对电离效率（relative ionization efficiency，RIE）。使用$(NH_4)_2SO_4$标定 SO_4^{2-}的 RIE 值，实验步骤同上述 NH_4NO_3。

2.1.5　在线金属元素分析仪

在线金属元素分析仪主要由采样和分析模块、气路/电路模块和数据采集器组成（图 2-5）。利用 X 射线荧光法分析沉积在滤带上的金属元素，由数据处理软件计算出相应时段的浓度值。X 射线荧光法原理：当能量高于原子内层电子结合能的高能 X 射线与原子发生碰撞时，驱逐一个内层电子而出现一个空穴，使整个原子体系处于不稳定的激发态，然后自发地由能量高的激发态跃迁到能量低的基态。当较外层的电子跃迁入内层空穴所释放的能量不在原子内被吸收，而是以辐射形式放出时，便产生了 X 射线荧光，其能量等于两能级之间的能量差。因此，X 射线荧光的能量或波长具有特征性，与元素有一一对应的关系。X 射线荧光的波长

λ 与元素的原子序数 Z 有关，只要测出 X 射线荧光的波长，就可以得知元素的种类，这就是 X 射线荧光法定性分析的基础。同时，X 射线荧光的强度与相应元素的含量成正比，因此可以进行元素的定量分析。

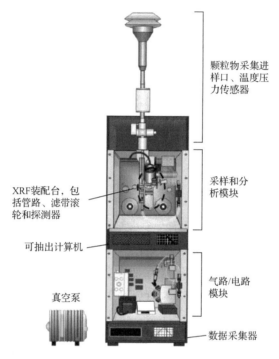

图 2-5　在线金属元素分析仪示意图

　　在线金属元素分析仪的质控通过空白滤带测试、金属探棒测试及标准膜片校准来完成。空白滤带测试是考察仪器分析的初始精密度偏差，通过对空白滤带进行 X 射线荧光分析，得到测量金属元素的空白值。内置探棒的 3 种金属（Cr、Cd、Pb）测试属于内标检测，每日自动进行一次，允许偏差范围为 5%。金属探棒测试的结果反映了整套系统的运行状态。同时，每三个月对仪器进行一次标准膜片（含 30 种金属元素）的手工校准，从而保证在线金属元素分析仪测量的准确性。

2.2　气溶胶化学组分离线分析

2.2.1　碳组分分析

　　使用热/光碳分析仪（thermal/optical carbon analyzer）测量滤膜样品中气溶胶的有机碳（organic carbon，OC）和元素碳（EC）含量。该仪器的测量原理是在无氧纯氦环境中，分别在温度为 140℃（OC1）、280℃（OC2）、480℃（OC3）和

580℃（OC4）下对 0.526cm^2 的石英滤膜样品进行加热，将滤膜上的颗粒态碳转化成二氧化碳，然后样品在含 2%氧气的氦气环境中分别于 580℃（EC1）、740℃（EC2）和 840℃（EC3）逐步升温加热，将样品中的 EC 释放出来。各温度梯度下产生的二氧化碳经二氧化锰催化，在还原环境下转化成甲烷，通过火焰离子检测器（flame ionization detector，FID）检测。样品在加热过程中，部分 OC 发生碳化形成黑碳，使滤膜变黑，导致热谱图上 OC 和 EC 的峰值不易区分。因此，在测量过程中，采用 633nm 的氦-氖激光器来监测滤膜的反光，以光强变化来指示 OC 碳化过程，并以初始光强作为参照，确定 OC 和 EC 的分离点。OC 碳化过程中形成的碳化物称为光学检测裂解碳（optically detected pyrolyzed carbon，OPC）。当样品测试完毕时，OC 和 EC 的 8 个组分将同时给出（OC1、OC2、OC3、OC4、EC1、EC2、EC3、OPC），其中 OC 定义为 OC1+OC2+OC3+OC4+OPC，EC 定义为 EC1+EC2+EC3−OPC。

　　样品分析结果通过 FID 控制，如果样品分析前后 FID 测量的信号值差异小于 3，则认为该样品分析结果有效。实验开始和结束时都需用已知浓度的甲烷和二氧化碳进行气体检测，两次气体检测中总碳（total carbon，TC）（TC=OC+EC）、OC 和 EC 的浓度偏差均应在 5%以内。气体检测完毕后，需要分析一个已知量的标准样品，标准样品的 TC 变化范围需小于 5%，而 OC 或 EC 变化范围小于 10%。此外，每分析 10 个样品就随机选取一个进行复检，如果复检的 TC 偏差在 5%以内，且 OC 和 EC 的浓度偏差在 10%以内，则说明该批样品分析结果有效。每周做一次系统空白，系统空白应满足 $\rho_{TC}-5\times\rho_{EC}<0.2\mu g/cm^2$，从而确保仪器系统内部不含有其他杂质。

2.2.2　水溶性离子分析

　　使用离子色谱仪（ion chromatography）分析滤膜样品中气溶胶的水溶性离子含量，其主要原理是应用离子树脂对阴阳离子进行交换（图 2-6）。将直径为 47mm 的圆形石英滤膜剪取 1/4 置于 15mL 容量瓶中，加入 10mL 去离子水（$R>18.2M\Omega$）溶解。先用超声仪超声萃取 4 次，每次 15min，然后使用脱色摇床振荡 1h，以保证相关离子均溶于去离子水中，之后使用 0.45μm 的水系过滤器将水溶液过滤到进样瓶中待测。阳离子使用 CS12A 型分析柱进行分析，并使用 20mmol 的甲磺酸作为淋洗液，流速为 1mL/min；阴离子使用 AS11-HC 和 AG11-HC 保护柱以及 ASRS 抑制器进行分析，使用 20mmol 的氢氧化钾作为淋洗液，流速为 1mL/min。测试的水溶性离子包括 4 种阴离子（F^-、Cl^-、NO_3^-、SO_4^{2-}）和 5 种阳离子（Na^+、NH_4^+、K^+、Mg^{2+}、Ca^{2+}）。

　　使用国家标准物质中心的标准溶液配制水溶性离子测试的标准物。样品测定结果均进行空白校正和方法校正，每 10 个样品中随机挑选 1 个样品进行复检。当

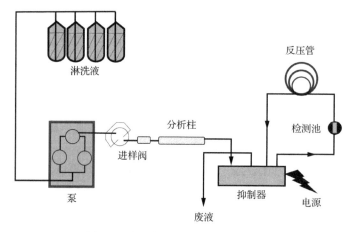

图 2-6　离子色谱仪工作原理示意图

样品溶液浓度在 0.03～0.1μg/mL 时，两次测量结果的相对标准偏差应小于±30%；当样品溶液浓度在 0.1～0.15μg/mL 时，两次测量结果的相对标准偏差应小于±20%；当样品溶液浓度在 0.15μg/mL 以上时，两次测量结果的相对标准偏差应在±10%以内。

2.2.3　无机元素分析

使用能量色散 X 射线荧光光谱仪（energy dispersive X-ray fluorescence analysis）测量直径为 47mm 的特氟龙滤膜样品中的无机元素组分（图 2-7）。使用 Ga 阳极 X 射线管及高纯 Ge 探测器，具有三维光路系统，探测器处于 X 射线偏振面内垂直于 X 射线入射的方向上，确保实施高度偏振，大大降低了由散射 X 射线产生的背景。同时，该仪器具备多达 12 个偏振二次靶，可以实现元素的选择激发，提高信噪比，大大提高了仪器的最低检测限。根据激发样品所得到的能量峰面积来定量样品中元素的浓度。该仪器测量过程中不需要前处理，操作简单易行。通过标准薄膜滤纸和 NIST 2783 号标准物进行校正，每 8 个样品做一个复检，以保证仪器测量的稳定性和重现性。

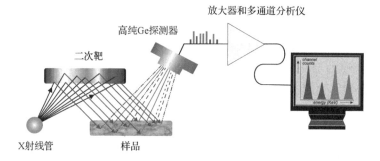

图 2-7　能量色散 X 射线荧光光谱仪工作原理示意图

2.3　气溶胶光学测量

2.3.1　光声气溶胶消光仪

采用光声气溶胶消光仪（photoacoustic extinctiometer，PAX）来测量大气中气溶胶的吸光系数和散光系数。该仪器具有高灵敏度、高分辨率、反应快速等特点。PAX 在其内部使用激光直接测量气溶胶的吸光系数和散光系数，还可获得消光系数及单次散射反照率。

PAX 的核心部分包括激光、浊度计腔室及声光腔室。PAX 使用的是调制二极管激光器同时测量大气中气溶胶的散光系数和吸光系数。气溶胶进入 PAX 后，气流将被分成两部分，一部分进入浊度计腔室测量气溶胶的散光系数，另一部分进入声光腔室测量气溶胶的吸光系数。PAX 的吸光测量使用的是内部声光技术。激光束直接照射进来的气溶胶流，使其在腔室内达到谐振频率，吸光性气溶胶被加热并将热量快速传递到周围空气，周期性加热产生气压波，这些气压波被一个灵敏的麦克风检测。相位灵敏探测可以用于所有的传感器。PAX 使用一个积分浊度仪来进行气溶胶散光系数的测量。值得注意的是，散光系数的测量是针对所有类型的气溶胶。

2.3.2　积分浊度仪

使用单波段积分浊度仪（single wavelength integrating nephelometer）测量大气气溶胶的散光系数。该仪器采用波长为 520nm，采样流量为 5L/min，测量范围为 <0.25～2000Mm^{-1}，时间分辨率为 5min。该仪器的工作原理：在采样泵的驱动下，空气通过进气管进入测量室，气溶胶对发光二极管产生的入射光产生散射而被检测器检测到。光电倍增管可检测到正比于入射光强的散光信号。测量室内安装了隔板，只有一狭小锥体内的散射光可以到达光电倍增管，其散射角为 10°～70°，并且可以阻挡多次散射产生的杂散光进入光电倍增管。在这种条件下，光电倍增管产生的信号正比于气溶胶的散光系数。测量室内还安装了光阱和大量隔板，可消除器壁对光源产生反射光和杂散光的情况。

2.4　源排放模拟实验

本书中生物质燃烧和燃煤燃烧实验采用固定源燃烧模拟采样平台完成，该平台由燃烧模拟腔、稀释通道采样系统和样品采集模块三部分组成。燃烧模拟腔的体积约 8m^3，腔体由 3mm 厚钝化的耐高温铝合金制成。采用鼓风机通过外置净化装置通入燃烧过程所需的清洁空气，并利用鼓风机的供电电压来控制进气速率。在燃烧腔顶部烟囱中部安装了风速仪，用来监测烟气通过烟囱时的流速。燃烧产生的烟气，一部分被烟囱顶部安装的排风扇以一定转速排出；另一部分则被连接在烟囱管道旁的稀释通道采样系统捕获，经稀释冷却至环境温度，满足各种仪器的测量需求。在稀释通道采样系统和烟囱管道之间连有一段加热管，以保证烟气的温度维持在 130℃左右，避免稀释之前因冷却凝结而造成颗粒物的损失。稀释通道采样系统内装有三个二氧化碳传感器，分别用于测量烟囱内、稀释通道内和环境稀释气中的二氧化碳浓度，以便计算采样过程中烟气的稀释倍数。在稀释通道采样系统底部留有采样仪器的外接口。图 2-8 展示了固定源燃烧模拟采样平台示意图。

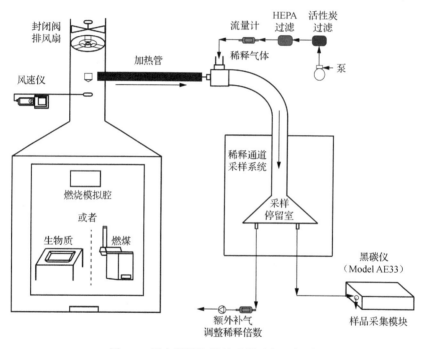

图 2-8　固定源燃烧模拟采样平台示意图

　　与固定源燃烧的现场（如居民家庭）采样相比，燃烧模拟采样平台具有以下三方面的优势：①燃烧模拟腔可提供燃烧模拟的合适环境，减少烟气中颗粒物的损失，提高测量数据的准确性；同时，燃烧模拟实验可以通过控制燃料的质量、燃烧方式、燃烧时间及燃烧效率等因素来获得不同燃烧情形下颗粒物的排放特征。②稀释通道采样系统在设计上符合国际稀释通道采样法的要求。燃料燃烧生成的高温、高浓度烟气通过稀释通道冷却至环境温度，并通过调节稀释比提供合适的烟气采集浓度。调节烟气在停留室的时间，在一定程度上也可以模拟颗粒物排放到大气环境中的生长过程。③稀释通道采样系统和各类离线/在线仪器进行组合，可以实现不同燃料燃烧排放的多污染物监测。

对于生物质燃烧实验，先称取一定质量的生物质放在燃烧模拟腔内的架子托盘上。点火前，先测量腔室内气溶胶吸光系数的背景值。当气溶胶吸光系数接近 0 且相对稳定时，采用丙烷喷枪对生物质进行点火。对于燃煤实验，称取一定质量的煤炭放在燃烧模拟腔的炉具里面（如华北平原农村典型炉具），使用蜂窝煤进行引燃。当蜂窝煤即将燃尽时，其产生的气溶胶吸光系数小且稳定，使用此时的蜂窝煤作引燃物。

台架实验常用于模拟机动车实际行驶过程中的污染物排放状况。本书中机动车排放实验采用 LDWJ6/135 轻型柴油车加载减速排放检测系统（图 2-9）。该系统包含两个不同尺寸的膨胀桶，用于承载车辆的驱动轮。针对不同车型（如小轿车、面包车和中型货车）、不同油品（如 92#、95# 汽油和柴油）和不同工况（如怠速、20km/h 和 40km/h）条件下排放的 BC 气溶胶进行相关分析。由于柴油车排放的烟气中 BC 浓度很高，烟气被稀释至原来的 1/10 后再进行采集，以避免多波段黑碳仪的滤带迅速过载而造成测量误差。

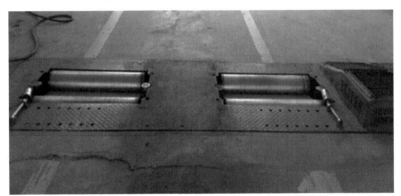

图 2-9　LDWJ6/135 轻型柴油车加载减速排放检测系统

2.5　本　章　小　结

本章对 BC 及气溶胶测量与分析方法进行了归纳，包括气溶胶化学组分在线测量与离线分析，以及气溶胶光学测量。气溶胶化学组分测量主要从仪器功能、构成、原理、校准等方面进行了介绍，包括测量 BC 质量浓度、粒径分布和混合态的单颗粒黑碳光度计、测量不同波长气溶胶吸光系数的多波段黑碳仪、同步测量单颗粒气溶胶化学成分和颗粒物粒径的单颗粒气溶胶质谱仪、测量大气中非难熔性气溶胶组分的气溶胶化学组分在线监测仪及测量金属元素的在线金属元素分析仪。通过对碳组分、水溶性离子和无机元素等气溶胶离线分析，从实验目的、原理、过程和数据质控等方面进行了描述。同时，介绍了气溶胶光学测量的光声气溶胶消光仪和积分浊度仪，主要对其特点和测量原理进行了阐述。此外，对固定源燃烧模拟采样平台和台架实验的方法进行了介绍。

参 考 文 献

ARNOTT W P, HAMASHA K, MOOSMÜLLER H, et al., 2005. Towards aerosol light-absorption measurements with a 7-wavelength aethalometer: Evaluation with a photoacoustic instrument and 3-wavelength nephelometer[J]. Aerosol Science and Technology, 39(1): 17-29.

COLLAUD COEN M, WEINGARTNER E, APITULEY A, et al., 2010. Minimizing light absorption measurement artifacts of the aethalometer: Evaluation of five correction algorithms[J]. Atmospheric Measurement Techniques, 3(2): 457-474.

DRINOVEC L, MOČNIK G, ZOTTER P, et al., 2015. The "dual-spot" aethalometer: An improved measurement of aerosol black carbon with real-time loading compensation[J]. Atmospheric Measurement Techniques, 8(5): 1965-1979.

GAO R S, SCHWARZ J P, KELLY K K, et al., 2007. A novel method for estimating light-scattering properties of soot aerosols using a modified single-particle soot photometer[J]. Aerosol Science and Technology, 41(2): 125-135.

NG N L, HERNDON S C, TRIMBORN A, et al., 2011. An aerosol chemical speciation monitor (ACSM) for routine monitoring of the composition and mass concentrations of ambient aerosol[J]. Aerosol Science and Technology, 45(7): 780-794.

SCHMID O, ARTAXO P, ARNOTT W P, et al., 2006. Spectral light absorption by ambient aerosols influenced by biomass burning in the Amazon Basin. I: Comparison and field calibration of absorption measurement techniques[J]. Atmospheric Chemistry and Physics, 6(11): 3443-3462.

SCHWARZ J P, GAO R S, FAHEY D W, et al., 2006. Single-particle measurements of midlatitude black carbon and light-scattering aerosols from the boundary layer to the lower stratosphere[J]. Journal of Geophysical Research: Atmospheres, 111(D16), DOI: 10.1029/2006JD007076.

SLOWIK J G, CROSS E S, HAN J H, et al., 2007. An inter-comparison of instruments measuring black carbon content of soot particles[J]. Aerosol Science and Technology, 41(3): 295-314.

VIRKKULA A, MÄKELÄ T, HILLAMO R, et al., 2007. A simple procedure for correcting loading effects of aethalometer data[J]. Journal of the Air & Waste Management Association, 57(10): 1214-1222.

WEINGARTNER E, SAATHOFF H, SCHNAITER M, et al., 2003. Absorption of light by soot particles: Determination of the absorption coefficient by means of aethalometers[J]. Journal of Aerosol Science, 34(10): 1445-1463.

第3章 典型区域大气环境中 BC 质量浓度特征

BC 质量浓度是表征大气环境中黑碳污染程度的重要参数,也是决定其气候环境效应的基础。本章将讲述我国内陆地区、沿海地区及青藏高原典型地区大气环境中 BC 质量浓度的特征,以了解我国大气 BC 的地域分布特征。本章涉及的采样点及观测仪器信息均汇总于表 3-1。

3.1 内陆地区大气环境中 BC 质量浓度特征

3.1.1 北京 BC 质量浓度特征

图 3-1 显示了 2014 年 1 月北京大气环境中 BC 质量浓度以及大气能见度和相对湿度的时间序列变化。结果表明,观测期间 BC 质量浓度平均值±标准偏差为 4.3μg/m³±3.9μg/m³,比 2013 年 Wu 等(2016)在北京 1 月的 SP2 观测结果高 28%。基于大气能见度和相对湿度判断灰霾时段,以便进一步探索大气污染程度对 BC 质量浓度的影响。大气能见度小于 10km 且相对湿度小于 80%定义为灰霾期,否则为干净期。如图 3-1 所示,观测期间有 65%的时段属于灰霾期,此期间 BC 质量浓度的平均值为 6.1μg/m³,约是干净时段值的 5 倍(1.3μg/m³)。

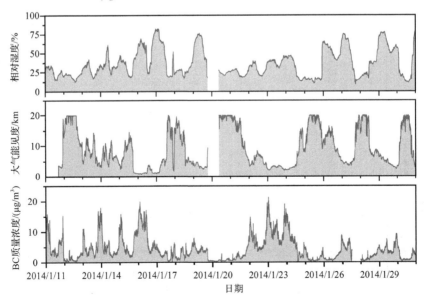

图 3-1　2014 年 1 月北京大气环境中 BC 质量浓度以及大气能见度和相对湿度的时间序列变化

表3-1 本章涉及的采样点及观测仪器信息

类型	采样点	观测站点	经纬度	采样日期	观测仪器	采样点描述
内陆地区	北京	中国科学院遥感与数字地球研究所	东经116.39°、北纬40.01°	2014年1月11日~30日	SP2	观测点周围为教育区、商业区和居民区混合区，附近没有工业污染来源
	西安	中国科学院地球环境研究所	东经108.88°、北纬34.23°	2012年12月23日~2013年1月31日	SP2	观测点周边为住宅区和商业区，周围没有明显的工业污染源
	宝鸡	宝鸡文理学院地理科学与环境工程系教学楼	东经107.20°、北纬34.35°	2015年1月1日~12月31日	AE31	观测点周围主要是商业区和居民区。在观测点的北边和西边各有一条双车道交通干道，车流量中等
	香河	香河大气综合观测试验站	东经116.95°、北纬39.75°	2017年12月1日~2018年1月31日	AE33	观测点周围为居民区，无高大建筑物遮挡和明显的局地排放源
沿海地区	厦门	供电局办公大楼	东经118.09°、北纬24.52°	2013年3月1日~31日	SP2	观测点周边主要为商业区和住宅区。观测点南边约100m处为湖里大道，车流量大；西边约170m处为华昌路，车流量较小
	三亚	海南热带海洋学院教学楼	东经109.52°、北纬18.30°	2017年4月12日~5月14日	AE33	观测点距离南海海岸约10km，周围是教育区和居民区，附近没有密集的工业活动
青藏高原	青海湖	"鸟岛"大气环境综合观测塔	东经99.88°、北纬36.98°	2011年10月16日~27日	SP2	观测塔高约13m，距离青海湖湖面约0.5km。观测点附近草地覆盖较好，存在少许裸露地表，没有污染物排放源。离观测点最近的藏民居住区约15km，人口较少
	鲁朗	藏东南高山环境综合观测研究站	东经94.73°、北纬29.77°	2008年7月19日~2009年8月26日	AE16	观测点位于西藏自治区林芝市巴宜区鲁朗镇，附近的318国道西侧，占地面积30亩*，北6km的一条国道外没有其他明显的污染源，该区域人口稀少

注：*1亩≈666.67m²。

图 3-2 为北京灰霾期和干净期大气环境中 BC 质量浓度的日变化。灰霾期，BC 质量浓度呈"双峰双谷"的变化趋势。在 6 点～9 点，BC 质量浓度以每小时 0.4μg/m³ 的速率从 4.9μg/m³ 上升至 6.0μg/m³；此后，以每小时 0.7μg/m³ 的速率快速下降，14 点降至低谷（2.6μg/m³）。傍晚，BC 质量浓度又以每小时 0.7μg/m³ 的速率上升，次日 0 点达到最高值 9.3μg/m³；此后，BC 质量浓度以每小时 0.9μg/m³ 的速率快速下降，5 点达到低值 4.9μg/m³。

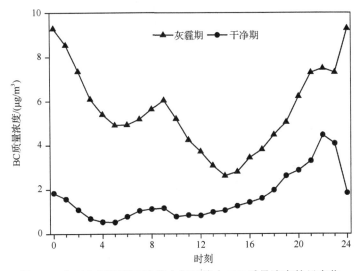

图 3-2　北京灰霾期和干净期大气环境中 BC 质量浓度的日变化

上述灰霾期大气 BC 质量浓度的日变化与本地人为活动和大气边界层高度的变化密切相关。早晨上班高峰期，机动车尾气排放增加是 BC 质量浓度在 6 点～9 点上升的主要原因。与此同时，该时段的大气边界层尚未发展起来，使得近地面的污染物也不易扩散，加剧了 BC 等污染物的积累。随着太阳对大气层加热程度的增强，大气边界层高度逐渐升高，有利于污染物的扩散、稀释，因此 BC 质量浓度在 14 点出现低谷值。傍晚下班高峰期，机动车尾气排放增加及冬季居民家庭取暖增强，加之夜间大气边界层稳定且高度较低，导致夜间 BC 质量浓度呈明显上升趋势。随着人为源减少，0 点以后 BC 质量浓度呈下降趋势。

如图 3-2 所示，干净期 BC 质量浓度日变化与灰霾期相似，呈现出早晚上升、午夜下降的变化趋势。不同的是，干净期 BC 质量浓度在早晨上升的幅度和白天下降的幅度均明显小于灰霾期。假设 BC 排放源在同一季节的短时间范围内相对稳定，那么造成灰霾期和干净期 BC 质量浓度日变化差异大的主要原因在于大气边界层高度和风速等气象因素的不同。

3.1.2　西安 BC 质量浓度特征

图 3-3 显示了 2012 年 12 月～2013 年 1 月西安大气环境中 BC 质量浓度的时

间序列变化。观测期间,BC 质量浓度呈"锯齿形"变化,波动范围为 0.2~38.8μg/m³,总体平均值±标准偏差为 8.0μg/m³±7.1μg/m³,占 PM$_{2.5}$ 质量浓度的 4%。

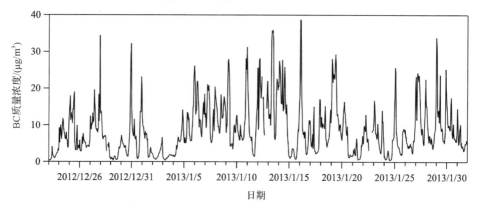

图 3-3　2012 年 12 月~2013 年 1 月西安大气环境中 BC 质量浓度的时间序列变化

将 BC 质量浓度按照 2μg/m³ 分成不同浓度区间来统计其频次分布特征。如图 3-4 所示,随着 BC 质量浓度的增大,其频次整体呈降低趋势。大部分 BC 质量浓度集中在 10μg/m³ 以下,占总频次的 70%,其中频次最高出现在 0~2μg/m³ 质量浓度范围,占总频次的 19%。有 30% 的 BC 质量浓度出现在大于 10μg/m³,表明西安冬季 BC 污染较为严重。以大气能见度小于 10km 且相对湿度小于 80% 为判断依据,观测期间有 90% 的时段属于灰霾期,此时 BC 质量浓度平均值为 9.0μg/m³,主要分布在 4~12μg/m³。与之相比,干净期的 BC 质量浓度平均值则下降至 1.2μg/m³,主要分布在 2μg/m³ 以下。

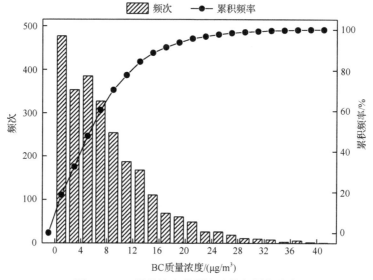

图 3-4　BC 质量浓度的频次及累积频率分布

图 3-5 给出了西安冬季大气环境中 BC 质量浓度中值和平均值的日变化。BC 质量浓度中值和平均值呈现相似的日变化趋势。为避免高值和低值的影响，以 BC 质量浓度的中值为例进行讨论。早晨上班高峰期，机动车数量快速上升，交通拥堵，导致机动车排放 BC 的量增加，因此 7 点～9 点 BC 浓度水平处于高值范围（6.6～7.6μg/m³）。由于受到机动车排放的大量 BC 影响，此时段 BC 质量浓度的中值和平均值在日变化中也相差最大。此后，随着白天大气边界层高度的逐渐升高，污染物开始扩散，BC 质量浓度也快速下降，在 14 点～16 点达到低谷值（2.5～3.5μg/m³）；随后，由于傍晚大气边界层高度降低以及下班高峰期机动车和冬季居民家庭取暖排放增加，BC 质量浓度快速上升，在 22 点～23 点达到高峰值（9.4～11.0μg/m³）。之后，由于人为活动的减弱，BC 质量浓度开始下降，至 6 点达到低谷值（6.5μg/m³）。

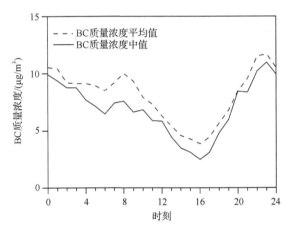

图 3-5　西安冬季大气环境中 BC 质量浓度中值和平均值的日变化

文献报道，城市大气环境中 BC 质量浓度的变化具有"周末效应"，即 BC 在周末的浓度水平低于工作日（肖秀珠等，2011）。表 3-2 统计了西安冬季工作日和周末大气环境中 BC 质量浓度及大气边界层高度的特征。在西安冬季大气环境中，工作日 BC 质量浓度平均值为 7.4μg/m³，比周末平均值（9.4μg/m³）低 21%。这与前人文献报道的结果相反，究其原因主要包括两方面：①西安作为旅游城市，周末车流量相对于工作日并未明显降低，而机动车尾气排放是城市大气环境中 BC 的主要来源；②周末大气边界层高度低于工作日，不利于 BC 气溶胶的扩散。

表 3-2　西安冬季工作日和周末大气环境中 BC 质量浓度及大气边界层高度的特征

时间	BC 质量浓度/（μg/m³）	大气边界层高度/m
工作日（周一至周五）	7.4±5.7	449.9±378.3
周末（周六和周日）	9.4±7.8	371.1±370.5

3.1.3　宝鸡 BC 质量浓度特征

图 3-6 显示了 2015 年宝鸡全年大气环境中 BC 质量浓度日均值的时间序列变化。从全年来看，BC 质量浓度波动范围很大，最小值为 0.6μg/m³，最大值为 11.5μg/m³，年均值±标准偏差为 2.9μg/m³±1.7μg/m³。

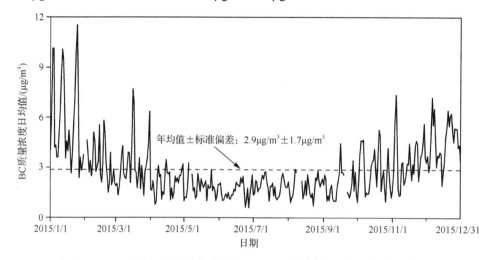

图 3-6　2015 年宝鸡全年大气环境中 BC 质量浓度日均值的时间序列变化

图 3-7 为 2015 年宝鸡大气环境中 BC 质量浓度以及风速、气温和降水量的月变化。从不同季节看，冬季 BC 质量浓度最高，夏季最低。从不同月份看，1 月 BC 质量浓度最高，6 月最低，两者相差 3.6 倍。1 月以静稳天气为主，平均风速 1.2m/s，不利于大气污染物的扩散；同时，1 月是全年最冷的月份，平均气温 2.3℃。在寒冷的夜间，周边农村居民家庭取暖使用生物质和煤炭的量急剧增加，从而排放大量的 BC 进入大气中，导致 1 月 BC 的浓度水平全年最高。与之对比，6 月份的降水量全年最高，且降水时段占整个月份的 35%，在湿沉降的作用下，BC 的浓度水平在 6 月份达到全年最低。

为进一步探讨宝鸡不同季节大气环境中 BC 的浓度水平，图 3-8 统计了不同季节 BC 质量浓度的频次分布。不同季节的 BC 质量浓度频次均呈对数正态分布。冬季（12 月、1 月和 2 月）BC 的浓度水平最高，平均值为 4.6μg/m³；夏季（6 月、7 月和 8 月）的 BC 浓度水平最低，平均值为 1.8μg/m³；春季（3 月、4 月和 5 月）和秋季（9 月、10 月和 11 月）的 BC 浓度水平相当，平均值分别为 2.4μg/m³ 和 2.7μg/m³。不同季节的 BC 质量浓度均集中在 1~5μg/m³，其中春季、夏季、秋季和冬季分别占总频次的 77%、78%、77% 和 61%。从划分的区间来看，春季、夏季、秋季和冬季 BC 质量浓度频次最高区间分别为 1~2μg/m³、1~2μg/m³、2~3μg/m³ 和 3~4μg/m³，分别占总频次的 30%、42%、28% 和 17%。在冬季，BC 质

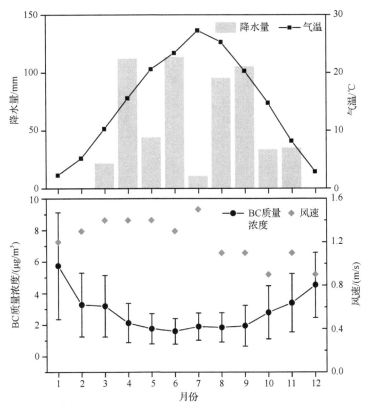

图 3-7　2015 年宝鸡大气环境中 BC 质量浓度以及风速、气温和降水量的月变化

量浓度大于 $10\mu g/m^3$ 的高值时有发生，与冬季居民取暖排放的 BC 量增多以及稳定的气象条件有关。例如，冬季二氧化硫浓度为 $27.4\mu g/m^3$，远高于春季（$12.9\mu g/m^3$）、夏季（$5.3\mu g/m^3$）和秋季（$9.5\mu g/m^3$），说明冬季燃煤排放的污染物明显增多。在春季和秋季，BC 质量浓度也会偶尔出现高值（$8\sim10\mu g/m^3$），与特殊事件的影响或区域输送有关。

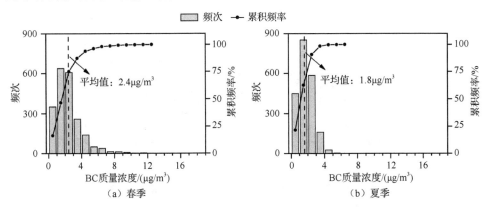

（a）春季　　　　　　　　　　　　　（b）夏季

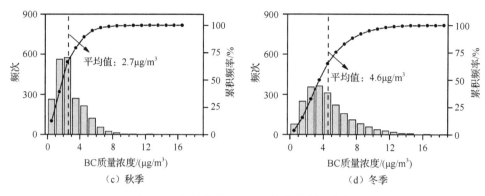

（c）秋季　　　　　　　　　　　（d）冬季

图 3-8　不同季节 BC 质量浓度的频次分布

　　图 3-9 为宝鸡不同季节大气环境中 BC 质量浓度的日变化。不同季节的 BC 质量浓度日变化均呈现相似的"双峰双谷"特征。从 4 点或 5 点开始，BC 质量浓度均呈上升趋势，其中冬季以每小时 $0.8\mu g/m^3$ 的速率升高，远高于其他季节（每小时增加 $0.3\sim0.4\mu g/m^3$）；BC 质量浓度在 7 点或 8 点达到高峰值，其中春季、夏季、秋季和冬季分别为 $3.2\mu g/m^3$、$2.5\mu g/m^3$、$2.9\mu g/m^3$ 和 $6.3\mu g/m^3$。此后，BC 质量浓度以每小时 $0.2\sim0.8\mu g/m^3$ 的速率下降，在 14 点～16 点达到低谷值，其中春季、夏季、秋季和冬季分别为 $1.6\mu g/m^3$、$1.1\mu g/m^3$、$2.1\mu g/m^3$ 和 $2.7\mu g/m^3$。随后，BC 质量浓度又呈现上升趋势，春季、夏季、秋季和冬季分别以每小时 $0.7\mu g/m^3$、$0.4\mu g/m^3$、$1.0\mu g/m^3$ 和 $2.2\mu g/m^3$ 的速率升高，在 19 点～21 点达到高峰值，其中春季、夏季、秋季和冬季分别为 $3.4\mu g/m^3$、$2.4\mu g/m^3$、$4.2\mu g/m^3$ 和 $7.1\mu g/m^3$。此后，BC 质量浓度以每小时 $0.1\sim0.3\mu g/m^3$ 的速率下降，直至次日凌晨 3 点～5 点达到低谷值。

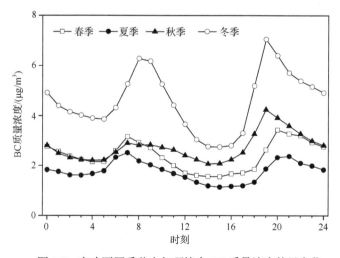

图 3-9　宝鸡不同季节大气环境中 BC 质量浓度的日变化

　　宝鸡大气环境中 BC 质量浓度的日变化趋势与排放源和气象条件密切相关。早晨 BC 质量浓度的高峰值与上班高峰期机动车尾气排放的增加有关。同时，尚未发展的大气边界层高度使 BC 不易扩散、稀释。随着白天太阳辐射增强，大气边界层高度逐渐升高，风速增大，扩散条件变好，从而使 BC 质量浓度在下午出现低谷值。夜间 BC 质量浓度的升高与下班高峰期机动车尾气排放增多以及其他人为活动增强（如烹饪、冬季取暖等）有关。同时，夜间大气边界层稳定且高度较低，使 BC 在近地面容易积累。由于深夜人为活动的逐渐减弱，BC 质量浓度降低。值得注意的是，宝鸡夜间 BC 质量浓度出现下降的时间比北京和西安更早（图 3-2 和图 3-5），可能与大城市夜间人为活动强度的持续时间比小城市更长有关。

3.1.4　香河 BC 质量浓度特征

　　图 3-10 显示了 2017 年 12 月～2018 年 1 月香河大气环境中 BC 质量浓度的时间序列变化。观测期间，BC 质量浓度变化范围较大，最小值为 0.1μg/m³，最大值为 24.4μg/m³，平均值±标准偏差为 3.6μg/m³±4.0μg/m³。BC 质量浓度的变异系数高达 111%（标准偏差除以平均值），说明存在高质量浓度的 BC 污染事件。

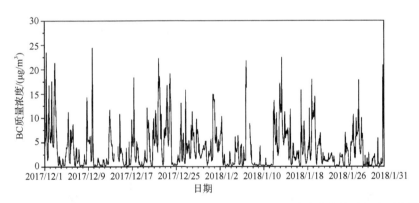

图 3-10　2017 年 12 月～2018 年 1 月香河大气环境中 BC 质量浓度的时间序列变化

　　从日变化看（图 3-11），BC 质量浓度呈典型的"双峰双谷"特征，在 8 点和 19 点出现明显的高峰值，对应早晚上下班高峰期增加的机动车尾气排放。随着白天大气边界层高度升高以及风速增大，BC 质量浓度呈下降趋势，在 13 点～16 点达到低谷值。夜间由于人为活动减弱，19 点以后 BC 质量浓度开始下降，直至次日 3 点达到低谷值。香河夜间 BC 质量浓度出现下降的时间与宝鸡结果相似，但早于大城市北京和西安。

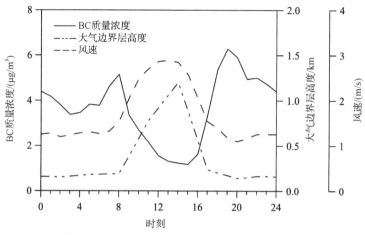

图 3-11　香河大气环境中 BC 质量浓度的日变化

气象条件尤其是大气边界层高度和风速对污染物的积累或扩散起着重要作用
（Zhang, 2019）。观测期间，大气边界层高度和风速的平均值±标准偏差分别为
0.4km±0.5km 和 1.7m/s±1.5m/s。图 3-12 显示了香河大气环境中 BC 质量浓度与大
气边界层高度和风速的关系。BC 质量浓度与大气边界层高度和风速成幂函数关
系。随着大气边界层高度和风速的增大，BC 质量浓度逐渐降低。高于上四分位数
的 BC 质量浓度主要集中在大气边界层高度为 0.03～0.07km 和风速为 0.3～0.8m/s
的范围，说明较低的大气边界层高度和弱风促进了 BC 在近地面的积累。

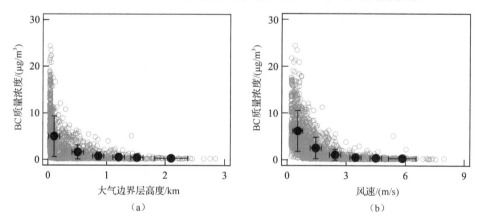

图 3-12　香河大气环境中 BC 质量浓度与大气边界层高度（a）和风速（b）的关系

通过多元线性回归方程建立 BC 质量浓度的自然对数与大气边界层高度、风
速、风向、气温及相对湿度之间的关系（表 3-3），从而判断不同气象要素对 BC
的影响。从表 3-3 可知，多元线性回归方程的决定系数 R^2 为 0.58，说明气象要素
可以解释 BC 质量浓度自然对数值的 58%。从 β 系数可知，风速（$\beta=-0.469$）对

BC 质量浓度的影响高于其他气象要素（β=-0.182~0.277）。β 系数为负表明风速和 BC 质量浓度呈负相关，即风速越低，BC 质量浓度越高；反之，则越低。

表 3-3　BC 质量浓度的自然对数与大气边界层高度、风速、风向、气温和
相对湿度之间的关系（R^2=0.58）

参数	回归系数	回归系数的标准偏差	标准化偏回归系数（β系数）	t 检验	p 值
常数	0.706	0.085	—	8.295	0.000
风速/（m/s）	-0.412	0.024	-0.469	-17.066	0.000
风向/（°）	0.001	0.000	0.031	1.663	0.096
相对湿度/%	0.018	0.001	0.277	14.031	0.000
气温/℃	0.020	0.005	0.072	4.078	0.000
大气边界层高度/km	-0.507	0.070	-0.182	-7.248	0.000

3.2　沿海地区大气环境中 BC 质量浓度特征

3.2.1　厦门 BC 质量浓度特征

图 3-13 给出了 2013 年 3 月厦门大气环境中 BC 质量浓度和 PM$_{2.5}$ 质量浓度的时间序列变化。PM$_{2.5}$ 质量浓度的变化范围为 5~168μg/m^3，平均值±标准偏差为 54μg/m^3±25μg/m^3。尽管观测期间 PM$_{2.5}$ 质量浓度的平均值低于国家环境空气质量日均值的二级标准（75μg/m^3，GB 3095—2012），但仍然有 20%的数据超过该标准，说明污染时有发生。观测期间，BC 质量浓度的变化范围为 0.3~11.3μg/m^3，平均值±标准偏差为 2.3μg/m^3±1.7μg/m^3，占 PM$_{2.5}$ 质量浓度的 4.3%。在灰霾期（PM$_{2.5}$ 质量浓度≥75μg/m^3），BC 质量浓度的平均值上升到了 4.1μg/m^3，是干净期（PM$_{2.5}$ 质量浓度<75μg/m^3）值的约 2 倍（2.0μg/m^3）。

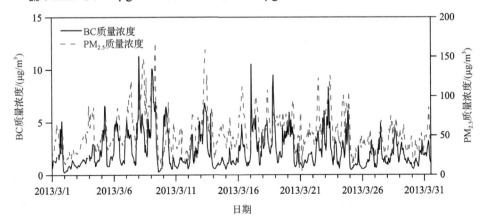

图 3-13　2013 年 3 月厦门大气环境中 BC 质量浓度和 PM$_{2.5}$ 质量浓度的时间序列变化

图 3-14 为厦门大气环境中 BC 质量浓度及风速的日变化。在人为活动和气象条件的共同作用下，BC 质量浓度呈"双峰双谷"的变化特征，这与 3.1 节中内陆地区描述的结果相似。在日变化中，BC 质量浓度最高峰出现在 7 点（3.3μg/m³），随后快速下降，至 13 点～17 点达到低谷（1.6～1.9μg/m³）；此后，BC 质量浓度经过短暂上升，至 19 点达到另一高峰（2.6μg/m³）；随后逐渐下降至午夜低谷值（1.9～2.1μg/m³）；午夜后，BC 质量浓度在 5 点前持续维持在 2.7μg/m³ 左右。

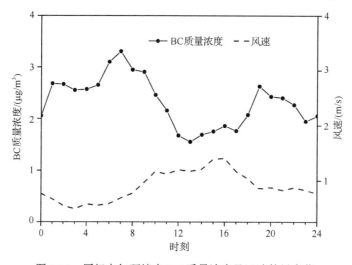

图 3-14　厦门大气环境中 BC 质量浓度及风速的日变化

厦门大气环境中 BC 质量浓度的早晚高峰与上下班高峰期机动车尾气排放增多有关。同时，这两个时段的大气边界层高度较低，污染物容易积累，从而进一步促进了 BC 浓度水平的升高。随着白天太阳光照增强，大气边界层高度逐渐上升，风速增大（图 3-14），有利于污染物的扩散、稀释，此时 BC 质量浓度下降。20 点～24 点，东北风稍有增强，且东北方向 BC 排放源少，因此该时段 BC 质量浓度总体呈下降趋势。

3.2.2　三亚 BC 质量浓度特征

图 3-15 为 2017 年 4～5 月三亚大气环境中 BC 质量浓度和 PM$_{2.5}$ 质量浓度的时间序列变化。观测期间，BC 质量浓度的变化范围为 0.1～2.5μg/m³，平均值±标准偏差为 0.8μg/m³±0.4μg/m³，低于 3.2.1 小节中厦门的观测结果。PM$_{2.5}$ 质量浓度的平均值±标准偏差为 13.3μg/m³±4.8μg/m³，低于国家环境空气质量日均值的二级标准。BC 质量浓度在 PM$_{2.5}$ 质量浓度中占 6%，两者呈显著正相关关系（$p<0.01$）。

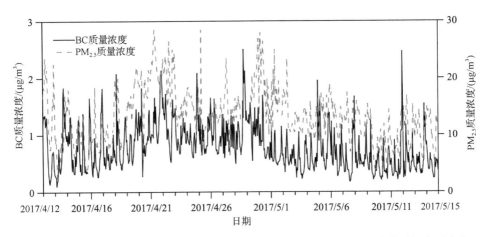

图 3-15　2017 年 4～5 月三亚大气环境中 BC 质量浓度和 PM$_{2.5}$ 质量浓度的时间序列变化

图 3-16 为三亚大气环境中 BC 质量浓度的日变化。BC 质量浓度呈"双峰双谷"的变化特征，与上述厦门观测结果相似。早晨上班高峰期，机动车数量的激增是造成 7 点～8 点 BC 质量浓度出现峰值的主要原因。此后，太阳辐射增强，大气层被加热，边界层高度逐渐升高，风速增大，提高了大气污染物的扩散能力，使 BC 质量浓度在 8 点以后呈现降低趋势，至 13 点达到低谷。13 点以后，BC 质量浓度呈上升趋势，至 21 点达到高峰。该上升趋势与大气边界层高度的降低以及下班高峰期机动车尾气排放增加和烹饪活动增强有关。深夜人为活动强度减弱，21 点以后 BC 质量浓度呈下降趋势，直至次日 5 点达到低谷。

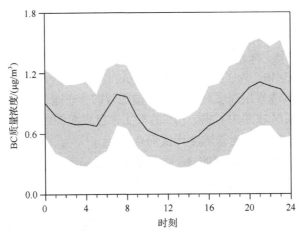

图 3-16　三亚大气环境中 BC 质量浓度的日变化

阴影代表一个标准偏差

3.3　青藏高原大气环境中 BC 质量浓度特征

3.3.1　青海湖 BC 质量浓度特征

图 3-17 显示了 2011 年 10 月青海湖大气环境中 BC 质量浓度以及风速、风向和大气边界层高度的时间序列变化。观测期间，BC 质量浓度的变化范围为 0.05～1.56μg/m³，平均值±标准偏差为 0.36μg/m³±0.27μg/m³。BC 质量浓度的低值主要集中在下午至傍晚时间段，且与西风和西南风有关（180°～290°）。与之相比，BC 质量浓度的高值则主要集中在晚上和早晨，与北风、东北风和东风有关（0°～105°）。

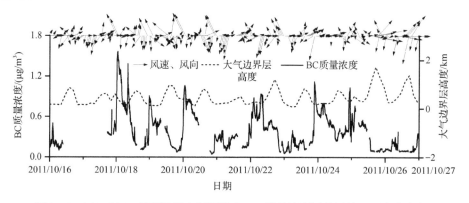

图 3-17　2011 年 10 月青海湖大气环境中 BC 质量浓度以及风速、风向和大气边界层高度的时间序列变化

与位于观测点东南方向约 130km 的瓦里关全球大气本底基准观测站(简称"瓦里关观测站")的 BC 观测结果（0.27μg/m³）相比（Ma et al., 2003），本小节中 BC 质量浓度均值高 34%。为了减少因夜间大气边界层高度低造成的本地污染物累积影响，选择当大气边界层高度高于青海湖盆地时的下午来做后向轨迹（如 12 点～19 点），进而探索区域源的影响。70%的气团来自青海湖西边，这一方向上的 BC 排放源稀少，此时段 BC 质量浓度均值为 0.21μg/m³，与瓦里关观测站的浓度水平相当。与之相比，夜间青海湖的 BC 质量浓度则远高于瓦里关观测站。"鸟岛"大气环境综合观测塔位于青海湖盆地底部（表 3-1 描述），而瓦里关观测站则地处盆地山头，高于盆地地形。夜间，当大气边界层高度低于周围山峰时，整个青海湖盆地就像一个盖上锅盖的"盆子"，污染物不易扩散，导致 BC 质量浓度升高。

为了更好地探索青海湖大气环境中 BC 质量浓度的变化规律，图 3-18 显示了青海湖大气环境中 BC 质量浓度及气象要素的日变化。BC 质量浓度在 15 点～20

点出现了较长时间的低谷值;与之相比,BC 质量浓度在 23 点~次日 2 点的值较高。青海湖 BC 质量浓度的日变化特征不同于内陆地区(3.1 节)和沿海地区(3.2 节)。青海湖 BC 质量浓度的日变化与风速、大气边界层高度及地形密切相关。夜间大气边界层高度基本小于 300m,低于青海湖盆地周围的山峰,因此污染物难以扩散,容易在盆地内积累,导致 BC 质量浓度在夜间出现高峰。白天大气边界层高度逐渐升高,风速增强,有利于青海湖盆地内污染物的扩散,从而使 BC 维持在较低浓度水平。BC 在 7 点~8 点出现了一个较小的质量浓度峰值,说明其在早晨受到了烹饪等人为活动的影响。由于青海湖地处偏远地区,当地居民较少,人为活动也相对较弱,因此早晨 BC 质量浓度峰值远低于上述内陆地区和沿海地区。

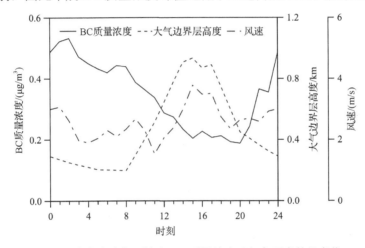

图 3-18　青海湖大气环境中 BC 质量浓度及气象要素的日变化

3.3.2　鲁朗 BC 质量浓度特征

图 3-19 给出了 2008 年 7 月~2009 年 8 月鲁朗大气环境中 BC 质量浓度的时间序列变化。将观测期划分成四个不同的季节,包括季风前期(2009 年 2 月 18 日~4 月 27 日)、季风期(2008 年 7 月 16 日~10 月 3 日和 2009 年 4 月 28 日~8 月 26 日)、季风后期(2008 年 10 月 4 日~11 月 9 日)和冬季(2008 年 11 月 10 日~2009 年 2 月 17 日)。BC 质量浓度具有明显的季节变化特征,季风前期最高(平均值±标准偏差为 $1.0\mu g/m^3\pm1.2\mu g/m^3$),季风期最低(平均值±标准偏差为 $0.3\mu g/m^3\pm0.2\mu g/m^3$)。如图 3-19 所示,与季风前期相比,季风期、季风后期和冬季的 BC 质量浓度日均值变化幅度均更小。2009 年 3 月的 BC 质量浓度最高,平均值为 $1.6\mu g/m^3$;2008 年 8 月最低,平均值为 $0.2\mu g/m^3$,两者相差 7 倍。观测期间,各月份的 BC 质量浓度最低值基本相当,但最高值的差异则有较大不同,BC 质量浓度高值主要集中在 2009 年 3 月。

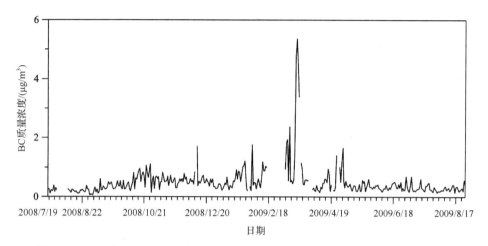

图 3-19　2008 年 7 月~2009 年 8 月鲁朗大气环境中 BC 质量浓度的时间序列变化

观测期间，BC 质量浓度的平均值±标准偏差为 $0.5\mu g/m^3$±$0.5\mu g/m^3$，其中日均值最低为 $0.06\mu g/m^3$，最高为 $5.4\mu g/m^3$。从季节变化来看，季风前期 BC 质量浓度最高，比季风期、季风后期和冬季分别高了 37%、33% 和 22%，表明季风前期的 BC 污染比其他季节更严重。

图 3-20 显示了鲁朗大气环境中 BC 质量浓度小时均值的频次分布及不同季节的频率分布。BC 质量浓度的最高频次出现在 $0.20~0.25\mu g/m^3$ 时，占总频次的 40%~50%。实际上，有 80% 的 BC 质量浓度小于年均值，说明 BC 质量浓度呈偏态分布的特征，即在较高的浓度范围存在"拖尾"现象。例如，BC 质量浓度大于 $2\mu g/m^3$ 的高值仅占总数据量的 3%。

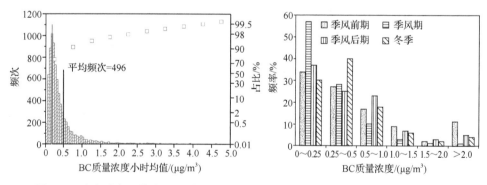

图 3-20　鲁朗大气环境中 BC 质量浓度小时均值的频次分布及不同季节的频率分布
（改自 Zhao et al., 2017）

如图 3-20 所示，不同季节的 BC 在不同质量浓度范围内出现的频率具有一定差异。当 BC 质量浓度小于 $0.25\mu g/m^3$ 时，其在季风期出现的频率最高，为 57%；

当 BC 质量浓度在 0.25～0.5μg/m³ 时，冬季出现的频率最高，为 40%；当 BC 质量浓度在 0.5～1.0μg/m³ 时，季风后期出现的频率最高，为 23%；当 BC 质量浓度为 1.0～2.0μg/m³ 和大于 2.0μg/m³ 时，季风前期出现的频率最高，为 11%。

图 3-21 显示了不同季节鲁朗大气环境中 BC 质量浓度及大气边界层高度的日变化。不同季节的 BC 质量浓度在 8 点～10 点出现高峰值，而白天其他时段及夜间的 BC 质量浓度较低且变化平缓。早上 BC 质量浓度的高峰值出现在大气边界层高度不断上升的阶段。日出后，大气边界层不断发展，打破了东南亚地区夜间形成的污染物混合层，加速了污染物向青藏高原东南部的输送。因此，鲁朗在 8 点～10 点出现了 BC 质量浓度的高值。此后，随着大气边界层高度的进一步上升，扩散条件越来越好，BC 质量浓度迅速下降，至午后达到较低的浓度水平。值得注意的是，夜间大气边界层稳定且高度较低，污染物扩散条件差，但此时 BC 仍维持在较低的浓度水平，说明本地燃烧源对 BC 质量浓度的影响较小。

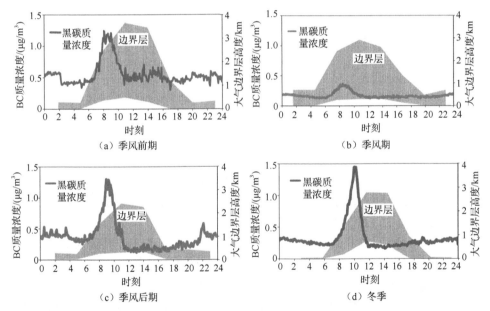

图 3-21　不同季节鲁朗大气环境中 BC 质量浓度及大气边界层高度的日变化
（改自 Zhao et al., 2017）

假如在上风向没有明显的污染物排放源，那么风速越大越有利于污染物的扩散，反之则促进污染物积累；如果在上风向存在明显的污染物排放源，那么风速大将有利于上风区的污染物输送至下风区。图 3-22 给出了不同季节鲁朗大气环境中 BC 质量浓度随风速的变化。季风前期风速平均值（2.4m/s）略高于其他季节（2.1m/s）。不同风速范围，BC 质量浓度平均值和中值存在明显差异，表明 BC 质量浓度的波动性。不同风速范围内，BC 质量浓度在季风前期波动大，而在季风期的变化相对稳定。季风后期，BC 质量浓度随风速的升高而降低。冬季，当风速小于 5m/s 时，BC 质量浓度随风速的增大而降低；当风速大于 5m/s 时，BC 质量浓度则随风速的增大而增大，表明区域输送对 BC 污染的影响。

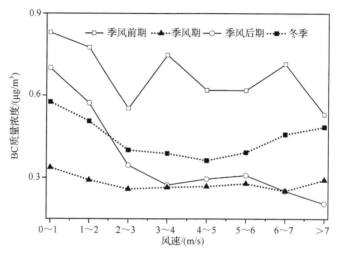

图 3-22　不同季节鲁朗大气环境中 BC 质量浓度随风速的变化

3.4　本 章 小 结

本章通过对我国内陆地区、沿海地区及青藏高原典型地区大气环境中 BC 质量浓度的特征进行了探究，获得不同地域大气中 BC 的分布特征。内陆地区采样时段以冬季为主，污染程度呈现出西安（8.0μg/m³）>宝鸡（4.6μg/m³）>北京（4.3μg/m³）>香河（3.6μg/m³）；同是灰霾期对比，西安的 BC 污染比北京严重，而干净期两城市 BC 质量浓度相当。沿海地区采样时段以春季为主，BC 质量浓度厦门（2.3μg/m³）高于三亚（0.8μg/m³），但 BC 在 $PM_{2.5}$ 中的占比则呈现出厦门（4%）低于三亚（6%）。青藏高原地区 BC 质量浓度远低于内陆地区和沿海地区，青海湖 BC 质量浓度为 0.36μg/m³，鲁朗在季风前期质量浓度最高，也仅有 1.0μg/m³。

内陆地区和沿海地区 BC 质量浓度日变化均呈"双峰双谷"特征分布，其变化趋势主要受排放源和气象条件（如大气边界层高度、风速等）影响。上午 BC 质量浓度峰值与早高峰通勤和低大气边界层高度密切相关；随着大气边界层高度升高，大气扩散能力增强，出现 BC 质量浓度低谷值；晚高峰人为活动叠加低大气边界层高度，造成了夜间 BC 质量浓度峰值；随着人为活动减少，在凌晨时段通常会出现一次 BC 质量浓度低谷值。与之不同，青藏高原大气中 BC 质量浓度日变化呈单峰分布，其变化趋势主要受地形、区域传输和气象条件影响。青海湖

　　盆地夜间大气边界层高度低，加之山风影响，使污染物在盆地内累积，从而造成夜间 BC 质量浓度峰值（23 点～次日 2 点）；在青藏高原东南部的鲁朗，日出后大气边界层逐渐升高，导致东南亚地区夜间形成的污染物混合层被破坏，加速了污染物向青藏高原东南部的输送，因此在鲁朗 8 点～10 点观测到了 BC 质量浓度峰值。

参 考 文 献

肖秀珠, 刘鹏飞, 耿福海, 等, 2011. 上海市区和郊区黑碳气溶胶的观测对比[J]. 应用气象学报, 22(2): 158-168.

MA J Z, TANG J, LI S M, et al., 2003. Size distributions of ionic aerosols measured at Waliguan Observatory: Implication for nitrate gas-to-particle transfer processes in the free troposphere[J]. Journal of Geophysical Research: Atmospheres, 108(D17), DOI: 10.1029/2002JD003356.

WU Y F, ZHANG R J, TIAN P, et al., 2016. Effect of ambient humidity on the light absorption amplification of black carbon in Beijing during January 2013[J]. Atmospheric Environment, 124: 217-223.

ZHANG Y L, 2019. Dynamic effect analysis of meteorological conditions on air pollution: A case study from Beijing[J]. Science of the Total Environment, 684: 178-185.

ZHAO Z Z, WANG Q Y, XU B Q, et al, 2017. Black carbon aerosol and its radiative impact at a high-altitude remote site on the southeastern Tibet Plateau[J]. Journal of Geophysical Research: Atmospheres, 122(10): 5515-5530.

第4章 大气环境中 BC 来源研究

大气环境中 BC 来源复杂多样，主要包括机动车源、生物质燃烧源、燃煤源等。识别和定量大气环境中 BC 不同来源，对准确评估 BC 产生的环境和气候效应至关重要，也可为环保部门制定合理可靠的碳减排措施提供科学依据。然而，从复杂大气环境中区分并定量不同来源 BC 贡献仍具有一定的挑战性。本章将介绍正定矩阵因子分解（PMF）模型、多元线性引擎（ME-2）模型、混合环境受体模型（HERM）、双波段光学源解析模型和稳定碳同位素法等多个源解析方法及其在大气 BC 来源解析中的应用。本章中 BC 来源解析所涉及的采样点、在线观测仪器及化学组分分析等相关信息汇总于表 4-1。

4.1 BC 源解析方法

4.1.1 受体模型

受体模型广泛应用于国内外大气污染物的源解析研究，主要聚焦于源对受体点污染物质量浓度的贡献（Zhu et al., 2018; Hopke, 2016; Belis et al., 2013）。与数值模型相比，受体模型不需要考虑污染源的排放强度和排放条件，以及地形、气象和大气输送等外在影响因素。与源清单法相比，受体模型不需要调查各种污染物的排放因子和活动水平。目前，国内外研究中应用较为广泛的受体模型主要包括化学质量平衡（chemical mass balance，CMB）模型、正定矩阵因子分解（positive matrix factorization，PMF）模型和多元线性引擎（multilinear engine，ME-2）模型。

1. 正定矩阵因子分解模型

PMF 模型（Paatero et al., 1994）广泛应用于大气污染物的源解析研究。目前，研究人员普遍使用的是美国环境保护局（United States Environmental Protection Agency，USEPA）编写的 PMF 软件（Norris et al., 2014）。简要来说，PMF 模型作为双线性模型，将样品变量矩阵分解为因子载荷和因子得分两个矩阵，从而获得不同因子的类型和贡献，其公式为

$$X = G \times F + E \qquad (4\text{-}1)$$

表 4-1　本章中 BC 来源解析所涉及的采样点、在线观测仪器及化学组分分析等相关信息

受体模型类型	采样点	观测站点	经纬度	观测时间	在线观测仪器：指标	离线采样器	化学组分分析：指标	采样点描述
正定矩阵因子分解（PMF）模型	西安	中国科学院地球环境研究所（采样房现为关中平原生态环境变化与治理野外科学观测研究站子站）	东经108.88°，北纬34.23°	2012 年 12 月 23 日~2013 年 1 月 25 日	SP2: BC 质量浓度	微流量和大流量采样器（每天一个 24h 样品）	能量色散 X 射线荧光光谱仪：无机元素；离子色谱：K$^+$；原位热解析气相色谱飞行时间质谱：有机示踪物	观测点周边为住宅区和商业区，周围没有明显的工业污染源
多元线性引擎（ME-2）模型	西安	西安交通大学教学二区化工楼	东经108.90°，北纬34.27°	2016 年 12 月 15 日~2017 年 1 月 15 日	AE31: BC 质量浓度	微流量采样器（每天一个 24h 样品）	热光碳分析仪：8 个含碳组分；离子色谱仪：K$^+$	观测点为交通干道，居民区和文教区的混合区
	香港	旺角荔枝角道路旁	东经114.15°，北纬22.32°	2016 年 12 月 15 日~2017 年 1 月 15 日	AE31: BC 质量浓度	微流量采样器（每天一个 24h 样品）	热光碳分析仪：8 个含碳组分；离子色谱仪：K$^+$	观测点位于香港最繁忙的交通要道之一，平均每小时通行车辆 5000~6000 辆
混合环境受体模型（HERM）	西安	关中平原生态环境变化与治理野外科学观测研究站子站	东经108.88°，北纬34.23°N	2020 年 1 月 1 日~2 月 8 日，其中 1 月 25 日~2 月 8 日为疫情防控期，而其他时间段则为冬季正常期	Xact265: 无机元素；AE33: 气溶胶吸光系数；ACSM: 有机气溶胶；氮氧化物分析仪：NO$_x$ 浓度	—	—	观测点周边为住宅区和商业区，周围没有明显的工业污染源

续表

受体模型类型	采样点	观测站点	经纬度	观测时间	在线观测仪器：指标	离线采样器	化学组分分析：指标	采样点描述
双波段光学源解析模型	香河	香河大气综合观测试验站	东经116.95°，北纬39.75°	2017年12月1日~2018年1月31日	AE33：气溶胶吸光系数；PAX：波长为532nm的气溶胶吸光系数；ACSM：有机气溶胶	—	—	香河位于河北省廊坊市，观测点周围为居民区，周边无高大建筑物遮挡和明显的局地排放源
	高美古	中国科学院云南天文台丽江天文观测站	北纬26.69°，东经100.03°	2018年3月14日~5月13日	AE33：气溶胶吸光系数	大流量采样器（每天一个24h样品）	离子色谱：K⁺和左旋葡聚糖；热光碳分析：有机碳和元素碳；高效液相色谱：苯并噻唑啉酮；能量色散X射线荧光光谱仪：无机元素	高美古位于青藏高原东南边缘，海拔3260m，观测点所在地当地居民100余人，周边没有明显的局地排放源
稳定碳同位素法	西安	中国科学院地球环境研究所（采样房现为关中平原生态环境变化与综合治理野外科学观测研究站子站）	北纬34.23°，东经108.88°	2008年7月~2009年6月	—	大流量采样器（每六天一个24h样品）	热光碳分析仪：含碳组分：总有机碳；水溶性有机碳：稳定同位素质谱仪：元素碳和有机碳的δ¹³C	观测点周边为住宅区和商业区，周围没有明显的工业污染源

式中，X ——样品变量矩阵；

    G ——因子载荷矩阵；

    F ——因子得分矩阵；

    E ——残差矩阵。

在大气污染物的源解析工作中，PMF 具体算法为

$$x_{ij} = \sum_{k=1}^{K} g_{ik} \times f_{kj} + e_{ij} \tag{4-2}$$

式中，x_{ij} ——第 i 个受体样本中第 j 种组分的浓度；

    g_{ik} ——第 k 种来源对第 i 个受体样本的贡献；

    f_{kj} ——组分 j 在第 k 种来源中所占的比例；

    e_{ij} ——第 i 个受体样本中第 j 种组分的残差；

    K ——源谱个数。

基于因子载荷和因子得分的非负约束，即 g_{ik} 和 f_{kj} 均为非负值，PMF 模型运算的目的是使目标函数总方差（Q）最小化，其算法为

$$Q = \sum_{j=1}^{J} \sum_{i=1}^{I} \frac{\left(x_{ij} - \sum_{k=1}^{K} g_{ik} \times f_{kj}\right)^2}{\sigma_{x_{ij}}^2} \tag{4-3}$$

式中，$\sigma_{x_{ij}}$ ——第 i 个受体样本中第 j 种组分的不确定度；

    I ——受体样本的个数；

    J ——受体样本组分的个数。

PMF 模型因子个数的确定（源谱个数）需要考虑研究区域的具体情况。通常会多次运行软件，基于获得的各因子来识别其物理意义、Q 值以及改变因子个数产生的 Q 值相对变化等来确定合理的因子个数。在 USEPA PMF 模型中，可利用自举检验（bootstrap）、位移检验（displacement）和自举 – 位移检验（bootstrap-displacement）来评估源解析结果的不确定度。

2. 多元线性引擎模型

基于 ME-2 模型原理（Paatero, 1999），瑞士保罗谢勒研究所（Paul Scherrer Institute）基于 Igor 软件编写了 ME-2 模型的运行程序（Canonaco et al., 2013）。与 PMF 模型原理相似，ME-2 模型通过建立双线性模型来解决污染物来源问题。ME-2 模型的优势在于通过加强对模型旋转的控制，将已知因子信息（如因子载荷的已知行）添加进模型的限制矩阵中，并附加一个约束 a 值（范围从 0 到 1，表征已限制 F 矩阵的变化程度）：

$$f_{j,\text{solution}} = f_j \pm a \times f_j \qquad (4\text{-}4)$$

式中，$f_{j,\text{solution}}$ ——a 值约束后，组分 j 在来源中所占的比例；

f_j ——限制的组分 j 在来源中所占比例。

ME-2 模型在来源解析中可以固定部分排放源源谱，通过约束变化来寻找最优解析结果。这样既避免了因子旋转的盲目性，也避免了在来源解析过程中对本地源谱的完全依赖，提升了对未知因子解析的探索空间，从而获得更可靠的解析结果。

3. 混合环境受体模型

中国科学院地球环境研究所与美国内华达大学拉斯维加斯分校合作建立了一种改进的大气污染物源解析模型，称为混合环境受体模型（hybrid environmental receptor model，HERM）（Antony Chen et al., 2018）。该模型可以对已知因子的信息进行限制，并在解析过程中考虑限制源谱的不确定度。与 PMF 模型和 ME-2 模型相比，HERM 将测量误差和源谱变化同时纳入到目标函数 Q 的计算中，公式为

$$Q = \sum_{j=1}^{J} \sum_{i=1}^{I} \frac{\left(x_{ij} - \sum_{k=1}^{K} g_{ik} \times f_{kj}\right)^2}{\sigma_{x_{ij}}^2 + \sum_{k=1}^{K} \left(g_{ik}^2 \times \sigma_{f_{kj}}^2 + \delta_{ik} \times \sigma_{x_{ij}}^2\right)} \qquad (4\text{-}5)$$

式中，$\sigma_{f_{kj}}$ ——已知源谱的不确定度；

δ_{ik} ——取 1 时表示源谱已知，取 0 时表示源谱未知。

HERM 采用稳健回归模型自动剔除离散点。对于已知源谱，利用初始值进行迭代运算；对于未知源谱，分配一个随机的数值进行迭代运算。在 HERM 运行中，如果排放源源谱全部已知，则等同于 CMB 模型；如果排放源源谱全部未知，则等同于 PMF 模型。HERM 构建了 CMB 模型和 PMF 模型之间的桥梁，适用于源谱信息已知、源谱信息未知和源谱信息部分已知的不同情况，提高了污染物源类型及其贡献解析的准确性。

4.1.2 双波段光学源解析模型

基于朗伯-比尔定律，Sandradewi 等（2008）通过双波段气溶胶吸光系数建立了大气环境中 BC 来源解析的方法。由于该方法主要利用多波段黑碳仪观测的气溶胶吸光系数，因此也被称为"黑碳仪模型"（aethalometer model）。假设在正常大气环境中，气溶胶吸光系数主要来自液态化石燃料（如汽油）和固体燃料（如生物质和煤炭）燃烧的贡献，则气溶胶在特定波长（λ）的吸光系数为

$$b_{\text{abs}}(\lambda) = b_{\text{abs}}(\lambda)_{\text{液态化石燃料}} + b_{\text{abs}}(\lambda)_{\text{固体燃料}} \qquad (4\text{-}6)$$

式中，$b_{abs}(\lambda)$ ——气溶胶吸光系数，Mm^{-1}；

　　$b_{abs}(\lambda)_{液态化石燃料}$ ——液态化石燃料燃烧源气溶胶吸光系数，Mm^{-1}；

　　$b_{abs}(\lambda)_{固体燃料}$ ——固体燃料燃烧源气溶胶吸光系数，Mm^{-1}。

　　研究表明，气溶胶吸光系数随波长的增大而呈幂函数衰减（Andreae et al.，2006），表达式为

$$b_{abs}(\lambda) = K \times \lambda^{-AAE} \tag{4-7}$$

式中，AAE ——气溶胶吸收 Ångström 指数；

　　K ——与气溶胶吸光系数大小有关的常数。

　　以 $\lambda=370nm$ 和 $\lambda=880nm$ 为例，通过以下公式建立不同源气溶胶吸光系数之间的关联：

$$\frac{b_{abs}(370)_{液态化石燃料}}{b_{abs}(880)_{液态化石燃料}} = \left(\frac{370}{880}\right)^{-AAE_{液态化石燃料}} \tag{4-8}$$

$$\frac{b_{abs}(370)_{固体燃料}}{b_{abs}(880)_{固体燃料}} = \left(\frac{370}{880}\right)^{-AAE_{固体燃料}} \tag{4-9}$$

$$b_{abs}(880) = b_{abs}(880)_{液态化石燃料} + b_{abs}(880)_{固体燃料} \tag{4-10}$$

$$b_{abs}(370) = b_{abs}(370)_{液态化石燃料} + b_{abs}(370)_{固体燃料} \tag{4-11}$$

式中，$b_{abs}(370)_{液态化石燃料}$ ——液态化石燃料燃烧源气溶胶在 $\lambda=370nm$ 的吸光系数，Mm^{-1}；

　　$b_{abs}(880)_{液态化石燃料}$ ——液态化石燃料燃烧源气溶胶在 $\lambda=880nm$ 的吸光系数，Mm^{-1}；

　　$b_{abs}(370)_{固体燃料}$ ——固体燃料燃烧源气溶胶在 $\lambda=370nm$ 的吸光系数，Mm^{-1}；

　　$b_{abs}(880)_{固体燃料}$ ——固体燃料燃烧源气溶胶在 $\lambda=880nm$ 的吸光系数，Mm^{-1}；

　　$b_{abs}(370)$ ——气溶胶在 $\lambda=370nm$ 的吸光系数，Mm^{-1}；

　　$b_{abs}(880)$ ——气溶胶在 $\lambda=880nm$ 的吸光系数，Mm^{-1}；

　　AAE $_{液态化石燃料}$ ——液态化石燃料燃烧源气溶胶吸收 Ångström 指数；

　　AAE $_{固体燃料}$ ——固体燃料燃烧源气溶胶吸收 Ångström 指数。

　　在大气环境中，气溶胶在近紫外波段（如 $\lambda=370nm$）的吸光包括一次排放和二次形成的碳气溶胶（Laskin et al.，2015）。在传统的双波段光学源解析算法中并未考虑二次碳气溶胶吸光，即二次棕碳吸光（Sandradewi et al.，2008）。Wang 等（2019）基于统计学黑碳示踪法，定量区分了大气环境中一次排放和二次形成的碳气溶胶吸光系数。基于此，式（4-11）可进一步改进为

$$b_{abs}(370) - b_{abs}(370)_{二次棕碳} = b_{abs}(370)_{液态化石燃料} + b_{abs}(370)_{固体燃料} \tag{4-12}$$

式中，$b_{abs}(370)_{二次棕碳}$ ——二次棕碳在 $\lambda=370nm$ 的吸光系数，Mm^{-1}。

大气环境中，BC 在近红外波段（如 $\lambda=880nm$）是主要的吸光物质，此波段的棕碳吸光可忽略不计（Laskin et al., 2015）。因此，可以通过 $\lambda=880nm$ 的气溶胶吸光系数与其相应的质量吸光效率（MAE）来计算液态化石燃料燃烧源和固体燃料燃烧源的 BC 质量浓度，公式为

$$[BC_{液态化石燃料}] = \frac{b_{abs}(880)_{液态化石燃料}}{MAE_{BC}(880)_{液态化石燃料}} \tag{4-13}$$

$$[BC_{固体燃料}] = \frac{b_{abs}(880)_{固体燃料}}{MAE_{BC}(880)_{固体燃料}} \tag{4-14}$$

式中，[BC 液态化石燃料] ——液态化石燃料燃烧源 BC 质量浓度，$\mu g/m^3$；

    [BC 固体燃料] ——固体燃料燃烧源 BC 质量浓度，$\mu g/m^3$；

    $MAE_{BC}(880)_{液态化石燃料}$ ——液态化石燃料燃烧源 BC 质量吸光效率，m^2/g；

    $MAE_{BC}(880)_{固体燃料}$ ——固体燃料燃烧源 BC 质量吸光效率，m^2/g。

4.1.3 稳定碳同位素法

元素碳（EC）在大气环境中的化学性质较为稳定，其稳定碳同位素的比率（$\delta^{13}C$）受大气过程的影响较小。因此，稳定碳同位素可应用于大气环境中 EC 的来源解析。大气中 EC 的主要来源包括机动车源、燃煤源和生物质燃烧源。$\delta^{13}C$ 在这些来源中存在明显的差异，为 EC 来源解析提供了理论基础。基于此，采用如下方程建立大气环境中 EC 的 $\delta^{13}C$ 平衡：

$$\delta^{13}C_{EC} = a \times \delta^{13}C_{EC,机动车} + b \times \delta^{13}C_{EC,燃煤} + c \times \delta^{13}C_{EC,生物质} \tag{4-15}$$

$$a+b+c=100\% \tag{4-16}$$

式中，$\delta^{13}C_{EC}$ ——大气环境中 EC 的 $\delta^{13}C$ 值，‰；

    $\delta^{13}C_{EC,机动车}$ ——机动车源 EC 的 $\delta^{13}C$ 值，‰；

    $\delta^{13}C_{EC,燃煤}$ ——燃煤源 EC 的 $\delta^{13}C$ 值，‰；

    $\delta^{13}C_{EC,生物质}$ ——生物质燃烧源 EC 的 $\delta^{13}C$ 值，‰；

    a ——燃煤源对 EC 质量浓度的贡献比，%；

    b ——机动车源对 EC 质量浓度的贡献比，%；

    c ——生物质燃烧源对 EC 质量浓度的贡献比，%。

式（4-15）中，c 可基于左旋葡聚糖示踪法来计算，公式为

$$c=\frac{([左旋葡聚糖]/[EC])_{大气}}{([左旋葡聚糖]/[EC])_{排放源}} \tag{4-17}$$

式中，([左旋葡聚糖]/[EC])$_{大气}$ ——大气环境中左旋葡聚糖与 EC 质量浓度的比值；

    ([左旋葡聚糖]/[EC])$_{排放源}$ ——排放源中左旋葡聚糖与 EC 质量浓度的比值。

式（4-17）的成立基于以下两个假设：①左旋葡聚糖能够作为生物质燃烧源的示踪物；②不同种类的生物质燃烧排放左旋葡聚糖与 EC 质量浓度的比值相似。

据文献报道，不同植物（如根据植物光合作用及 CO_2 固定方式划分的 C3 植物、C4 植物和 CAM 植物等）燃烧排放的碳同位素数值具有一定的差异（Sage, 2004）。在本章的讨论中，稳定碳同位素法是基于 2008 年 7 月~2009 年 6 月西安大气环境中采集的滤膜样品。通过查阅 2008 年和 2009 年《陕西省统计年鉴》（http://tjj.shaanxi.gov.cn）可知，玉米（产量占比 43%）、小麦（产量占比 33%）和水稻（产量占比 7%）是陕西省主要的农作物，其秸秆燃烧是西安主要的生物质燃烧源。因此，式（4-15）可以进一步修改为

$$\delta^{13}C_{EC} = a \times \delta^{13}C_{EC,燃煤} + b \times \delta^{13}C_{EC,机动车}$$
$$+ c \times \left(c_{玉米} \times \delta^{13}C_{EC,玉米} + c_{小麦} \times \delta^{13}C_{EC,小麦} + c_{水稻} \times \delta^{13}C_{EC,水稻} \right) \quad (4\text{-}18)$$

式中，$\delta^{13}C_{EC,玉米}$ ——玉米秸秆燃烧产生 EC 的 $\delta^{13}C$ 值，‰；

$\delta^{13}C_{EC,小麦}$ ——小麦秸秆燃烧产生 EC 的 $\delta^{13}C$ 值，‰；

$\delta^{13}C_{EC,水稻}$ ——水稻秸秆燃烧产生 EC 的 $\delta^{13}C$ 值，‰；

$c_{玉米}$ ——玉米秸秆在生物质燃烧中的贡献比，%；

$c_{小麦}$ ——小麦秸秆在生物质燃烧中的贡献比，%；

$c_{水稻}$ ——水稻秸秆在生物质燃烧中的贡献比，%。

基于《陕西省统计年鉴》，$c_{玉米}$、$c_{小麦}$和 $c_{水稻}$通过玉米、小麦和水稻的产量占比粗略估算。$\delta^{13}C_{EC,玉米}$、$\delta^{13}C_{EC,小麦}$和 $\delta^{13}C_{EC,水稻}$的值来自 Liu 等（2014）的研究结果。根据文献报道，式（4-15）中 $\delta^{13}C_{EC,机动车}$和 $\delta^{13}C_{EC,燃煤}$分别选取−23.3‰和 26.9‰（Kawashima et al., 2012; Huang et al., 2006）。

4.2　正定矩阵因子分解模型的应用

本节将选取西安作为 BC 污染的典型城市，利用 PMF 模型结合气溶胶化学组分，定量解析机动车源、生物质燃烧源和燃煤源对大气环境中 BC 的贡献。采样点及采样信息见表 4-1。

将 S、Cl、Cr、Cu、Zn、As、Br、Pb 和 K^+的质量浓度作为 PMF 模型输入参数，图 4-1 给出了 PMF 模型解析的因子特征。在因子 1 中，S、As、Pb 和 Cr 的贡献比较高，它们通常富集在粉煤灰里，随煤炭的燃烧而排放（Tian et al., 2014）。因此，将因子 1 定义为燃煤源。在因子 2 中，Br、Cu、Zn、Cl 和 Pb 的贡献比较高，它们通常来自机动车尾气排放（Zechmeister et al., 2005）。因此，将因子 2 定义为机动车源。在因子 3 中，K^+的贡献占主导，而研究表明 K^+可以作为生物质燃烧源的指示物（Cheng et al., 2013）。因此，将因子 3 定义为生物质燃烧源。

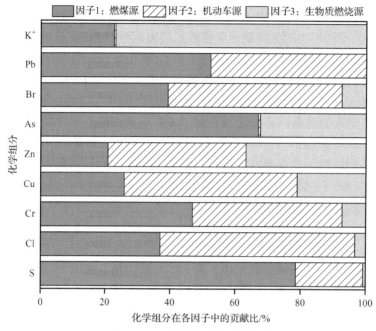

图 4-1　PMF 模型解析的因子特征

进一步使用多元线性回归方程建立 BC 质量浓度与燃煤源、机动车源和生物质燃烧源之间的关系，从而定量分析不同源 BC 的贡献。如图 4-2 所示，BC 质量浓度的 PMF 模型模拟值与实测值高度相关，相关系数为 0.93，斜率为 0.87，表明 PMF 模型的总体模拟效果较好。

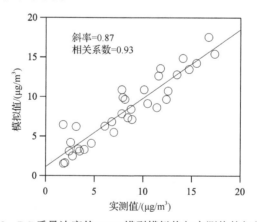

图 4-2　BC 质量浓度的 PMF 模型模拟值与实测值的相关性

利用示踪物进行外部验证是判断 PMF 模型解析各来源合理性的有效方法。使用苊、$17\alpha(H)\text{-}21\beta(H)$降藿烷和左旋葡聚糖的质量浓度分别与燃煤源、机动车源和生物质燃烧源 BC 质量浓度进行对比。根据文献报道，苊、$17\alpha(H)\text{-}21\beta(H)$降藿烷和左旋葡聚糖可分别作为燃煤源、机动车源和生物质燃烧源的示踪物（Huang et al., 2014; Zhang et al., 2014; Rutter et al., 2009）。如图 4-3 所示，机动车源 BC 质量浓度与 17α(H)-21β(H)降藿烷的质量浓度高度相关，相关系数为 0.77；燃煤源 BC 质量浓度和苉质量浓度、生物质燃烧源 BC 质量浓度和左旋葡聚糖质量浓度均呈中等相关，相关系数分别为 0.60 和 0.62。基于上述结果，可以判断 PMF 模型对各来源的解析结果较为合理。

图 4-4 给出了西安冬季不同排放源对大气环境中 BC 质量浓度贡献比的时间序列变化。机动车源是 BC 质量浓度的最大来源，贡献比为 46%，变化范围为 1%～77%；燃煤源对 BC 质量浓度的贡献比为 34%，变化范围为 3%～92%；生物质燃烧源对 BC 质量浓度的贡献比为 20%，变化范围为 3%～35%。值得注意的是，机动车源、燃煤源和生物质燃烧源对 BC 的贡献既包含了本地排放的贡献，又叠加了来自区域输送的贡献。基于人为活动的习惯，在同一季节的短时间尺度内，假设每日之间的排放源相对稳定（如本节 2012 年 12 月 23 日～2013 年 1 月 25 日）。那么，引起不同源对 BC 质量浓度贡献比的波动则主要与气象条件的变化有关，如大气边界层高度、风速等。Zhang 等（2015）于 2013 年 1 月在西安使用放射性同位素（^{14}C）法解析了重霾期间 BC 的来源。化石燃料燃烧源（包括机动车源和燃煤源）和生物质燃烧源对 BC 质量浓度的贡献比分别为 75% 和 25%，与本节的结果总体一致。

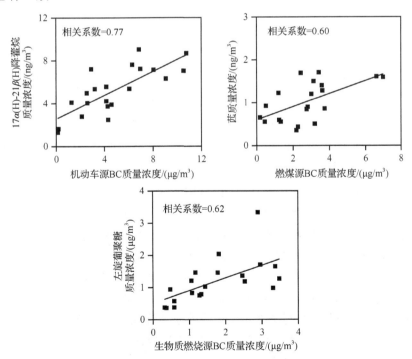

图 4-3　PMF 模型各来源 BC 质量浓度与有机示踪物的相关性

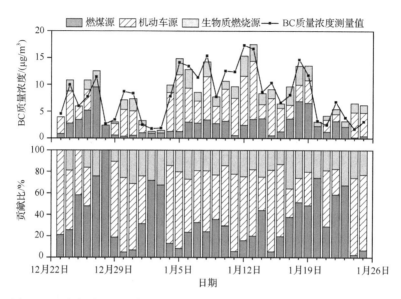

图 4-4　西安冬季（2012 年 12 月～2013 年 1 月）不同排放源对大气环境中
BC 质量浓度贡献比的时间序列变化

4.3　多元线性引擎模型的应用

本节将选取地理位置不同的西安和香港作为代表城市,基于气溶胶化学组分,利用 ME-2 模型定量探索机动车源、燃煤源和生物质燃烧源对我国内陆地区和沿海地区典型城市大气环境中 BC 的贡献。采样点及采样信息见表 4-1。西安和香港两座城市大气环境中 BC 质量浓度的差异较大,其中西安的 BC 质量浓度平均值为 7.9μg/m³,是香港的约 2.5 倍（3.2μg/m³）。将 BC、K⁺和 8 个碳组分（OC1、OC2、OC3、OC4、EC1、EC2、EC3 和 OPC）的质量浓度作为 ME-2 模型输入参数,图 4-5 显示了西安和香港 ME-2 模型来源解析的因子特征。

在西安,因子 1 的 OC2、OC3、OC4 和 EC1 贡献较高,这些碳组分通常来自机动车排放（Cao et al., 2005）。因此,将因子 1 定义为机动车源。在因子 2 中,K⁺和 OC1 的贡献比较高,其中 K⁺已被证实可以作为生物质燃烧源的示踪物（Cheng et al., 2013）;此外,Sun 等（2017a）研究表明,西安郊区冬季秸秆焖烧时会产生足够多的 OC1。因此,将因子 2 定义为生物质燃烧源。在因子 3 中,OC2、OC3 和 OC4 的贡献比较高,这些碳组分通常富集在燃煤锅炉和居民燃煤排放的气溶胶中。因此,将因子 3 定义为燃煤源。

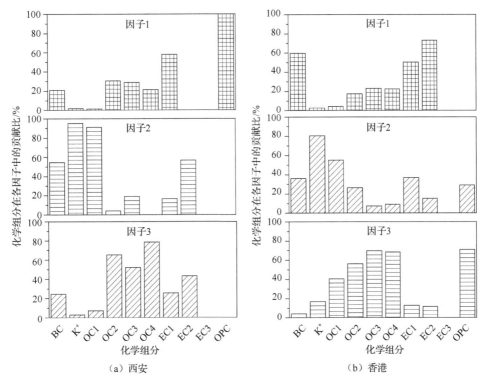

图 4-5 西安和香港 ME-2 模型来源解析的因子特征

在香港解析的结果中，因子 1 的 EC2、EC1、OC4、OC3 和 OC4 贡献比较高，它们分别代表了汽油车和柴油车的排放特征（Cao et al., 2006）。因此，将因子 1 定义为机动车源。在因子 2 中，K^+ 和 OC1 的贡献比较高，与西安结果相似，表明大气环境受到了生物质燃烧的影响。因此，将因子 2 定义为生物质燃烧源。在因子 3 中，OC2、OC3 和 OC4 的贡献比较高，将该因子定义为燃煤源。

图 4-6 给出了西安和香港不同排放源对大气环境中 BC 质量浓度的贡献比。机动车源是西安大气环境中 BC 质量浓度的最大贡献者，贡献比为 33%，这与西安近年不断增加的机动车数量密切相关。与之相比，燃煤源和生物质燃烧源对 BC 质量浓度的贡献比相当，分别为 23% 和 20%。西安冬季的燃煤源和生物质燃烧源主要来自周边农村地区居民取暖和烹饪等活动。机动车源也是香港大气环境中 BC 质量浓度的最大来源，其贡献比远高于西安的结果，高达 79%；与西安相比，燃煤源和生物质燃烧源对香港 BC 质量浓度贡献比则较低，分别为 15% 和 2%。造成两城市大气环境中 BC 来源贡献比差异较大的根本原因在于西安和香港的能源结构差异性较大。

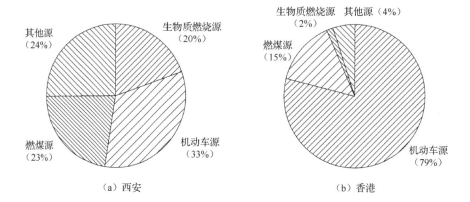

图 4-6　西安和香港不同排放源对大气环境中 BC 质量浓度的贡献比

4.4　混合环境受体模型的应用

　　基于在线数据可以提高大气环境中 BC 来源解析的时间分辨率，从而深入分析 BC 污染的形成过程。目前，常用的 BC 在线源解析方法为双波段光学源解析模型，该方法仅能定量两类不同来源对 BC 的贡献（详见 4.1.2 小节）。受益于气溶胶化学组分在线监测技术的快速发展，本节将利用在线金属元素分析仪测量的小时无机元素数据，基于 HERM 定量解析高时间分辨率的不同来源对 BC 的贡献，并以西安 2020 年初新冠疫情防控期间为例，探索人为活动减弱对城市大气环境中 BC 变化的影响。采样点及采样信息见表 4-1。

　　广义相加模型（generalized additive model，GAM）常用于描述响应变量和解释变量之间复杂的非线性关系（Pearce et al., 2011）。本节将使用 GAM 来定量 2020 年 1 月底~2 月初疫情防控期间人为活动减弱和气象条件变化对西安大气环境中 BC 质量浓度降低量的贡献比。GAM 的计算公式为

$$\ln y_i = \beta_0 + \sum_{j=1}^{n} S_j\left(X_{ij}\right) + \varepsilon_i \tag{4-19}$$

式中，y_i ——第 i 小时 BC 质量浓度，$\mu g/m^3$；

　　　　β_0 ——常数项；

　　　　X_{ij} ——第 j 个气象变量在第 i 小时的观测值，包括风速（m/s）、风向（°）、海平面气压（Pa）、大气边界层高度（m）、气温（℃）、相对湿度（%）、露点（℃）和轨迹聚类；

　　　　$S(\cdot)$ ——平滑函数，采用薄板回归样条函数（Wood, 2003）；

　　　　n ——平滑函数的总个数；

　　　　ε_i ——残差。

使用 R 语言编写的 "mgcv" 函数包来运行 GAM（Wood，2004）。采用疫情防控前正常期数据的 80% 来建立模型，而剩余 20% 的数据则用于模型验证。在建立合适的模型后，人为活动减弱和气象条件变化对疫情防控期间 BC 质量浓度降低的贡献量可用如下公式计算：

$$R_{\text{met},i} = [\text{BC}]_{\text{before},i} - [\text{BC}]_{\text{pred},i} \tag{4-20}$$

$$R_{\text{emis},i} = \left([\text{BC}]_{\text{before},i} - [\text{BC}]_{\text{lockdown},i}\right) - R_{\text{met},i} \tag{4-21}$$

式中，$R_{\text{met},i}$ ——气象条件变化对疫情防控期间 i 来源 BC 质量浓度降低的贡献量，$\mu g/m^3$；

　　　$[\text{BC}]_{\text{before},i}$ ——i 来源 BC 在疫情防控前的质量浓度，$\mu g/m^3$；

　　　$[\text{BC}]_{\text{pred},i}$ ——GAM 计算的 i 来源 BC 质量浓度，$\mu g/m^3$；

　　　$[\text{BC}]_{\text{lockdown},i}$ ——i 来源 BC 在疫情防控期间的质量浓度，$\mu g/m^3$；

　　　$R_{\text{emis},i}$ ——疫情防控期间人为活动减弱对 i 来源 BC 质量浓度降低的贡献量，$\mu g/m^3$；

　　　i ——不同排放源，如机动车源、生物质燃烧源或燃煤源。

采用 HERM 解析疫情防控前期和疫情防控期间西安大气环境中 BC 的来源。HERM 输入的数据类型：①化学组分的质量浓度，包括 BC、有机气溶胶和无机元素（如 Si、K、Ca、Mn、Fe、Cu、Zn、As、Se 和 Ba）；②光学数据，包括 $\lambda=370\text{nm}$、$\lambda=470\text{nm}$、$\lambda=520\text{nm}$、$\lambda=590\text{nm}$、$\lambda=660\text{nm}$ 和 $\lambda=880\text{nm}$ 的气溶胶吸光系数。数据的时间分辨率均为 1h。源解析因子的个数通过 Q/Q_{exp}、最大单列均值和最大单列标准差来确定。使用自举检验（bootstrap）判断解析结果的稳定性。如图 4-7 所示，BC 质量浓度 HERM 模拟值和实测值在疫情防控前期和疫情防控期间高度相关，决定系数均为 0.98 且斜率接近 1，说明 HERM 重现了总体 BC 的质量浓度。

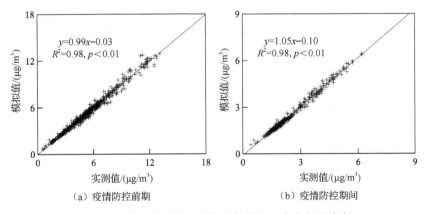

图 4-7　疫情防控前期和疫情防控期间西安大气环境中
BC 质量浓度 HERM 模拟值和实测值的对比

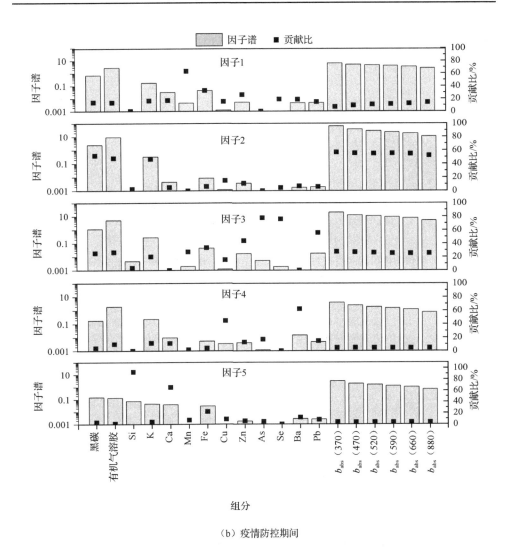

（b）疫情防控期间

图 4-8　疫情防控前期和疫情防控期间 HERM 来源解析中各因子的特征

放。通过对比疫情防控前期因子 1 中 BC 质量浓度和 NO_x 质量浓度可以看到（图 4-9），二者高度相关，决定系数为 0.58。但疫情防控期间它们并不存在相关性，这主要是因为除了防疫保障车辆，此期间其他机动车均被限制行驶，NO_x 质量浓度低且主要来自其他非机动车的排放。如图 4-10 所示，通过因子 1 中气溶胶吸光系数计算得到的气溶胶吸收 Ångström 指数（absorption Ångström exponent, AAE）在疫情防控前期和疫情防控期间分别为 0.99 和 1.12，与文献报道的机动车结果相当（0.8～1.1）（Zotter et al., 2017; Kirchstetter et al., 2004）。综上所述，将因子 1 定义为机动车源。

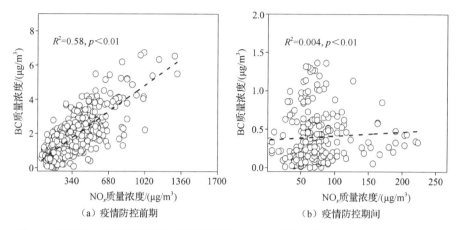

（a）疫情防控前期　　　　　　　　　（b）疫情防控期间

图 4-9　疫情防控前期和疫情防控期间因子 1 中 BC 质量浓度和 NO_x 质量浓度的对比

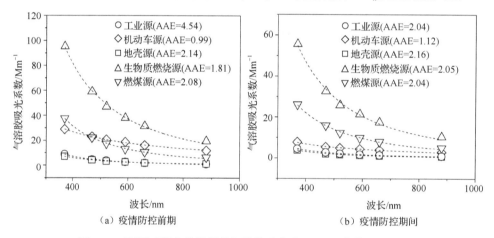

（a）疫情防控前期　　　　　　　　　（b）疫情防控期间

图 4-10　不同时期各排放源的气溶胶吸收 Ångström 指数（AAE）

　　在因子 2 中，K、有机气溶胶、BC 和各波长的气溶胶吸光系数在疫情防控前期和疫情防控期间的贡献比均较高。其中，K 可以作为生物质燃烧源的指示物（Zhao et al., 2021）；同时，有机气溶胶和 BC 是生物质燃烧排放颗粒物的主要组成成分（Song et al., 2006）。由于棕碳气溶胶的存在，因子 2 的气溶胶吸收 Ångström 指数在疫情防控前期（1.81）和疫情防控期间（2.05）均高于机动车源的值（图 4-10）。与文献报道结果相比，它们均处在生物质燃烧源的气溶胶吸收 Ångström 指数范围内（1.6～3.5）（Helin et al., 2018; Zotter et al., 2017; Sandradewi et al., 2008）。研究已证实，左旋葡聚糖是可靠的生物质燃烧源有机示踪物（Zhang et al., 2014）。因子 2 中 BC 和左旋葡聚糖的质量浓度在疫情防控前期和疫情防控期间均高度相关，相关系数分别为 0.89 和 0.85。综上所述，将因子 2 定义为生物质燃烧源。

在因子 3 中，Se、As 和 Pb 的贡献在疫情防控前期和疫情防控期间均较突出。文献表明，As 和 Se 是有效的燃煤源指示物（Tan et al., 2017）。因子 3 中的 BC 质量浓度与 As 和 Se 质量浓度在疫情防控前期和疫情防控期间均高度相关，相关系数为 0.82～0.96。自 2005 年起，我国已淘汰含 Pb 汽油，燃煤已成为西安大气环境中 Pb 的主要来源（Xu et al., 2012）。同时，因子 3 中的气溶胶吸收 Ångström 指数在疫情防控前期和疫情防控期间分别为 2.08 和 2.04，与文献报道的燃煤结果（2.11～3.18）相似（Sun et al., 2017b）。综上所述，将因子 3 定义为燃煤源。

在因子 4 中，Ba 和 Cu 在疫情防控前期和疫情防控期间的贡献比均较高。此外，Ca 在疫情防控前期的贡献比也较高，且 Fe、Zn、As、K 和 Pb 也有一定的贡献。有研究表明，硫酸钡是电子零件上阻焊层和标记油墨的常用材料，故电子工业的排放可伴随较高含量的 Ba（Tao et al., 2017）；Cu 是亚微米半导体器件中广泛使用的互联材料，常见于半导体行业的排放（Simka et al., 2005）；Ca 与水泥和建筑行业的排放有关（Crilley et al., 2017）；Zn、As 和 Pb 常见于钢铁冶炼和制造行业的排放（Ledoux et al., 2017; Duan et al.,2013）。因此，将因子 4 定义为工业源。

因子 5 以地壳元素 Si 和 Ca 为主，说明该因子与矿物尘有关。因子 5 中气溶胶吸收 Ångström 指数在疫情防控前期和疫情防控期间分别为 2.14 和 2.16，与 Russell 等（2010）发现混有矿物粉尘的城市气溶胶结果相似（2.27）。综上所述，将因子 5 定义为地壳源。地壳源中 BC 主要来自人为活动（如交通和建筑）和自然（如风）扰动，使沉积在地面的 BC 重新悬浮到大气中。

如表 4-2 所示，由于疫情防控期间人为活动急剧减弱，BC 质量浓度平均值从疫情防控前期的 5.5μg/m³ 下降至疫情防控期间的 2.7μg/m³，下降了 51%。基于 HERM 的源解析结果，生物质燃烧源、机动车源和燃煤源是 BC 的主要来源。其中，机动车源 BC 质量浓度下降最大，为 78%，其次是生物质燃烧源和燃煤源，分别为 44% 和 22%。相比之下，尽管工业源和地壳源 BC 质量浓度也有不同程度的降低，但是它们降低的绝对质量浓度较低。

表 4-2　疫情防控前期和疫情防控期间不同源 BC 的质量浓度

不同源类型	疫情防控前期		疫情防控期间		下降比例[②]/%
	BC 质量浓度/（μg/m³）	贡献比[①]/%	BC 质量浓度/（μg/m³）	贡献比/%	
机动车源	1.8±1.2	33	0.4±0.3	15	78
生物质燃烧源	2.5±2.1	45	1.4±1.0	52	44
燃煤源	0.9±0.4	16	0.7±0.5	26	22
工业源	0.1±0.1	2	0.1±0.1	3	23
地壳源	0.2±0.1	4	0.1±0.1	4	41
总体	5.5±2.7	—	2.7±1.2	—	51

注：BC 质量浓度表示为平均值±不确定度，表 4-3 同；①某个来源 BC 质量浓度除以总 BC 质量浓度；②疫情防控期间 BC 质量浓度比疫情防控前期下降的比例。

　　表 4-3 汇总了疫情防控期间人为活动减弱和气象条件变化对不同来源 BC 质量浓度降低的贡献量。同时，图 4-11 显示了疫情防控期间人为活动减弱和气象条件变化对不同来源 BC 质量浓度降低贡献量的日变化。对于机动车源而言，疫情防控期间交通流量的急剧下降导致 BC 质量浓度减少了 1.4μg/m³；相比之下，气象条件的变化则影响较小（表 4-3）。疫情防控期间交通流量的减少导致机动车源 BC 质量浓度的降低主要集中在 1 点～4 点、7 点～10 点和 17 点～19 点三个时段，这与疫情防控前期夜间拉土车的作业及早晚上下班交通高峰期的时间段一致。值得注意的是，气象条件在这三个时段对机动车源 BC 质量浓度降低的贡献量均为负值，表明此时的气象条件对机动车源 BC 质量浓度起到升高的作用。由于疫情防控期间的午后气象条件比疫情防控前期更有利于污染物扩散（如疫情防控期间大气边界层高度更高），气象条件对机动车源 BC 质量浓度在 13 点～17 点的降低作用比人为活动减弱的影响更加显著。

表 4-3　疫情防控期间人为活动减弱和气象条件变化对不同来源 BC 质量浓度降低的贡献量

类型	BC 质量浓度降低的贡献量/（μg/m³）		
	机动车源	生物质燃烧源	燃煤源
气象条件	0.01±0.41	0.42±0.48	−0.1[①]±0.23
人为活动	1.4±0.16	0.68±0.23	0.3±0.05

　　注：①负号代表气象条件对燃煤源 BC 质量浓度起到升高的作用。

　　固体燃料（如生物质和煤炭）燃烧是西安大气环境中 BC 的主要来源（Wang et al., 2016）。疫情防控期间并未限制周边农村家庭使用固体燃料取暖和烹饪，因此生物质燃烧源 BC 质量浓度的降幅低于机动车源（表 4-3）。如表 4-3 所示，疫情防控期间人为活动的减弱导致 BC 质量浓度降低的贡献量平均值为 0.68μg/m³；气象条件的变化则使生物质燃烧源 BC 质量浓度降低的贡献量平均值为 0.42μg/m³。BC 质量浓度降低的贡献量的日变化表明（图 4-11），早晨和夜间生物质燃烧源的 BC 质量浓度降低的贡献量最大。疫情防控期间，早晨更有利的气象条件是造成生物质燃烧源 BC 质量浓度降低的主要原因；与之不同，夜间 BC 质量浓度的降低则主要来自生物质燃烧活动的减少。在西安城区北边的农村地区，早晨使用生物质燃烧进行烹饪的活动强于其南边。疫情防控前期 6 点～9 点主导风向为东北风（20°～100°），而疫情防控期间该时段的主导风向转为东南风（100°～200°）（图 4-12）。因此，疫情防控期间气象条件对生物质燃烧源 BC 质量浓度降低的贡献量更大。与气象条件的变化相比，人为活动的减弱在夜间对生物质燃烧源 BC 质量浓度降低的贡献量更大，与疫情防控期间夜间气温比疫情防控前期更高、取暖活动水平更低有关。

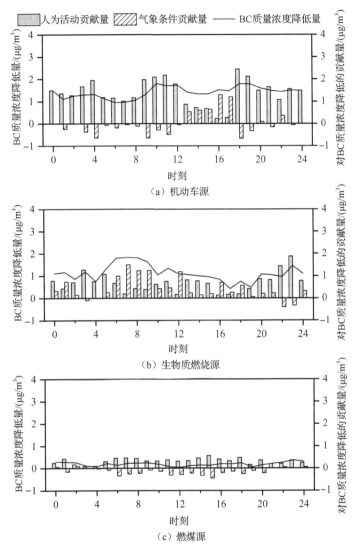

图 4-11　疫情防控期间人为活动减弱和气象条件变化对不同来源
BC 质量浓度降低贡献量的日变化

作为固体燃料，在疫情防控期间燃煤源 BC 质量浓度降低量也低于机动车源。如表 4-3 所示，煤炭使用量的下降使燃煤源 BC 质量浓度在疫情防控期间降低了 0.3μg/m³。相比之下，气象条件则使燃煤源 BC 质量浓度略微升高了 0.1μg/m³，主要是因为在疫情防控前期和疫情防控期间来自不同方向的气团轨迹数量占比发生变化，改变了不同时期区域输送的影响。利用轨迹聚类分析将疫情防控前期和疫情防控期间的气团分为五类（表 4-4），其中来自陕西省（聚类轨迹#3）、河南省和湖北省（聚类轨迹#5）的气团均伴有较高浓度的燃煤源 BC。在疫情防控期间，来自这三个区域的气团数量明显高于疫情防控前期；同时，来自宁夏北部的清洁气团明显减少（聚类轨迹#2）。因此，疫情防控期间气团方向的变化导致气象条件变化，促进了燃煤源 BC 的增加。

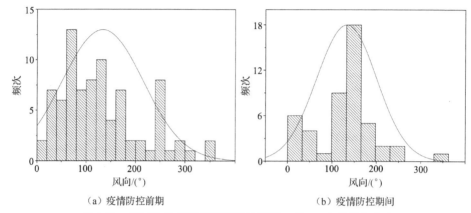

（a）疫情防控前期　　　　　　　　　　（b）疫情防控期间

图 4-12　疫情防控前期和疫情防控期间 6 点～9 点的风向分布

表 4-4　疫情防控前期和疫情防控期间后向轨迹的聚类分析

类型	BC 质量浓度/（μg/m³）			疫情防控前期后向轨迹数量占比/%	疫情防控期后向轨迹数量占比/%
	机动车源	生物质燃烧源	燃煤源		
聚类轨迹#1	1.35	4.40	1.30	19	12
聚类轨迹#2	1.36	2.13	0.67	22	11
聚类轨迹#3	2.10	2.45	0.90	47	62
聚类轨迹#4	1.64	2.53	0.16	7	0
聚类轨迹#5	0.95	1.17	1.23	5	15

4.5　双波段光学源解析模型的应用

4.5.1　香河 BC 来源解析

如 4.1.2 小节所述，双波段光学源解析模型的准确性在很大程度上依赖于不同源气溶胶吸收 Ångström 指数的取值。由于缺乏特定源气溶胶吸收 Ångström 指数的研究，本地化的数值往往难以获取，目前研究中通常引用前人文献报道的结果。然而，气溶胶吸收 Ångström 指数与燃料种类、燃烧条件等有关，引用其他地区报道的数值将给解析结果带来很大不确定性。因此，亟须获得更多与排放源相关的气溶胶吸收 Ångström 指数，从而提高双波段光学源解析模型的准确性。

十余年前，我国经历了严重的空气污染，特别是华北平原（An et al., 2019）。为了改善空气质量，国务院颁布了一系列法规来减少大气污染物的排放。2013 年，国务院印发了《大气污染防治行动计划》（国发〔2013〕37 号），旨在使 2017 年全国地级及以上城市可吸入颗粒物浓度比 2012 年下降 10%以上，优良天数逐年提高。研究已证实，该政策的实施对华北平原空气质量的改善起到了至关重要的作用（Zhang et al., 2019）。新的空气污染形势下，厘清华北平原 BC 来源是进一步理解 BC 气候环境效应的关键。因此，本小节将利用优化的双波段光学源解析模型定量华北平原区域站点（香河）在《大气污染防治行动计划》收官年 2017 年冬季的 BC 来源贡献。采样点及采样信息见表 4-1。

本小节中不同来源的气溶胶吸收 Ångström 指数通过固定源燃烧模拟采样平台及台架实验完成，详见 2.4 节。为了代表华北平原生物质燃烧源和燃煤源的排放特征，收集了该区域具有代表性的农作物秸秆（小麦秸秆、水稻秸秆、玉米秸秆、棉花秸秆、芝麻秸秆和大豆秸秆）、薪柴及煤炭（无烟煤和烟煤）进行燃烧模拟实验。台架实验模拟了不同车型（小轿车、面包车和中型货车）、不同油品（汽油和柴油）和不同工况（怠速、20km/h 和 40km/h）排放的气溶胶吸光系数。表 4-5 汇总了不同种类的液态化石燃料和固体燃料燃烧产生的气溶胶吸收 Ångström 指数。液态化石燃料燃烧产生的气溶胶吸收 Ångström 指数为 1.3±0.2（平均值±标准偏差）。其中，汽油（1.4~1.5）和柴油（1.0~1.3）的值大小相当。与液态化石燃料相比，固体燃料燃烧产生的气溶胶吸收 Ångström 指数平均值更高，为 2.8±1.0。从不同种类的固体燃料来看，蜂窝煤燃烧产生的气溶胶吸收 Ångström 指数最高（4.0±0.9），其次是薪柴（2.9±0.2）、农作物秸秆（2.4±0.4）和烟煤（1.1±0.2）。固体燃料燃烧产生的气溶胶吸收 Ångström 指数变化范围大，与不同的燃料种类和燃烧状态有关。从图 4-13 可以看到，固体燃料燃烧产生的气溶胶吸收 Ångström 指数 AAE 和燃烧效率呈显著负相关关系（$p<0.05$）。

表 4-5　不同种类的液态化石燃料和固体燃料燃烧产生的气溶胶吸收 Ångström 指数

AAE	固体燃料				液态化石燃料	
	农作物秸秆	薪柴	烟煤	无烟煤（蜂窝煤）	汽油	柴油
最大值	3.3	3.2	1.4	5.2	1.5	1.3
最小值	1.6	2.7	1.0	2.2	1.4	1.0
平均值	2.4	2.9	1.1	4.0	1.5	1.2
标准偏差	0.4	0.2	0.2	0.9	0.1	0.1
实验次数	30	4	4	16	3	7

在有机气溶胶（organic aerosol，OA）中，类碳氢有机气溶胶（hydrocarbon-like OA，HOA）、生物质燃烧有机气溶胶（biomass burning OA，BBOA）和燃煤有机气溶胶（coal combustion OA，CCOA）可以分别用来指示机动车源、生物质燃烧源和燃煤源。本小节中，利用 ACSM 同步测量 OA 并采用 ME-2 模型对其进行来源解析，结果如图 4-14 所示。将 HOA 和 BBOA+CCOA 的质量浓度分别与液态化石燃料和固体燃料燃烧源 BC 质量浓度进行对比，以验证 AAE 选择的合理性。

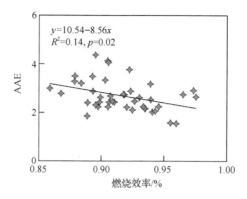

图 4-13 固体燃料燃烧产生 AAE 和燃烧效率的关系

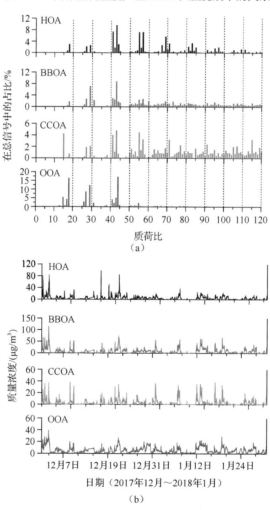

图 4-14 不同类型 OA 的质谱特征（a）及其质量浓度（b）的时间序列变化

根据表 4-5 中气溶胶吸收 Ångström 指数的范围，计算出一系列的液态化石燃料和固体燃料燃烧源 BC 质量浓度，分别将它们与 HOA 和 BBOA+CCOA 质量浓度进行对比。如图 4-15 所示，当固体燃料燃烧源的气溶胶吸收 Ångström 指数不变时，液态化石燃料燃烧源 BC 质量浓度和 HOA 质量浓度之间的相关性不受液态化石燃料燃烧源气溶胶吸收 Ångström 指数变化的影响。但是，当固体燃料燃烧源气溶胶吸收 Ångström 指数在小于 3.0 的范围内增大时，液态燃料燃烧源 BC 质量浓度和 HOA 质量浓度相关性也随之增大。当固体燃料燃烧源气溶胶吸收 Ångström 指数大于 3.0 时，液态化石燃料燃烧源 BC 质量浓度和 HOA 质量浓度之间的相关性不变。与之相比，当液态化石燃料燃烧源气溶胶吸收 Ångström 指数不变时，固体燃料燃烧源 BC 质量浓度和 BBOA+CCOA 质量浓度相关性变化与固体燃料燃烧源气溶胶吸收 Ångström 指数变化无关。

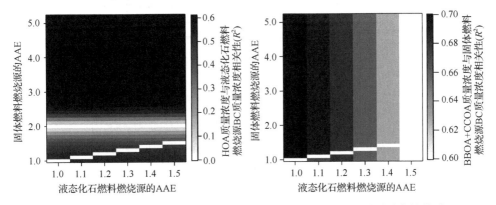

图 4-15　不同燃烧源 BC 质量浓度与 HOA 和 BBOA+CCOA 质量浓度的关系

当液态化石燃料燃烧源和固体燃料燃烧源气溶胶吸收 Ångström 指数分别取平均值 1.3 和 2.8 时，由图 4-15 可知，HOA 质量浓度和 BBOA+CCOA 质量浓度与液态化石燃料燃烧源和固体燃料燃烧源 BC 质量浓度线性关系的决定系数分别为 0.60 和 0.66，均接近图 4-15 中结果的上限值。同时，它们之间线性方程的斜率，即 HOA 质量浓度和 BBOA+CCOA 质量浓度与液态化石燃料燃烧源和固体燃料燃烧源 BC 质量浓度比值分别为 1.7 和 8.4，与采用文献报道的排放因子计算结果相当（Sun et al., 2018; Cheng et al., 2010）。综上所述，此处选取的液态化石燃料燃烧源和固体燃料燃烧源产生的气溶胶吸收 Ångström 指数平均值较为合理。

图 4-16 显示了不同燃料燃烧源 BC 质量浓度以及大气边界层高度和风速的日变化特征。BC 质量浓度的小时变化范围为 $0.1\sim24.4\mu g/m^3$，平均值±标准偏差为 $3.6\mu g/m^3\pm4.0\mu g/m^3$；液态化石燃料燃烧源和固体燃料燃烧源 BC 质量浓度的平均值分别为 $2.5\mu g/m^3$ 和 $1.1\mu g/m^3$，占 BC 总质量浓度的 69% 和 31%，说明机动车尾气排放是香河大气环境中 BC 的主要来源。图 4-16 中日变化特征表明，液态化石燃料燃烧源 BC 质量浓度在 8 点和 19 点均出现了高峰值，与早晚上下班交通高峰

期一致。值得注意的是，固体燃料燃烧源BC质量浓度高峰值出现的时间与液态化石燃料燃烧源相同，但产生的原因不同。华北平原固体燃料是居民家庭的常用能源，香河周边农村地区居民家庭烹饪是固体燃料燃烧源BC质量浓度高峰值出现的主要原因。

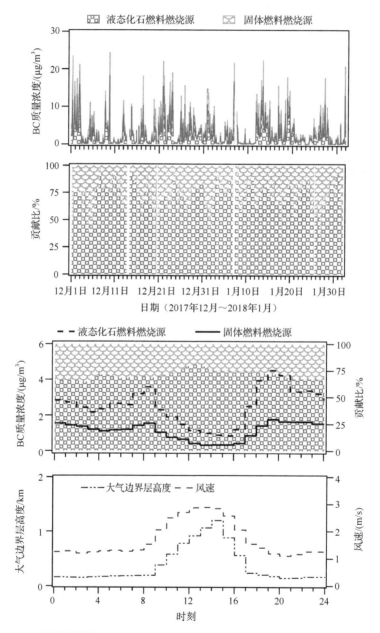

图4-16　不同燃料燃烧源BC质量浓度以及大气边界层高度和风速的日变化特征

如图 4-16 所示，由于下午大气边界层高度上升、风速增大，污染物更容易扩散，使液态化石燃料燃烧源和固体燃料燃烧源 BC 质量浓度均呈下降趋势。由于 20 点以后机动车排放减少，液态化石燃料燃烧源 BC 质量浓度呈下降趋势。与之相比，固体燃料燃烧源 BC 则维持在一个较高的浓度水平，直至午夜。同时，夜间固体燃料燃烧源 BC 质量浓度在 BC 总质量浓度中的占比也呈上升趋势，与冬季居民使用固体燃料燃烧取暖有关。

图 4-17 汇总了国内外大气环境中 BC 来源的对比。受交通源影响，液态化石燃料燃烧源是城市大气环境中 BC 的主要贡献者，而在郊区，固体燃料燃烧源对 BC 的贡献有大幅提高，这与生物质是农村家庭重要的能源有关。从图 4-17 还可以看到，华北平原冬季大气环境中 BC 的来源从以往固体燃料燃烧源为主转变成了当前以液态化石燃料燃烧源为主的状况。这种变化与近年来我国采取的一系列严格环保措施密切相关，如《大气污染防治行动计划》。华北平原大范围的"煤改气"工程已被证实是减少大气污染物的有效途径（Qin et al., 2017）。尽管高排量的机动车被禁止行驶，但华北平原机动车总数量从 2013 年的 3870 万辆增加到 2017 年的 6030 万辆（国家统计局，2018），从而使液态化石燃料燃烧源 BC 贡献比固体燃料燃烧源更重大。

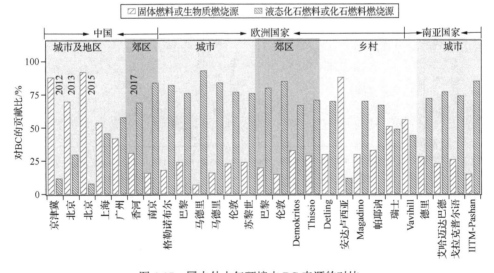

图 4-17　国内外大气环境中 BC 来源的对比

4.5.2　青藏高原 BC 来源解析

青藏高原是地球上拥有最大冰盖面积的区域之一，是北半球气候变化的重要调节器。然而，研究表明，该地区的冰川正在快速融化，对亚洲水循环和亚洲季风产生了不利影响（Luo et al., 2020; Hua et al., 2020）。引起冰川消融的因素众多，其中一个重要原因是该区域大气环境中 BC 的浓度水平在不断升高，导致大气增温效应明显。由于 BC 的吸光性和辐射效应与不同排放源有关，深入探索青藏高原大气环境中不同源对 BC 的贡献有利于更好地认识人为源对该区域气候环境的影响。

本小节将基于双波段光学源解析模型定量化石燃料燃烧源和生物质燃烧源对青藏高原东南边缘（丽江市高美古）大气环境中 BC 的贡献比。由于该来源解析模型的准确度很大程度上依赖于不同源气溶胶吸收 Ångström 指数和 BC 质量吸光效率，利用受体模型结合多波段气溶胶吸光系数和化学组分来定量它们本地化的数值，进而提高来源解析结果的准确性。采样点及采样信息见表 4-1。

首先，基于 Wang 等（2019）开发的统计学黑碳示踪法，定量区分一次排放和二次形成的气溶胶吸光系数。其次，将化学组分数据和一次气溶胶的吸光系数作为 PMF 模型输入参数，进而定量不同排放源对一次气溶胶吸光系数的贡献比，最终获得本地化的气溶胶吸收 Ångström 指数和 BC 质量吸光效率（Liu et al.，2021）。如图 4-18 所示，不同波长一次气溶胶吸光系数的 PMF 模型模拟值和输入值均高度相关，决定系数为 0.92～0.94，表明 PMF 模型很好地重现了一次气溶胶的吸光系数。

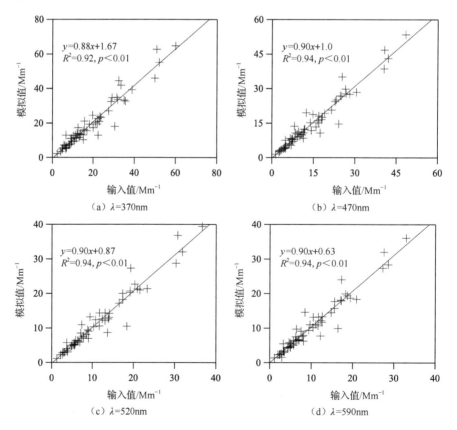

（a）$\lambda=370\text{nm}$

（b）$\lambda=470\text{nm}$

（c）$\lambda=520\text{nm}$

（d）$\lambda=590\text{nm}$

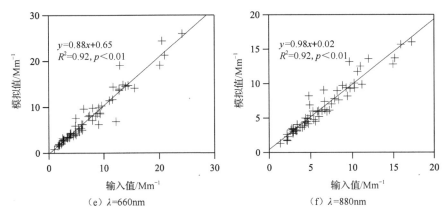

（e）λ=660nm　　　　　　　　　　（f）λ=880nm

图 4-18　不同波长一次气溶胶吸光系数 PMF 模型模拟值和输入值的相关性

图 4-19 显示了高美古 PMF 模型来源解析中各因子的特征。在因子 1 中，K^+、左旋葡聚糖和一次气溶胶吸光系数的贡献比较高；此外，有机碳和元素碳也有中等贡献。K^+ 和左旋葡聚糖是生物质燃烧的示踪物（Urban et al., 2012）。因此，将因子 1 定义为生物质燃烧源。基于该因子中一次气溶胶在 λ=370nm 和 λ=880nm 的吸光贡献，可以计算得到生物质燃烧源气溶胶吸收 Ångström 指数为 1.7。该值处于前人文献采用 $\Delta^{14}C$ 方法报道的结果范围内（1.2～3.5）（Helin et al., 2018; Zotter et al., 2017; Harrison et al., 2012; Sandradewi et al., 2008）。基于因子 1 中一次气溶胶在 λ=880nm 的吸光系数及元素碳的质量浓度，可以计算得到生物质燃烧源 BC 质量吸光效率为 10.4m²/g。该值是外混态 BC 质量吸光效率的约 2 倍（Bond et al., 2006），说明生物质燃烧源 BC 在传输过程中经历了足够程度的老化。

在因子 2 中，苯并噻唑啉酮、Pb、Br、Cu、Zn、元素碳和有机碳的贡献比较高。有文献报道，机动车轮胎抗氧化剂失效可释放苯并噻唑啉酮（Cheng et al., 2006）；Br 可作为机动车排放的示踪物（Guo et al., 2009）；Zn 和 Cu 与润滑油的燃烧以及刹车片、轮胎等磨损有关（Song et al., 2006; Lough et al., 2005）；机动车尾气排放的颗粒物中元素碳和有机碳是重要组成成分（Cao et al., 2013）。尽管 2005 年以后我国禁止使用含铅汽油，但环境中 Pb 的排放仍与机动车有关，特别是相关金属合金的磨损（Hao et al., 2019）。综上所述，将因子 2 定义为机动车源。该来源对一次气溶胶吸光系数的贡献比为 15%～30%。基于该因子对一次气溶胶在 λ=370nm 和 λ=880nm 的吸光贡献比，可以计算得到机动车源气溶胶吸收 Ångström 指数为 0.8。该值与文献报道 BC 是机动车尾气排放的主要吸光性碳气溶胶结论一致（Kirchstetter et al., 2004）。机动车源在 λ=880nm 的 BC 质量吸光效率为 9.1m²/g，稍低于生物质燃烧源的结果，表明机动车源 BC 在大气中也经历了一定程度的老化。

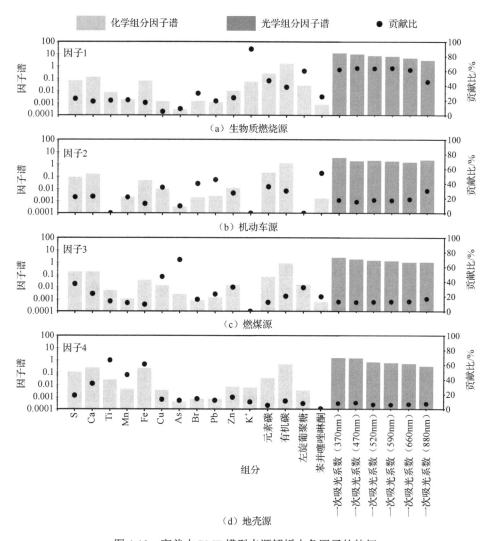

图 4-19 高美古 PMF 模型来源解析中各因子的特征

在因子 3 中，As 的贡献比较高，S 和 Cu 的贡献比中等。这些无机元素与煤炭燃烧有关（Hsu et al., 2016; Kim et al., 2008）。因此，将因子 3 定义为燃煤源。该来源对一次气溶胶吸光系数的贡献比为 12%~17%，低于生物质燃烧源和机动车源的贡献比。基于该因子对一次气溶胶在 λ=370nm 和 λ=880nm 的吸光贡献比，可以计算得到燃煤源气溶胶吸收 Ångström 指数为 1.1，接近大块煤燃烧的结果（1.3），但低于型煤燃烧的值（2.6）（Sun et al., 2017b）。这在一定程度上反映了影响高美古大气环境中 BC 的煤炭类型。燃煤源在 λ=880nm 的 BC 质量吸光效率为 15.5m²/g，高于生物质燃烧源和机动车源的结果。

在因子 4 中，Ca、Ti、Mn 和 Fe 的贡献比较高，与地壳元素特征一致（Guo et al., 2009）。因此，将因子 4 定义为地壳源。地壳源气溶胶的吸光性主要由铁氧化物产生，并与其种类和相对含量有关（Alfaro et al., 2004）。地壳源对一次气溶胶吸光系数的贡献比相对较小，仅有 6%～9%。基于该因子对一次气溶胶在 $\lambda=370\text{nm}$ 和 $\lambda=880\text{nm}$ 的吸光贡献比，可得到地壳源气溶胶吸收 Ångström 指数为 1.5，与文献报道的结果相当（1.2～3.0）（Dubovik et al., 2002）。

使用机动车源和燃煤源的平均值来计算化石燃料燃烧源气溶胶吸收 Ångström 指数（0.9）及 BC 质量吸光效率（$12.3\text{m}^2/\text{g}$）。在此基础上，利用双波段光学源解析模型定量获得化石燃料燃烧源和生物质燃烧源对 BC 的贡献比。表 4-6 汇总了不同来源对 BC 的贡献比及其光学参数特征。

表 4-6　不同来源 BC 的贡献比及其光学参数特征

来源	气溶胶吸收 Ångström 指数	BC 质量吸光效率（$\lambda=880\text{nm}$）/（m^2/g）	BC 质量浓度/（$\mu\text{g}/\text{m}^3$）	贡献比/%
机动车源	0.8	9.1	—	—
燃煤源	1.1	15.5	—	—
生物质燃烧源	1.7	10.4	0.4	57
化石燃料燃烧源	0.9	12.3	0.3	43

如图 4-20（a）所示，化石燃料燃烧源和生物质燃烧源 BC 质量浓度之间不具有相关性，佐证了双波段光学源解析模型有效地区分了这两类源对 BC 的贡献。使用左旋葡聚糖（指示生物质燃烧源）和苯并噻唑酮（指示机动车源）来进一步判断源解析结果的可靠性。如图 4-20（b）所示，生物质燃烧源 BC 质量浓度与左旋葡聚糖质量浓度具有较强的相关性，决定系数为 0.56；如图 4-20（c）所示，化石燃料燃烧源 BC 质量浓度和苯并噻唑酮质量浓度呈中等相关性，决定系数为 0.45。

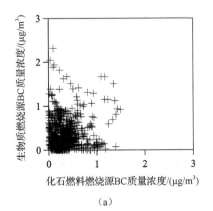

（a）

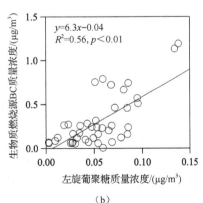

（b）

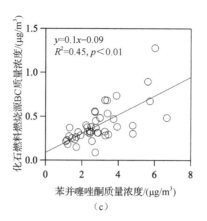

(c)

图 4-20 不同燃料燃烧源 BC 质量浓度的相关性以及它们与有机指示物质量浓度的相关性

图 4-21 给出了 2018 年 3～5 月高美古大气环境中化石燃料燃烧源和生物质燃烧源 BC 质量浓度的时间序列变化。BC 总质量浓度的平均值±标准偏差为 $0.7\mu g/m^3 \pm 0.5\mu g/m^3$，低于文献中报道的青藏高原西南部大气环境中 BC 质量浓度，但高于其北部地区（Wang et al., 2018）。青藏高原西南部 BC 浓度水平更高的主要原因是东南亚污染物排放的影响。从不同来源看，生物质燃烧源 BC 质量浓度的平均值±标准偏差为 $0.4\mu g/m^3 \pm 0.3\mu g/m^3$，占 BC 总质量浓度的 57%。与之相比，化石燃料燃烧源 BC 质量浓度的平均值±标准偏差为 $0.3\mu g/m^3 \pm 0.2\mu g/m^3$，占 BC 总质量浓度的 43%。

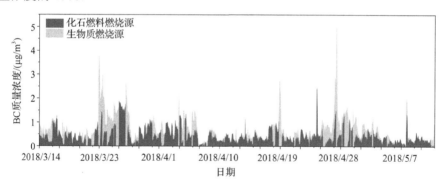

图 4-21 2018 年 3～5 月高美古大气环境中化石燃料燃烧源和生物质燃烧源
BC 质量浓度的时间序列变化

图 4-22 给出了不同 BC 质量浓度范围内化石燃料燃烧源和生物质燃烧源对 BC 的贡献比。生物质燃烧源对 BC 质量浓度的贡献比随 BC 总质量浓度的升高而增大；与之对比，化石燃料燃烧源对 BC 质量浓度的贡献比则呈相反的变化趋势。由此推断，生物质燃烧源是造成高美古 BC 污染的主要原因。

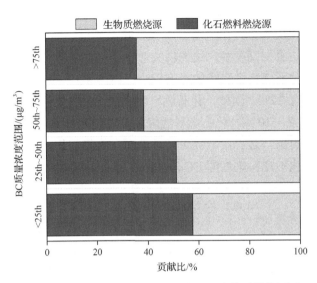

图 4-22　不同 BC 质量浓度范围内化石燃料燃烧源和生物质燃烧源对 BC 的贡献比

图 4-23 给出了高美古不同燃烧源 BC 质量浓度以及大气边界层高度和风速的日变化。午夜后，生物质燃烧源 BC 质量浓度开始上升，至 5 点达到一个小峰值，这与大气边界层高度逐渐降低有关；此后，生物质燃烧源 BC 质量浓度维持在一个相对稳定的水平。9 点后，生物质燃烧源 BC 质量浓度随大气边界层高度和风速的增大而增大，至 12 点达到最大值，说明受到了上风区生物质燃烧源的影响。此时段主要是西风/西南风，有利于东南亚地区生物质燃烧源排放污染物的输送。12 点后，生物质燃烧源 BC 质量浓度急剧下降，直至午夜。其中，13 点～18 点 BC 质量浓度的下降是因为大气边界层高度和风速的增大加速了 BC 的扩散，而夜间 BC 质量浓度的降低则是因为本地生物质燃烧源影响小。

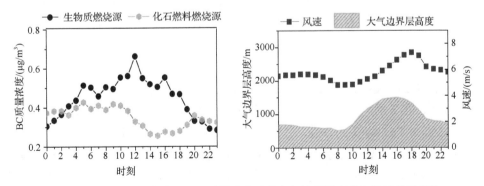

图 4-23　高美古不同燃烧源 BC 质量浓度以及大气边界层高度和风速的日变化

　　如图 4-23 所示，化石燃料燃烧源 BC 质量浓度的日变化与生物质燃烧源 BC 质量浓度大致呈相反趋势。在 9 点～15 点，化石燃料燃烧源 BC 质量浓度呈下降趋势，说明大气边界层高度和风速的增大对 BC 起到了扩散作用，也反映了上风区（如东南亚）化石燃料燃烧源的影响较小。由图 4-19 可知，燃煤源对 EC 质量浓度的贡献比仅有 12%，因此，化石燃料燃烧源 BC 主要是受到周边区域机动车排放的影响。17 点～20 点，化石燃料燃烧源 BC 质量浓度呈上升趋势，与降低的大气边界层高度有关，边界层低促进了近地面污染物的积累。由于夜间观测点周边交通流量小，化石燃料燃烧源 BC 质量浓度在 21 点～次日 8 点相对稳定。

4.6　稳定碳同位素法的应用

　　基于稳定碳同位素比率（$\delta^{13}C$）可以识别碳气溶胶的来源，但该方法目前更多的是定性判断（Cao et al., 2011）。本节将以西安为例，基于 $\delta^{13}C$ 和左旋葡聚糖开发定量分析 BC 来源的方法，为碳气溶胶的来源解析提供新思路。采样点及采样信息见表 4-1。为探索不同季节变化特征，基于气象条件和西安采暖时间，将 11 月 15 日～3 月 14 日定义为冬季，3 月 15 日～5 月 31 日定义为春季，6 月 1 日～8 月 31 日定义为夏季，9 月 1 日～11 月 14 日定义为秋季。不同季节均采集野外空白样品作为背景。

　　图 4-24 给出了 2008 年 7 月～2009 年 6 月西安大气环境中元素碳（EC）和有机碳（OC）的 $\delta^{13}C$ 值以及 EC 和 OC（包括水溶性和非水溶性 OC）质量浓度的时间序列变化。EC 和 OC 的 $\delta^{13}C$ 变化范围分别为-26.5‰～-22.8‰和-27.4‰～-23.2‰，年均值分别为-24.9‰和-25.3‰。EC 和 OC 质量浓度年均值分别为 7.6μg/m^3 和 22.2μg/m^3。在 OC 中，水溶性 OC 的质量浓度（9.2μg/m^3）小于非水溶性 OC（13.0μg/m^3）。碳组分（EC+OC）浓度水平存在明显的季节变化特征，冬季最高，秋季次之，春季和夏季较低。冬季高浓度的碳气溶胶与该季节排放源的增多有关，尤其是生物质燃烧源；此外，冬季更加稳定的气象条件也有利于污染物的积累。

　　从图 4-25 中碳同位素的季节变化可知，EC 和 OC 的 $\delta^{13}C$ 值在冬季更加富集。EC 的 $\delta^{13}C$ 在冬季为-23.7‰，其他季节差异并不显著，即春季、夏季、秋季分别为-25.5‰、-25.5‰和-25.3‰。通常情况下，EC 的化学性质稳定，其 $\delta^{13}C$ 会保留 EC 主要的来源信息。冬季 EC 的 $\delta^{13}C$ 均值高于其他季节，与冬季采暖时煤炭的使用量增加有关。在我国北方，采暖季从每年的 11 月持续到次年 3 月，大量的燃煤用于居民供暖。

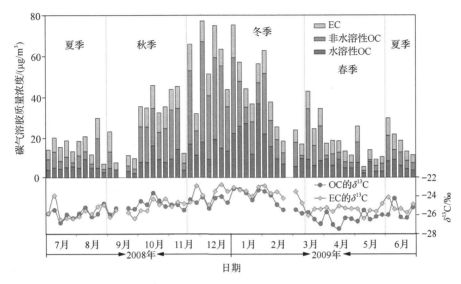

图 4-24 西安大气环境中 EC 和 OC 的 $\delta^{13}C$ 值以及 EC 和 OC
质量浓度的时间序列变化（改自 Zhao et al., 2018）

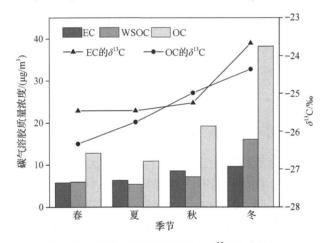

图 4-25 不同季节 EC 和 OC 的 $\delta^{13}C$ 分布特征

与一次来源的 EC 相比，OC 还可以来自二次化学反应的生成，这将导致 OC 的 $\delta^{13}C$ 随时间而发生变化。例如，外场观测研究表明，光化学反应和生物源的挥发使得 OC 的 $\delta^{13}C$ 较轻（Ho et al., 2006）；实验室的模拟研究也证实二次有机气溶胶的 $\delta^{13}C$ 较小，介于-32.2‰~-32.9‰（Irei et al., 2006）。在本节中，OC 的 $\delta^{13}C$ 呈现出冬季（-24.4‰）>秋季（-25.0‰）>夏季（-25.8‰）>春季（-26.4‰）。有研究表明，水溶性 OC 与极性物质、二次有机气溶胶及生物质燃烧排放的一次有机气溶胶有关（Ding et al., 2008）。春季和夏季的左旋葡聚糖浓度远低于秋季和冬季，说明春季和夏季生物质燃烧源对水溶性 OC 的影响更小。水溶性 OC 在总 OC 中的占比越高表明老化程度越高，即生成的二次有机气溶胶更多。水溶性 OC 在 OC 中的占比呈现春季（55%）>夏季（52%）>冬季（46%）>秋季（40%）。因此，OC 的 $\delta^{13}C$ 在春季和夏季更负于冬季和秋季的一个重要原因在于更多的二次有机气溶胶。

图 4-26 给出了 EC 和 OC 的 $\delta^{13}C$ 相关性。EC 和 OC 的 $\delta^{13}C$ 之间呈中度相关，相关系数为 0.69。从不同季节来看，两者相关性差异较大，其中冬季（0.62）和秋季（0.60）的相关系数高于春季（0.42）和夏季（0.42），说明冬季和秋季的 EC 和 OC 受到了相似的一次燃烧源影响，而春季和夏季则更多地受到二次有机气溶胶的影响。

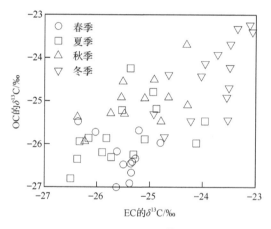

图 4-26　EC 和 OC 的 $\delta^{13}C$ 相关性

式（4-17）中左旋葡聚糖和 EC 在源样品中的比值选取农作物秸秆（包括玉米秸秆、小麦秸秆和水稻秸秆）燃烧的平均值 7.69%（范围为 5.4%～11.8%，Zhang et al., 2007）进行估算。图 4-27 给出了西安生物质燃烧源对 EC 贡献比的时间序列变化。生物质燃烧源对 EC 的年均贡献比为 7%，变化范围为 2%～29%，其中冬季贡献比最高，为 15%，其次是秋季和春季，分别为 6% 和 5%。夏季最低，仅有 2%。

在式（4-18）中，三种农作物秸秆燃烧排放 EC 的 $\delta^{13}C$ 值选自 Liu 等（2014）的实验结果。该研究在燃烧腔中模拟了水稻秸秆、小麦秸秆和玉米秸秆的明燃和焖燃，测量了烟气以及燃烧灰烬中 EC 的 $\delta^{13}C$。水稻秸秆和小麦秸秆燃烧排放 EC 的 $\delta^{13}C$ 接近，而玉米秸秆燃烧排放 EC 的 $\delta^{13}C$ 偏大。考虑到结果的不确定性，分别使用三种秸秆燃烧排放 EC 的 $\delta^{13}C$ 平均值、最小值和最大值进行计算。至于燃煤源和机动车源，综合了一系列文献报道的结果，最终这两个源排放 EC 的 $\delta^{13}C$ 分别取 -23.3‰ 和 -26.9‰（Kawashima et al., 2012; Huang et al., 2006; Widory, 2006）。

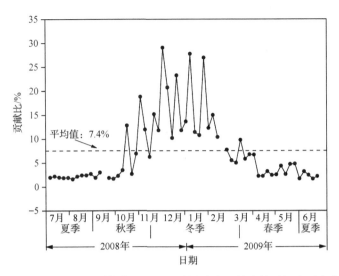

图 4-27　西安生物质燃烧源对 EC 质量浓度贡献比的时间序列变化

将这些值代入式（4-18）中，最终定量获得不同源对 EC 质量浓度的贡献比。

图 4-28 给出了不同源对 EC 质量浓度贡献比的时间序列变化。总体而言，燃煤源对 EC 质量浓度的年均贡献比为 46%，其中冬季最高，为 63%，远高于其他季节的 34%～37%。机动车源对 EC 质量浓度的年均贡献比为 47%，其中，春季、夏季、秋季的贡献比相当，为 57%～62%。

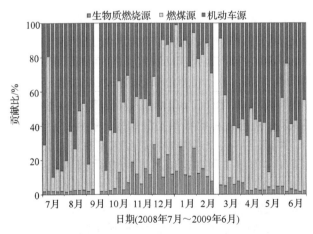

图 4-28　不同源对 EC 质量浓度贡献比的时间序列变化（改自 Zhao et al., 2018）

　　稳定碳同位素法具有一定局限性，其解析结果依赖于输入参数的准确性，如不同源排放 EC 的 $\delta^{13}C$。采用水稻秸秆、小麦秸秆和玉米秸秆燃烧排放 EC 的 $\delta^{13}C$ 最低值和最高值来评估该方法的不确定性。表 4-7 汇总了基于不同 $\delta^{13}C$ 计算的不同源 EC 贡献。当取最低值（最高值）时，燃煤源和机动车源对 EC 质量浓度的年均贡献分别为 41%（55%）和 38%（52%）。基于不同农作物秸秆燃烧排放 EC 的 $\delta^{13}C$，燃煤源和机动车源对 EC 质量浓度贡献比的不确定性分别为 10% 和 15%。此外，燃煤源和机动车源排放 EC 的 $\delta^{13}C$ 也存在一定变化范围，在目前使用的参考值上每变化 ±0.1‰ 所造成的相对不确定性为 3%。

表 4-7　基于不同 $\delta^{13}C$ 计算的不同来源 EC 贡献

来源类型	取值	春季	夏季	秋季	冬季	年均贡献
燃煤源	平均值	34%±13%	37%±21%	37%±16%	63%±18%	46%±23%
	最低值	31%±14%	35%±21%	33%±15%	58%±22%	41%±22%
	最高值	39%±11%	39%±22%	44%±18%	70%±16%	55%±27%
机动车源	平均值	62%±12%	61%±21%	57%±18%	22%±16%	47%±27%
	最低值	57%±11%	59%±22%	50%±22%	19%±14%	38%±32%
	最高值	65%±12%	63%±21%	61%±16%	27%±18%	52%±24%

4.7　本 章 小 结

本章介绍了多个受体模型（如 PMF 模型、ME-2 模型、HERM）、双波段光学源解析模型和稳定碳同位素法的原理及其在 BC 源解析中的应用。受体模型结果显示，机动车源、燃煤源和生物质燃烧源是城市大气中 BC 的主要来源。由于能源结构不同，西安大气中 BC 更多的来自固体燃料燃烧源（如生物质燃烧源和煤炭源），而香港大气中 BC 最大贡献源为机动车（贡献比高达 79%）。相较于人为活动影响，西安疫情防控期间机动车源、生物质燃烧源和燃煤源 BC 质量浓度分别下降了 78%、44% 和 22%。人为活动和气象条件对不同来源 BC 质量浓度降低量的影响在不同时段有所不同。双波段光学源解析模型显示，香河大气中液态化石燃料燃烧源和固体燃料燃烧源占 BC 总质量浓度的 69% 和 31%，说明机动车尾气排放源是主要来源；液态化石燃料燃烧源和固体燃料燃烧源 BC 在 8 点和 19 点均出现高峰值，与早晚上下班交通排放和居民家庭烹饪有关。通过与文献研究结果对比发现，华北平原冬季大气环境中 BC 来源从以往固体燃料燃烧为主转变为液态化石燃料燃烧为主。在青藏高原东南边缘，随着大气中 BC 总质量浓度的升高，生物质燃烧源对 BC 质量浓度的贡献比也随之升高，表明生物质燃烧源是造成该地区大气 BC 污染的主要来源；生物质燃烧源 BC 主要受东南亚区域输送影响，而化石燃料燃烧源 BC 则主要受到周边区域机动车排放的影响。稳定碳同位素结果显示，西安碳组分（EC+OC）质量浓度冬季最高，与排放源的增多和不利的气象条件有关。EC 和 OC 的 $\delta^{13}C$ 在冬季最高（-23.7‰ 和 -24.4‰），且两者相关系数为 0.62，表明冬季的 EC 和 OC 受到相似一次燃烧源影响。生物质燃烧源、燃煤源和机动车源对 EC 的年均贡献比分别为 7%、46% 和 47%。

参 考 文 献

国家统计局, 2018. 中国统计年鉴[M]. 北京: 中国统计出版社.

ADACHI K, TAINOSHO Y, 2004. Characterization of heavy metal particles embedded in tire dust[J]. Environment International, 30(8): 1009-1017.

ÅLANDER T, ANTIKAINEN E, RAUNEMAA T, et al., 2005. Particle emissions from a small two-stroke engine: Effects of fuel, lubricating oil, and exhaust aftertreatment on particle characteristics[J]. Aerosol Science and Technology, 39(2): 151-161.

ALFARO S C, LAFON S, RAJOT J L, et al., 2004. Iron oxides and light absorption by pure desert dust: An experimental study[J]. Journal of Geophysical Research: Atmospheres, 109(D8), DOI: 10.1029/2003JD004374.

ANDREAE M O, GELENCSÉR A, 2006. Black carbon or brown carbon? The nature of light-absorbing carbonaceous aerosols[J]. Atmospheric Chemistry Physics, 6(10): 3131-3148.

ANTONY CHEN L W, CAO J J, 2018. $PM_{2.5}$ source apportionment using a hybrid environmental receptor model[J]. Environmental Science & Technology, 52(11): 6357-6369.

AN Z S, HUANG R J, ZHANG R Y, et al., 2019. Severe haze in northern China: A synergy of anthropogenic emissions and atmospheric processes[J]. Proceedings of the National Academy of Sciences of the United States of America, 116(18): 8657-8666.

BELIS C A, KARAGULIAN F, LARSEN B R, et al., 2013. Critical review and meta-analysis of ambient particulate matter source apportionment using receptor models in Europe[J]. Atmospheric Environment, 69: 94-108.

BOND T C, BERGSTROM R W, 2006. Light absorption by carbonaceous particles: An investigative review[J]. Aerosol Science and Technology, 40(1): 27-67.

CANONACO F, CRIPPA M, SLOWIK J G, et al., 2013. SoFi, an IGOR-based interface for the efficient use of the generalized multilinear engine (ME-2) for the source apportionment: ME-2 application to aerosol mass spectrometer data[J]. Atmospheric Measurement Techniques, 6(12): 3649-3661.

CAO J J, CHOW J C, TAO J, et al., 2011. Stable carbon isotopes in aerosols from Chinese cities: Influence of fossil fuels[J]. Atmospheric Environment, 45(6): 1359-1363.

CAO J J, LEE S C, HO K F, et al., 2006. Characterization of roadside fine particulate carbon and its eight fractions in Hong Kong[J]. Aerosol and Air Quality Research, 6(2): 106-122.

CAO J J, WU F, CHOW J C, et al., 2005. Characterization and source apportionment of atmospheric organic and elemental carbon during fall and winter of 2003 in Xi'an, China[J]. Atmospheric Chemistry Physics, 5(11): 3127-3137.

CAO J J, ZHU C S, TIE X X, et al., 2013. Characteristics and sources of carbonaceous aerosols from Shanghai, China[J]. Atmospheric Chemistry Physics, 13(2): 803-817.

CHENG Y, ENGLING G, HE K B, et al., 2013. Biomass burning contribution to Beijing aerosol[J]. Atmospheric Chemistry Physics, 13(15): 7765-7781.

CHENG Y, LEE S C, HO K F, et al., 2010. Chemically-speciated on-road $PM_{2.5}$ motor vehicle emission factors in Hong Kong[J]. Science of The Total Environment, 408(7): 1621-1627.

CHENG Y, LI S M, LEITHEAD A, 2006. Chemical characteristics and origins of nitrogen-containing organic compounds in $PM_{2.5}$ aerosols in the lower Fraser valley[J]. Environmental Science & Technology, 40(19): 5846-5852.

CRILLEY L R, LUCARELLI F, BLOSS W J, et al., 2017. Source apportionment of fine and coarse particles at a roadside and urban background site in London during the 2012 summer ClearfLo campaign[J]. Environmental Pollution, 220: 766-778.

DING X, ZHENG M, YU L P, et al., 2008. Spatial and seasonal trends in biogenic secondary organic aerosol tracers and water-soluble organic carbon in the Southeastern United States[J]. Environmental Science & Technology, 42(14): 5171-5176.

DUAN J C, TAN J H, 2013. Atmospheric heavy metals and Arsenic in China: Situation, sources and control policies[J]. Atmospheric Environment, 74: 93-101.

DUBOVIK O, HOLBEN B, ECK T F, et al., 2002. Variability of absorption and optical properties of key aerosol types observed in worldwide locations[J]. Journal of the Atmospheric Sciences, 59(3): 590-608.

GUO H, DING A J, SO K L, et al., 2009. Receptor modeling of source apportionment of Hong Kong aerosols and the implication of urban and regional contribution[J]. Atmospheric Environment, 43(6): 1159-1169.

HAO Y Z, GAO C J, DENG S X, et al., 2019. Chemical characterisation of $PM_{2.5}$ emitted from motor vehicles powered by diesel, gasoline, natural gas and methanol fuel[J]. Science of The Total Environment, 674: 128-139.

HARRISON R M, BEDDOWS D C S, HU L, et al., 2012. Comparison of methods for evaluation of wood smoke and estimation of UK ambient concentrations[J]. Atmospheric Chemistry and Physics, 12(17): 8271-8283.

HELIN A, NIEMI J V, VIRKKULA A, et al., 2018. Characteristics and source apportionment of black carbon in the Helsinki metropolitan area, Finland[J]. Atmospheric Environment, 190: 87-98.

HO K F, LEE S C, CAO J J, et al., 2006. Variability of organic and elemental carbon, water soluble organic carbon, and isotopes in Hong Kong[J]. Atmospheric Chemistry and Physics, 6(12): 4569-4576.

HOPKE P K, 2016. Review of receptor modeling methods for source apportionment[J]. Journal of the Air & Waste Management Association, 66(3): 237-259.

HSU C Y, CHIANG H C, LIN S L, et al., 2016. Elemental characterization and source apportionment of PM_{10} and $PM_{2.5}$ in the western coastal area of central Taiwan[J]. Science of The Total Environment, 541: 1139-1150.

HUANG L, BROOK J R, ZHANG W, et al., 2006. Stable isotope measurements of carbon fractions (OC/EC) in airborne particulate: A new dimension for source characterization and apportionment[J]. Atmospheric Environment, 40(15): 2690-2705.

HUANG R J, ZHANG Y L, BOZZETTI C, et al., 2014. High secondary aerosol contribution to particulate pollution during haze events in China[J]. Nature, 514(7521): 218-222.

HUA S, LIU Y Z, LUO R, et al., 2020. Inconsistent aerosol indirect effects on water clouds and ice clouds over the Tibetan Plateau[J]. International Journal of Climatology, 40(8): 3832-3848.

IREI S, HUANG L, COLLIN F, et al., 2006. Flow reactor studies of the stable carbon isotope composition of secondary particulate organic matter generated by OH-radical-induced reactions of toluene[J]. Atmospheric Environment, 40(30): 5858-5867.

KAWASHIMA H, HANEISHI Y, 2012. Effects of combustion emissions from the Eurasian continent in winter on seasonal $\delta^{13}C$ of elemental carbon in aerosols in Japan[J]. Atmospheric Environment, 46(1): 568-579.

KIM E, HOPKE P K, 2008. Source characterization of ambient fine particles at multiple sites in the Seattle area[J]. Atmospheric Environment, 42(24): 6047-6056.

KIRCHSTETTER T W, NOVAKOV T, HOBBS P V, 2004. Evidence that the spectral dependence of light absorption by aerosols is affected by organic carbon[J]. Journal of Geophysical Research: Atmospheres, 109(D21), DOI: 10.1029/2004JD004999.

LASKIN A, LASKIN J, NIZKORODOV S A, 2015. Chemistry of atmospheric brown carbon[J]. Chemical Reviews, 115(10): 4335-4382.

LEDOUX F, KFOURY A, DELMAIRE G, et al., 2017. Contributions of local and regional anthropogenic sources of metals in $PM_{2.5}$ at an urban site in Northern France[J]. Chemosphere, 181(8): 713-724.

LIU G, LI J H, XU H, et al., 2014. Isotopic compositions of elemental carbon in smoke and ash derived from crop straw combustion[J]. Atmospheric Environment, 92: 303-308.

LIU H K, WANG Q Y, XING L, et al., 2021. Measurement report: Quantifying source contribution of fossil fuels and biomass-burning black carbon aerosol in the southeastern margin of the Tibetan Plateau[J]. Atmospheric Chemistry and Physics, 21(2): 973-987.

LOUGH G C, SCHAUER J J, PARK J S, et al., 2005. Emissions of metals associated with motor vehicle roadways[J]. Environmental Science & Technology, 39(3): 826-836.

LUO M, LIU Y Z, ZHU Q Z, et al., 2020. Role and mechanisms of black carbon affecting water vapor transport to Tibet[J]. Remote Sensing, 12(2), DOI: 10.3390/rs12020231.

NORRIS G, DUVALL R, 2014. EPA Positive Matrix Factorization (PMF) 5.0 fundamentals and User Guide[Z]. Washington D C: The US Environmental Protection Agency Office of Research and Development.

PAATERO P, 1999. The multilinear engine-a table-driven, least squares program for solving multilinear problems, including the *n*-way parallel factor analysis model[J]. Journal of Computational and Graphical Statistics, 8(4): 854-888.

PAATERO P, TAPPER U, 1994. Positive matrix factorization: A non-negative factor model with optimal utilization of error estimates of data values[J]. Environmetrics, 5(2): 111-126.

PEARCE J L, BERINGER J, NICHOLLS N, et al., 2011. Quantifying the influence of local meteorology on air quality using generalized additive models[J]. Atmospheric Environment, 45(6): 1328-1336.

QIN Y, WAGNER F, SCOVRONICK N, et al., 2017. Air quality, health, and climate implications of China's synthetic natural gas development[J]. Proceedings of the National Academy of Sciences of the United States of America, 114(19): 4887-4892.

RUSSELL P B, BERGSTROM R W, SHINOZUKA Y, et al., 2010. Absorption Ångström exponent in AERONET and related data as an indicator of aerosol composition[J]. Atmospheric Chemistry and Physics, 10(3): 1155-1169.

RUTTER A P, SNYDER D G, SCHAUER J J, et al., 2009. Sensitivity and bias of molecular marker-based aerosol source apportionment models to small contributions of coal combustion soot[J]. Environmental Science & Technology, 43(20): 7770-7777.

SAGE R F, 2004. The evolution of C_4 photosynthesis[J]. New Phytologist, 161(2): 341-370.

SANDRADEWI J, PRÉVÔT A S H, SZIDAT S, et al., 2008. Using aerosol light absorption measurements for the quantitative determination of wood burning and traffic emission contributions to particulate matter[J]. Environmental Science & Technology, 42(9): 3316-3323.

SIMKA H, SHANKAR S, DURAN C, et al., 2005. Fundamentals of Cu/barrier-layer adhesion in microelectronic processing[J]. MRS Online Proceedings Library (OPL), 863: 283-288.

SONG Y, ZHANG Y H, XIE S D, et al., 2006. Source apportionment of $PM_{2.5}$ in Beijing by positive matrix factorization[J]. Atmospheric Environment, 40(8): 1526-1537.

SUN J, SHEN Z X, CAO J J, et al., 2017a. Particulate matters emitted from maize straw burning for winter heating in rural areas in Guanzhong Plain, China: Current emission and future reduction[J]. Atmospheric Research, 184: 66-76.

SUN J Z, ZHI G R, HITZENBERGER R, et al., 2017b. Emission factors and light absorption properties of brown carbon from household coal combustion in China[J]. Atmospheric Chemistry and Physics, 17(7): 4769-4780.

SUN J Z, ZHI G R, JIN W J, et al., 2018. Emission factors of organic carbon and elemental carbon for residential coal and biomass fuels in China——A new database for 39 fuel-stove combinations[J]. Atmospheric Environment, 190: 241-248.

TAN J H, ZHANG L M, ZHOU X M, et al., 2017. Chemical characteristics and source apportionment of $PM_{2.5}$ in Lanzhou, China[J]. Science of the Total Environment, 601: 1743-1752.

TAO J, ZHANG L M, CAO J J, et al., 2017. Source apportionment of $PM_{2.5}$ at urban and suburban areas of the Pearl River Delta region, south China——With emphasis on ship emissions[J]. Science of the Total Environment, 574(1): 1559-1570.

THORPE A, HARRISON R M, 2008. Sources and properties of non-exhaust particulate matter from road traffic: A review[J]. Science of the Total Environment, 400(1-3): 270-282.

TIAN H Z, LIU K Y, ZHOU J R, et al., 2014. Atmospheric emission inventory of hazardous trace elements from China's coal-fired power plants-temporal trends and spatial variation characteristics[J]. Environmental Science & Technology, 48(6): 3575-3582.

URBAN R C, LIMA-SOUZA M, CAETANO-SILVA L, et al., 2012. Use of levoglucosan, potassium, and water-soluble organic carbon to characterize the origins of biomass-burning aerosols[J]. Atmospheric Environment, 61(12): 562-569.

WANG Q Y, CAO J J, HAN Y M, et al., 2018. Sources and physicochemical characteristics of black carbon aerosol from the southeastern Tibetan Plateau: Internal mixing enhances light absorption[J]. Atmospheric Chemistry and Physics, 18(7): 4639-4656.

WANG Q Y, HUANG R J, ZHAO Z Z, et al., 2016. Physicochemical characteristics of black carbon aerosol and its radiative impact in a polluted urban area of China[J]. Journal of Geophysical Research: Atmospheres, 121(20): 12505-12519.

WANG Q Y, HAN Y M, YE J H, et al., 2019. High contribution of secondary brown carbon to aerosol light absorption in the southeastern margin of Tibetan Plateau[J]. Geophysical Research Letters, 46(9): 4962-4970.

WIDORY D, 2006. Combustibles, fuels and their combustion products: A view through carbon isotopes[J]. Combustion Theory and Modelling, 10(5): 831-841.

WOOD S N, 2003. Thin plate regression splines[J]. Journal of the Royal Statistical Society. Series B (Statistical Methodology), 65(1): 95-114.

WOOD S N, 2004. Stable and efficient multiple smoothing parameter estimation for generalized additive models[J]. Journal of the American Statistical Association, 99(467): 673-686.

XU H M, CAO J J, HO K F, et al., 2012. Lead concentrations in fine particulate matter after the phasing out of leaded gasoline in Xi'an, China[J]. Atmospheric Environment, 46: 217-224.

ZECHMEISTER H G, HOHENWALLNER D, RISS A, et al., 2005. Estimation of element deposition derived from road traffic sources by using mosses[J]. Environmental Pollution, 138(2): 238-249.

ZHANG Q, ZHENG Y X, TONG D, et al., 2019. Drivers of improved $PM_{2.5}$ air quality in China from 2013 to 2017[J]. Proceedings of the National Academy of Sciences of the United States of America, 116(49): 24463-24469.

ZHANG T, CAO J J, CHOW J C, et al., 2014. Characterization and seasonal variations of levoglucosan in fine particulate matter in Xi'an, China[J]. Journal of the Air & Waste Management Association, 64(11): 1317-1327.

ZHANG Y L, HUANG R J, EI HADDAD I, et al., 2015. Fossil vs. non-fossil sources of fine carbonaceous aerosols in four Chinese cities during the extreme winter haze episode of 2013[J]. Atmospheric Chemistry and Physics, 15(3): 1299-1312.

ZHANG Y X, SHAO M, ZHANG Y H, et al., 2007. Source profiles of particulate organic matters emitted from cereal straw burnings[J]. Journal of Environmental Sciences, 19(2): 167-175.

ZHAO S, TIAN H Z, LUO L N, et al., 2021. Temporal variation characteristics and source apportionment of metal elements in $PM_{2.5}$ in urban Beijing during 2018-2019[J]. Environmental Pollution, 268(Part B), DOI: 10.1016/j. envpol.2020.115856.

ZHAO Z Z, CAO J J, ZHANG T, et al., 2018. Stable carbon isotopes and levoglucosan for $PM_{2.5}$ elemental carbon source apportionments in the largest city of Northwest China[J]. Atmospheric Environment, 185(7): 253-261.

ZHU Y H, HUANG L, LI J Y, et al., 2018. Sources of particulate matter in China: Insights from source apportionment studies published in 1987-2017[J]. Environment International, 115(6): 343-357.

ZOTTER P, HERICH H, GYSEL M, et al., 2017. Evaluation of the absorption Ångström exponents for traffic and wood burning in the aethalometer-based source apportionment using radiocarbon measurements of ambient aerosol[J]. Atmospheric Chemistry and Physics, 17(6): 4229-4249.

第5章　大气环境中 BC 的区域输送

大气环境中 BC 的污染除本地排放源影响外，还会受到其他区域输送的影响，尤其是本地排放源强度相对较弱的地区。本章将主要介绍基于后向轨迹分析法（如后向轨迹聚类分析法、潜在源贡献因子分析法及浓度权重轨迹分析法）和气象-化学在线耦合数值模式在 BC 区域输送方面的应用。

5.1　基于后向轨迹分析法的分析

5.1.1　后向轨迹聚类分析法

本章使用混合单粒子拉格朗日综合轨迹（hybrid single-particle Lagrangian integrated trajectory，HYSPLIT）模型计算后向轨迹。该模型由美国国家海洋和大气管理局（National Oceanic and Atmospheric Administration，NOAA）的空气资源实验室和澳大利亚气象局（Australia Bureau of Meteorology，BOM）联合开发的一种用于计算和分析大气污染物输送及扩散轨迹的模型（www.ready.noaa.gov/HYSPLIT.php）。在 HYSPLIT 模型中，大气污染输送和扩散轨迹计算使用的是拉格朗日算法，而浓度的计算则混合了欧拉模型。HYSPLIT 模型在模拟传输过程中融合了多种气象要素，并考虑了不同物理过程和污染物来源，可以较完整地还原污染物传输、扩散和沉降过程，因此被广泛应用于污染物的区域输送研究。HYSPLIT 模型采用美国国家环境预报中心（National Centers for Environmental Prediction，NCEP）提供的全球资料同化系统（global data assimilation system，GDAS）中的气象参数数据。

根据气团的移动速度和方向对轨迹进行聚类分析，获得不同轨迹的输送类型，从而评估污染物的潜在区域来源。轨迹聚类分析法主要包括欧几里得距离（Euclidean distance）和角度距离（angle distance）两种算法。由于本章介绍的研究注重达到观测点的气团轨迹方向，因此采用角度距离算法进行轨迹聚类，其公式为（Sirois et al., 1995）

$$d_{12} = \frac{1}{n} \sum_{i=1}^{n} \cos^{-1} \left(0.5 \times \frac{A_i + B_i - C_i}{\sqrt{A_i B_i}} \right) \tag{5-1}$$

$$A_i = (X_1(i) - X_0)^2 + (Y_1(i) - Y_0)^2 \tag{5-2}$$

$$B_i = (X_2(i) - X_0)^2 + (Y_2(i) - Y_0)^2 \tag{5-3}$$

$$C_i = (X_2(i) - X_1(i))^2 + (Y_2(i) - Y_1(i))^2 \tag{5-4}$$

式中，d_{12} ——两条轨迹之间的角度，$0 \sim \pi$；

　　　X_0、Y_0 ——受体点（观测点）的位置；

　　　X_1、Y_1 ——后向轨迹 1；

　　　X_2、Y_2 ——后向轨迹 2。

本章涉及的轨迹聚类分析均采用 Wang 等（2009）基于 Meteoinfo 软件开发的 TrajStat 插件完成。

5.1.2　潜在源贡献因子分析法

潜在源贡献因子（potential source contribution function，PSCF）分析法是将后向轨迹与特定研究区域的大气污染程度相耦合的算法，其本质是一种网格化算法。可以解释为假设气团经过某网格单元并持续一段时间，那么气团将会承载该网格中的污染物浓度，随后气团将通过多个网格单元后到达受体点，从而影响其上空的污染物浓度。轨迹通过区域的网格化处理公式为

$$\text{PSCF}_{ij} = \frac{m_{ij}}{n_{ij}} \tag{5-5}$$

式中，n_{ij} ——落在网格（i，j）的所有轨迹点总数；

　　　m_{ij} ——当经过网格（i，j）的轨迹到达受体点时对应的污染物质量浓度超过设定阈值的轨迹点总数。

PSCF 的大小反映了气团经过网格时，其承载的污染物质量浓度超过阈值的可能性。PSCF 在本质上属于条件函数，对于某些网格，可能存在经过的轨迹数量少，但属于污染轨迹，那么该网格的高 PSCF 值可能并不存在实际意义。因此，为了减小 n_{ij} 较小时引起的不确定性，引入一个权重函数（W_{ij}），其在不同的 n_{ij} 范围取值为

$$W_{ij} = \begin{cases} 1.0, & n_{ij} > 90 \\ 0.7, & 45 < n_{ij} \leqslant 90 \\ 0.4, & 30 < n_{ij} \leqslant 45 \\ 0.2, & n_{ij} \leqslant 30 \end{cases} \tag{5-6}$$

在相关文献中，PSCF 通常采用的阈值为观测期间污染物质量浓度的平均值（Jeong et al., 2017; Zhang et al., 2013）。然而，当受体点污染物质量浓度稍大于阈值或比阈值大很多时，PSCF 可能相当，从而造成中污染源区和高污染源区难以分辨。因此，也有采用观测期间污染物质量浓度的上四分位数作为阈值，从而突出高污染源区的影响。

5.1.3　浓度权重轨迹分析法

PSCF 反映的是网格单元内高于设定阈值的污染轨迹在所有轨迹中的比例,从而获得影响受体点的源区分布。浓度权重轨迹(concentration weighted trajectory,CWT)分析法可以进一步获得网格单元内轨迹的权重浓度,定量反映各源区对受体点污染物的浓度贡献。CWT 的计算公式为

$$C_{ij} = \frac{1}{\sum\limits_{l=1}^{M} \tau_{ijl}} \sum_{l=1}^{M} C_l \tau_{ijl} \qquad (5\text{-}7)$$

式中,C_{ij} ——网格(i,j)的平均权重浓度;

　　　l ——轨迹;

　　　M ——通过网格(i,j)的总轨迹数量;

　　　C_l ——轨迹 l 经过网格(i,j)时对应的受体点污染物浓度;

　　　τ_{ijl} ——轨迹 l 在网格(i,j)的停留时间。

同时,引入权重函数 W_{ij} 来消除具有少量端点的网格单元造成的不确定性,其计算方式与 PSCF 中使用的权重函数相似。

5.2　气象-化学在线耦合数值模式

气象-化学在线耦合数值模式(weather research and forecasting model coupled with chemistry,WRF-Chem)是在天气预报模式(weather research and forecasting model,WRF)中加入化学模块,实现气象场和化学场同步耦合的在线模式(https://www2.acom.ucar.edu/wrf-chem)。在实际大气环境中,气溶胶浓度的变化不仅受到大气物理过程的影响,还受到大气化学过程的影响。例如,大气物理过程可以影响大气气溶胶的扩散、传输等;而气溶胶不仅可以通过散射和吸收太阳光影响地表辐射平衡,还可以作为云凝结核或冰核影响云和降水,它们的改变反过来会影响气溶胶的形成、转化和传输。因此,对于大气气溶胶的模拟,需同时考虑气象模式和化学模式以及气象模式和化学模式之间的相互作用。

早期的大气化学模式是将气象过程和大气化学过程分开模拟。例如,先运行中尺度气象模块获得气象初始条件,再输入到大气化学模块中使用。然而,这样的处理方式存在一定的弊端。首先,气象初始条件在驱动大气化学模块时会产生时间和空间上的插值,并存在短期气象过程的丢失,而这些短期气象条件对化学过程的影响很重要;其次,气象模块和化学模块使用的参数存在不同,会造成模拟的不确定性;最后,这种方式并未考虑大气化学过程对大气物理过程的反馈机制。

目前,"在线"模式可以同时考虑气象场与化学场的相互作用。根据气象场和化学场的耦合方式,可以分为两类:①分离的在线耦合(separate online coupling)模式,即气象模式和化学模式分开运行。每个积分步长后,气象模式和化学模式

通过模式接口交换信息，继续下一个积分模拟，以此类推直至完成整个模拟时段。②统一的在线耦合（unified online coupling）模式，即气象模式和化学模式合为一体，同时运行。这两种方式的最大区别在于，前者气象模式和化学模式采用的大气物理化学过程参数化方案不同，而后者则采用相同的参数化方案。统一的在线耦合模式根据研究的需要，耦合度可以从气象模式和化学模式之间的简单耦合到涉及"一个大气"理念的气象、化学、气溶胶、辐射及云的完全耦合。完全耦合模式更能真实地反映大气中各类物理化学过程的反馈作用，从而更加合理地模拟区域尺度的大气污染过程。

在区域空气质量模式中，极少数模式可以达到完全耦合，而 WRF-Chem 是其中的代表。WRF-Chem 具有在线耦合大气物理和大气化学过程的特征。使用相同的参数化方案和坐标系对大气物理化学过程进行模拟，可以更好地反映它们相互反馈作用的影响。图 5-1 给出了 WRF-Chem 模拟的流程结构框架。它主要包含两大模块：气象模块和化学模块。WRF-Chem 需要输入污染物的排放数据以及化学的初始条件和边界条件数据。首先，以通用网格数据格式（network common data form，netCDF）存储的气象数据的初始和边界输入 WRF 前处理系统（WRF pre-processing systems，WPS）进行运算；然后，输入化学场初始和边界条件，该部分加入排放源后（人为源、生物源），根据 WRF-Chem 气象场和化学场的同步耦合，同时考虑气相化学机制、气溶胶参数化方案（如粒径分布、核化、凝结、碰并和气溶胶化学）和光化学机制，以及痕量气体和示踪物的传输等，完成 WRF-Chem 运行，实现对环境空气污染物的模拟。

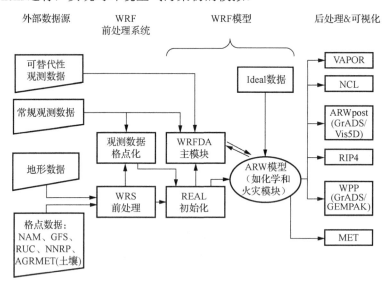

图 5-1　WRF-Chem 模拟的流程结构框架

（改自 www2.mmm.ucar.edu/wrf/users/model_overview.html）

5.3　区域输送对大气环境 BC 的影响

5.3.1　区域输送对北京大气 BC 的影响

使用 HYSPLIT 模型计算北京 2014 年 1 月观测期间每小时的后向轨迹,每条后向轨迹到达观测点的高度为 100m。采样点及采样仪器的信息见第 3 章表 3-1。当轨迹对应的 BC 质量浓度超过观测期间的平均值(4.3μg/m³)时,将其归为"污染轨迹",否则为"干净轨迹"。Wang 等(2016a)的图 3b 中显示了 2014 年 1 月北京大气 BC 观测期间 72h 后向轨迹聚类分析。表 5-1 汇总了后向轨迹聚类分析的统计结果。聚类轨迹对应的气压可以指示气团运动时的高度,其中气压越高说明气团运动高度越低,反之则表明气团运动高度越高。聚类轨迹的长度可以指示气团运行的速度,轨迹越长表明气团运动速度越快,反之则表明气团运动速度越慢。

表 5-1　后向轨迹聚类分析的统计结果

聚类轨迹类型	所有轨迹			污染轨迹		
	数量/条	BC 质量浓度平均值/(μg/m³)	BC 质量浓度标准偏差/(μg/m³)	数量/条	BC 质量浓度平均值/(μg/m³)	BC 质量浓度标准偏差/(μg/m³)
#1	355	3.42	3.11	116	6.97	2.90
#2	32	3.12	2.35	12	5.76	1.21
#3	90	7.76	4.66	63	9.80	4.13

聚类轨迹#1 中气团起源于俄罗斯南部自由对流层大气,经过蒙古国以及我国内蒙古中部和河北西部,最终到达北京。聚类轨迹#1 对应的 BC 质量浓度平均值为 3.42μg/m³。在所有的 477 条后向轨迹中,聚类轨迹#1 占有 74%的数量,但其中仅有 33%的轨迹属于"污染轨迹"。聚类轨迹#2 中气团起源于蒙古国东部边缘,经过我国内蒙古东北部和辽宁西南部,最后到达北京。聚类轨迹#2 对应的 BC 质量浓度平均值为 3.12μg/m³,与聚类轨迹#1 对应的值相近。聚类轨迹#2 占总轨迹数量的 7%,其中有 38%的轨迹属于"污染轨迹"。聚类轨迹#3 中气团来自北京以南,经过华北平原后到达北京。虽然聚类轨迹#3 仅占总轨迹数量的 19%,但其中有 70%的轨迹属于"污染轨迹",说明该方向轨迹携带的污染物促进了北京大气 BC 质量浓度的显著升高。聚类轨迹#3 的长度短,说明气团在华北平原停留时间长;同时,聚类轨迹#3 对应的气压也高,说明气团主要在低空活动。因此,华北平原冬季大气中高浓度污染物很容易被聚类轨迹#3 输送至北京,从而造成大气 BC 污染。

基于后向轨迹,利用 CWT 分析法分析区域污染源对北京大气 BC 质量浓度的影响。Wang 等（2016a）的图 4 中显示了观测期间 BC 质量浓度的 CWT 值分布。虽然大部分后向轨迹来自北京的西北方向，但 CWT 值较小，表明该方向对北京 BC 质量浓度影响小。与之相比，CWT 高值主要分布在华北平原中部，包括石家庄、保定、衡水、德州等 BC 排放量高的地区（Zhang et al., 2009），说明它们是北京大气 BC 污染的主要影响源区。Aura-OMI（aura ozone monitoring instrument），卫星观测的结果表明，华北平原中部波长为 500nm 的吸光性气溶胶光学厚度值相对较高。由于观测期间没有发生沙尘天气，且棕碳的吸光在 500nm 相对较小（Yang et al., 2009），吸光性气溶胶光学厚度在很大程度上反映了 BC 质量浓度的分布特征。CWT 分析法分析结合卫星观测结果，进一步证实了华北平原中部是北京大气 BC 污染的主要输送源区。

使用 WRF-Chem 进一步定量不同区域对北京大气 BC 质量浓度的贡献比。以 2014 年 1 月 20～25 日北京持续遭遇的灰霾天气为典型案例进行分析。模拟区域以北京为中心，使用中纬度地区的 Lambert 投影（在北纬 30°和东经 60°范围不会产生投影变形），覆盖了 900km×900km 的范围，包括北京及其周边 810000km^2 的区域，模拟的分辨率为 3km×3km。使用清华大学建立的 2010 年 BC 排放清单。图 5-2 为北京大气 BC 质量浓度 WRF-Chem 模拟值和实测值的对比。虽然整体上 BC 质量浓度的模拟值低于实测值，但它们之间呈高度正相关关系，相关系数为 0.88，表明 WRF-Chem 仍然较好地捕捉到了此次污染事件的发生过程。WRF-Chem 模拟值低于实测值的原因与难以准确模拟的复杂气象条件以及不同年份的 BC 排放清单有关。

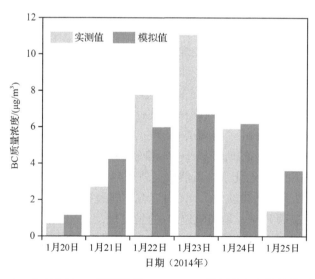

图 5-2 北京大气 BC 质量浓度 WRF-Chem 模拟值和实测值的对比

　　将 WRF-Chem 模拟的空间划分成 5 个区域，分别为北京（区域Ⅰ）、天津（区域Ⅱ）、河北北部（区域Ⅲ）、河北南部（区域Ⅳ）和其他区域，其他区域包括山西、山东、辽宁及内蒙古（区域Ⅴ），可视化的分布可参考 Wang 等（2016a）的图 5，该图显示了 WRF-Chem 模拟的 BC 质量浓度空间分布及 200m 高度的水平风场。表 5-2 统计了 WRF-Chem 模拟的不同区域对北京大气 BC 质量浓度的贡献比。在 2014 年 1 月 20 日，当模拟区域以西北风为主时，北京大气中 BC 质量浓度较低，其中 63.4%的贡献比来自区域Ⅰ，即以本地排放为主。在 2014 年 1 月 21~23 日，当模拟区域以南风为主且经过华北平原时，北京大气中 BC 质量浓度迅速上升，区域传输贡献比高达 71%~82%，其中区域Ⅳ的贡献比最高，为 47.9%~56.8%，其次是区域Ⅴ，贡献比为 10.3%~28.6%，区域Ⅲ和区域Ⅱ的贡献比较小，分别为 3.5%~4.8%和 0.8%~4.3%。在 2014 年 1 月 24~25 日，当风向分别转为北风和东风时，北京大气中 BC 质量浓度开始下降。WRF-Chem 模拟结果与 CWT 分析结果一致，均表明华北平原是造成北京冬季大气 BC 污染的主要输送源区。

表 5-2　WRF-Chem 模拟的不同区域对北京大气 BC 质量浓度的贡献比（单位：%）

日期 （2014 年）	本地排放贡献比	区域输送贡献比			
	区域Ⅰ	区域Ⅱ	区域Ⅲ	区域Ⅳ	区域Ⅴ
1 月 20 日	63.4	3.7	24.2	3.8	4.9
1 月 21 日	28.6	0.8	3.5	56.8	10.3
1 月 22 日	18.0	2.7	2.8	47.9	28.6
1 月 23 日	20.5	4.3	4.8	50.2	20.2
1 月 24 日	34.7	4.3	25.7	17.7	17.6
1 月 25 日	39.9	6.6	40.9	4.3	8.3

5.3.2　区域输送对香河大气 BC 的影响

　　应用 WRF-Chem 定量 2018 年 1 月 2~23 日不同区域源输送对香河大气环境中 BC 质量浓度的贡献比。采样点及采样仪器的信息见第 3 章表 3-1。WRF-Chem 模拟的区域以香河为中心点（东经 117.00°、北纬 39.00°），覆盖了华北平原和河北省北部，共划分了 300 个网格点，每个网格点的分辨率为 3km×3km。从地面到高空气压为 50hPa 的垂直范围内设置了 35 层。采用 Lambert 投影。气象场来自 NCEP 的再分析数据（http://rda.ucar.edu/datasets/ds083.2），空间分辨率为 1°×1°，时间分辨率为 6h。BC 的初始场和边界条件由 MOZART-4（model for ozone and related chemical tracers, version 4）输出（Emmons et al., 2010），时间分辨率为 6h。WRF-Chem 的相关参数设置见表 5-3。BC 排放清单来自清华大学开发的中国多尺度排放清单（multi-resolution emission inventory for China, MEIC）（www.meicmodel.org），时间为 2012 年，空间分辨率为 0.25°×0.25°，排放源包括工业源、电力源、交通运输源和民用源（如化石燃料源和生物质燃烧源）。

表 5-3　WRF-Chem 的相关参数设置

参数	方案配置	文献来源
模拟区域	华北平原和河北省北部地区	——
模拟时段	2018 年 1 月 2~14 日	——
网格数	300 个×300 个	——
中心点	东经 117.00°、北纬 39.00°	——
水平分辨率	3km×3km	——
垂直分层	35 层	——
微物理方案	WSM 6-class 方案	Hong et al., 2006a
边界层方案	YSU 方案	Hong et al., 2006b
近地面方案	MM5 方案	Zhang et al., 1982
陆面过程方案	Noah 方案	Chen et al., 2001
长波辐射方案	RRTM 方案	Mlawer et al., 1997
短波辐射方案	MM5 方案	Dudhia, 1989
气象场初边条件	NCEP 1°×1°再分析资料	https://rda.ucar.edu/datasets/ds083.2
化学场初边条件	MOZART 6h 输出文件	Emmons et al., 2010
人为源排放清单	工业源、电力源、交通运输源和民用源	http://meicmodel.org

如图 5-3 所示，BC 质量浓度的 WRF-Chem 模拟值和实测值呈正相关关系，决定系数为 0.61，一致性指数（index of agreement，IOA）为 0.72，表明 WRF-Chem 的模拟结果总体上捕捉到了 BC 的传输过程。

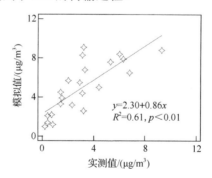

图 5-3　BC 质量浓度的 WRF-Chem 模拟值和实测值对比

将 WRF-Chem 模拟的空间分为 6 个不同区域，从而定量本地排放和区域输送对香河大气 BC 的贡献比。区域Ⅰ：香河；区域Ⅱ：北京；区域Ⅲ：天津；区域Ⅳ：华北平原（包括河北南部、山东西北部）；区域Ⅴ：河北北部；区域Ⅵ：其他区域（区域Ⅰ~Ⅴ中未包含的区域）。图 5-4 显示了不同区域对香河大气 BC 质量浓度的贡献比。观测期间，香河大气中 BC 质量浓度的 53%来自本地排放，47%来自区域输送。从不同区域来看，北京、天津、华北平原、河北省北部以及其他区域对 BC 分别贡献了 20%、5%、11%、9%和 2%。

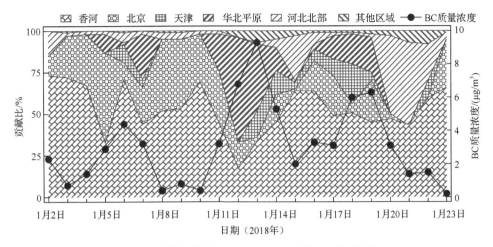

图 5-4 不同区域对香河大气 BC 质量浓度的贡献比

图 5-5 给出了香河大气环境中 BC 质量浓度与不同区域 BC 贡献比的关系。香河本地排放的贡献比与 BC 质量浓度呈显著负相关关系,在一定程度上说明了区域输送是引起香河大气环境中 BC 污染的重要因素。从不同输送源区来看,香河大气环境中 BC 质量浓度与华北平原和天津的贡献比呈显著正相关,而与其他区域关系不显著,说明华北平原和天津是影响香河大气中 BC 质量浓度升高的关键区域。

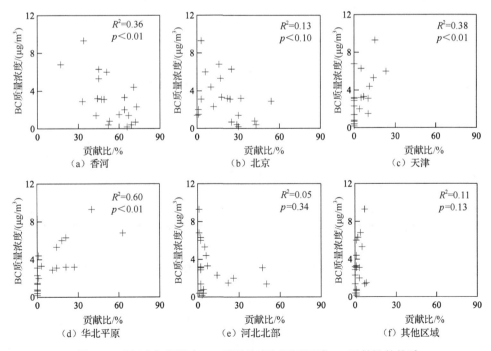

图 5-5 香河大气环境中 BC 质量浓度与不同区域 BC 贡献比的关系

　　以 2018 年 1 月 12~13 日香河发生的高浓度 BC 污染事件为例来分析区域污染的形成过程。如图 5-6 所示，在 2018 年 1 月 11 日 BC 污染发生前，香河以北为强烈的西北风。香河本地（区域Ⅰ）和北京（区域Ⅱ）对 BC 的贡献比分别为44% 和 32%。2018 年 1 月 12 日，经过华北平原的西南风开始增强，此时香河大气中 BC 质量浓度迅速升高，区域输送贡献比为 83%，其中华北平原贡献比为 63%（图 5-4）。2018 年 1 月 13 日，尽管华北平原仍以南风为主，但到了香河风速有所减弱，此时区域输送对香河大气中 BC 质量浓度的贡献比降低至 66%，其中华北平原和天津分别贡献了 40% 和 15%（图 5-4）。在 2018 年 1 月 14 日，风向转成了西北风，此时香河大气中 BC 质量浓度也逐渐下降。至此，香河大气 BC 污染事件结束。

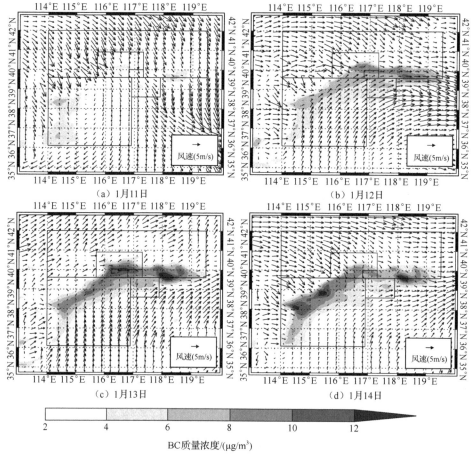

图 5-6　2018 年 1 月 11~14 日 WRF-Chem 模拟的 BC 质量浓度空间分布及
高度为 200m 的水平风场

5.3.3　区域输送对厦门大气 BC 的影响

使用 HYSPLIT 模型选择轨迹到达观测点高度的 20m、100m 和 500m，分别作 2013 年 3 月厦门大气环境中 BC 每小时的 3d 后向轨迹。采样点及采样仪器的信息见第 3 章表 3-1。如 Wang 等（2016b）的图 4 中所示，不同到达高度的后向轨迹来源方向类似，表明不同高度的气团混合相对均匀。气团主要有两个来源，一个来源于蒙古国或俄罗斯南部，经过我国华北平原及沿海城市，最终到达厦门；另一个来源于南海，最终到达厦门。

基于上述后向轨迹，使用 PSCF 分析法分析了厦门大气 BC 的区域源影响。采用 BC 质量浓度上四分位的值作为 BC 污染的判断标准（$3.3\mu g/m^3$）。Wang 等（2016b）的图 4 中显示了基于不同到达高度的后向轨迹所计算的 PSCF 值。不同高度的 PSCF 值分布相似。影响厦门大气中 BC 质量浓度的区域源主要分布在厦门的西南方向，如汕头、汕尾等人为源排放较强的沿海城市（Zhang et al., 2009）。此外，南海也是影响厦门大气环境中 BC 质量浓度的重要区域，这与南海繁忙的水上交通运输密切相关。有研究已证实，船舶排放是重要的 BC 排放源（Lack et al., 2012）。

5.3.4　区域输送对宝鸡大气 BC 的影响

使用 HYSPLIT 模型计算 2015 年全年宝鸡大气 BC 观测中每小时的 3d 后向轨迹，每条轨迹到达观测点的高度为 500m。采样点及采样仪器的信息见第 3 章表 3-1。使用 PSCF 分析法分析宝鸡大气 BC 的区域污染源分布特征。因为缺乏 9 月全球数据同化系统的网格化气象数据，所以秋季的 PSCF 计算仅基于 10 月和 11 月的后向轨迹数据。春季、夏季、秋季和冬季的后向轨迹数量分别为 2202 条、2120 条、1412 条和 2154 条。在 PSCF 运行中，后向轨迹所覆盖的地理区域被划分成 $0.5°\times0.5°$ 的网格。采用各季节 BC 质量浓度上四分位的值作为 BC 污染的判断标准，春季、夏季、秋季和冬季则分别为 $3.0\mu g/m^3$、$2.4\mu g/m^3$、$3.6\mu g/m^3$ 和 $5.9\mu g/m^3$。

Zhou 等（2018）的图 4 中显示了 2015 年宝鸡大气环境中 BC 质量浓度在不同季节的 PSCF 值分布。影响宝鸡大气 BC 质量浓度的潜在区域源具有明显的季节分布特征。春季，宝鸡大气中 BC 最大的区域污染源分布在宝鸡西南方向，包括陕西南部（如汉中、商洛和安康）、湖北西北部及重庆北部。夏季，BC 质量浓度的 PSCF 值比较分散且小于 0.6，说明区域输送对宝鸡大气 BC 的影响较小。秋季，影响宝鸡大气 BC 的区域污染源主要分布在宝鸡以南（如陕西西南部）。冬季，BC 质量浓度的 PSCF 值较高，主要分布在四川盆地东北部（如成都、德阳、遂宁、广元、巴中、达州等城市），与该区域的 BC 排放量高有关（Wang et al., 2012）。

5.3.5 区域输送对关中盆地大气 BC 的影响

为了获得不同排放源对关中盆地大气环境中 BC 的贡献，使用 WRF-Chem 分析了该地区 2013 年 5 月～2014 年 4 月大气环境中 BC 的分布特征。模拟区域以关中盆地为中心，水平分辨率为 3km×3km，垂直结构 28 层。气象场的初始条件和边界条件来自 NCEP 全球再分析资料。每个月的 BC 初始场和边界条件由 MOZART 输出（Emmons et al., 2010）。使用延世大学（Yonsei University）开发的行星边界层参数化方案，该方案使用反梯度来表示通量，并在行星边界层高度计算中考虑了夹带效应（Hong et al., 2006b）。采用 Wesely（1989）的 BC 干沉降速率（0.001m/s）研究结果。同时，在模式中使用 Lin 等（1983）的微物理参数化方案和 Noah 的地表模型（Chen et al., 2001），并考虑长波辐射（Mlawer et al., 1997）和短波辐射的参数化方案（Dudhia, 1989）。

BC 排放清单作为 WRF-Chem 运行的基础，本小节汇总了关中盆地及其周边地区当前最佳的自下而上 BC 排放清单，包括人为源和露天生物质燃烧源。表 5-4 汇总了关中盆地不同源的 BC 排放量。其中，人为源 BC 的排放量来自 2009 年的 MEIC 清单（Li et al., 2017），包括工业源、电力源、交通运输源和居民源。尽管关中盆地人为源 BC 排放量的不确定性无法量化，但从全国角度看，其不确定性在-50%～+100%（95%置信区间）。露天生物质燃烧源 BC 的排放量来自美国国家大气研究中心（National Center for Atmospheric Research，NCAR）2013～2014 年的火灾清单（Wiedinmyer et al., 2011）。该清单给出了野火、规定燃烧和农业火在空间（1km×1km）与时间（每日）上的高分辨率排放。该火灾清单的不确定性约为 200%（Wiedinmyer et al., 2011）。由表 5-4 可知，关中盆地露天生物质燃烧源 BC 的排放量远低于人为源。

表 5-4 关中盆地不同源的 BC 排放量

排放源类型	排放量/（Gg C/a）	在总体排放中的占比/%
人为源	28.5	98
工业源	7.9	27
电力源	<0.1	<1
居民源	13.9	48
交通运输源	6.7	23
露天生物质燃烧源	0.5	2
总体排放	29.0	100

　　Li 等（2016）的图 1 中给出了关中盆地不同来源 BC 年排放量的空间分布。工业源 BC 排放量具有很强的空间梯度分布特征，排放量最高的区域主要集中在城市。由于关中农村分布广泛，居民源 BC 排放量相对均匀地分布在关中盆地区域中。尽管交通运输源 BC 排放量的高区域主要集中在城市（如西安），但由于发达的公路网和高速公路系统，交通运输对 BC 的影响体现在整个关中盆地中。Li 等（2016）的附件图 2 中给出了关中盆地以外 BC 排放量的空间分布。关中盆地以东区域是重要的外部污染源（如山西），此源区排放的 BC 将被输送到关中盆地（Zhao et al., 2015）。图 5-7 给出了关中盆地不同源 BC 排放量的月均变化。关中盆地 BC 排放量在冬季（12 月、1 月和 2 月）明显高于其他季节（春季为 3～5 月，夏季为 6～8 月，秋季为 9～11 月），主要与居民使用煤炭和生物质燃料取暖有关。

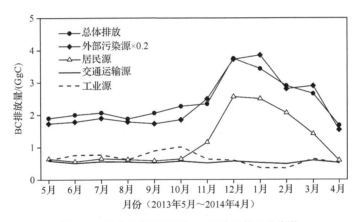

图 5-7　关中盆地不同源 BC 排放量的月均变化

　　为了更好地评估 WRF-Chem 模拟的效果，模拟值和实测值对比是常用的有效手段。因此，2013 年 5 月～2014 年 4 月，采用微流量采样器在关中盆地 10 个观测点每 6d 采集一个 $PM_{2.5}$ 石英滤膜样品，使用热/光碳分析仪测量元素碳（EC）的质量浓度。10 个观测点包含了 7 个城市、2 个农村和 1 个背景点，覆盖了关中盆地大部分区域。表 5-5 列出了关中盆地大气环境中 BC 采样点的信息。各采样点 EC 质量浓度平均值的变化范围为 1.1～8.7μg/m³。城市采样点的 EC 质量浓度普遍高于农村采样点，背景点的 EC 质量浓度平均值最低，城市采样点中西安的 EC 质量浓度平均值最高。

表 5-5　关中盆地大气环境中 BC 采样点的信息

采样点性质	采样点名称	经纬度	采样点信息（简称）	BC 质量浓度平均值/（μg/m³）
城市	西安	东经 34.23°、北纬 108.89°	中国科学院地球环境研究所（IEE）	8.7
	西安	东经 34.24°、北纬 108.99°	西安交通大学（XJU）	7.5
	西安	东经 34.37°、北纬 108.90°	长安大学（CU）	7.4
	铜川	东经 35.07°、北纬 109.08°	逸夫小学（TC）	4.7
	渭南	东经 34.51°、北纬 109.45°	渭南环境保护局（WN）	5.4
	宝鸡	东经 34.33°、北纬 107.11°	宝鸡气象局（BJ）	4.9
	兴平	东经 34.28°、北纬 108.48°	兴平气象局监测站（XP）	5.8
农村	大荔	东经 34.83°、北纬 110.05°	下秦村（DL）	5.0
	韩城	东经 35.42°、北纬 110.41°	北辰村（HC）	3.7
背景点	秦岭	东经 33.83°、北纬 108.79°	秦岭观测站（QL）	1.1

　　不同季节关中盆地 EC 质量浓度在空间分布上整体相似，均在盆地中部呈现较高浓度，这与该区域人为活动密集、EC 排放量高有关。此外，关中盆地中部稳定的气象条件对 EC 的累积也有很大影响（Zhao et al., 2015）。同时，来自关中盆地以东的外部源区输送对盆地内 EC 的影响显著，尤其是冬季。图 5-8 显示了不同采样点 EC 质量浓度 WRF-Chem 模拟值和实测值的对比。EC 质量浓度模拟的年均值为 5.1μg/m³，比实测值（5.3μg/m³）低 4%。不同季节 EC 质量浓度模拟值的变化范围为 0.7～13.8μg/m³，与实测值基本一致。冬季 EC 质量浓度模拟值最高（8.0μg/m³），其次为秋季（5.4μg/m³）、春季（3.9μg/m³）和夏季（3.1μg/m³）。大多数采样点不同季节 EC 质量浓度的模拟值和实测值吻合得很好，其中两者在城市采样点的标准化平均偏差为-3%，而在农村和背景点为-13%。

　　为了说明 WRF-Chem 模拟结果的合理性，图 5-9 进一步给出了不同季节 EC 质量浓度 WRF-Chem 模拟值和实测值的对比。不同季节 EC 模拟值和实测值的线性回归方程斜率范围为 0.98～1.03，表明 WRF-Chem 较好地模拟了不同季节关中盆地大气中的 EC 质量浓度。同时，不同季节 EC 质量浓度模拟值和实测值之间的决定系数范围为 0.30～0.61，表明 WRF-Chem 较好地捕捉到了 EC 质量浓度的时空变化。基于此，依次关闭关中盆地各排放源进行敏感性模拟分析（如工业源、电力源、居民源、交通运输源和露天生物质燃烧源），评估本地不同排放源和外来输送对关中盆地 EC 的贡献。

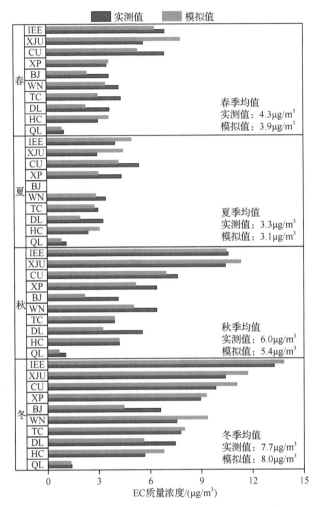

图 5-8　不同采样点 EC 质量浓度 WRF-Chem 模拟值和实测值的对比

采样点简称对应的全名信息见表 5-5

　　图 5-10 给出了不同本地源和外部污染源对关中盆地不同采样点 EC 质量浓度的贡献比。对于城市采样点，居民源是 EC 质量浓度的最大贡献者，贡献比为 35%～44%。与之相比，农村采样点的外部污染源对 EC 质量浓度贡献更加重要，贡献比为 64%～66%。外部污染源主要位于关中盆地以东的地区。在秦岭采样点，关中盆地的本地排放源对 EC 质量浓度贡献比仅为 16%，表明该位置可以作为关中盆地大气 EC 的背景点。在城市、农村和背景点中，露天生物质燃烧源（≤2%）对 EC 的年均贡献比均很低。

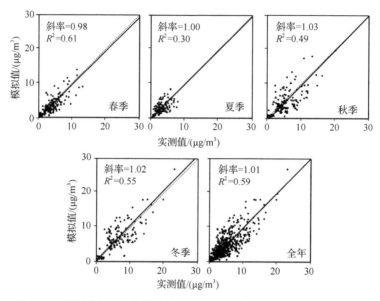

图 5-9　不同季节 EC 质量浓度 WRF-Chem 模拟值和实测值的对比

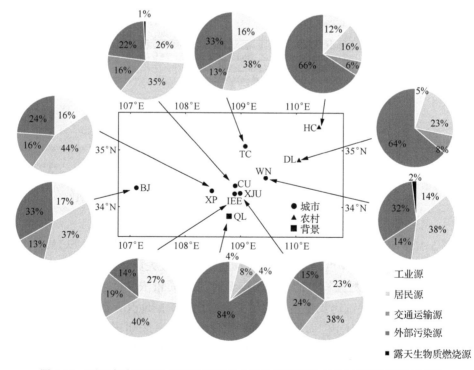

图 5-10　不同本地源和外部污染源对关中盆地不同采样点 EC 质量浓度的贡献比

Li 等（2016）的图 3 中给出了关中盆地不同排放源对大气 EC 贡献的空间分

布。本地排放源和外部污染源对关中盆地内的 EC 质量浓度分别贡献了 59%和 41%。在本地排放源中，首先，居民源贡献比为 1.2μg/m^3，占本地排放源总贡献的 55%，影响最大且在盆地内分布广泛。其次，交通运输源和工业源的贡献也很重要，均为 0.5μg/m^3，占本地排放源总贡献的 22%，且主要集中在城市区域，包括西安和其他小城市。值得注意的是，居民源对关中盆地 EC 质量浓度的贡献比高于其源排放清单中 BC 排放量的贡献比，而工业源和交通运输源则相反（表 5-4）。从区域角度来看，与具有面源特征的居民源相比，工业源和交通运输源分别属于点源和线源，更加具有本地化特点，因此造成了上述差异。外部污染源对关中盆地 EC 质量浓度贡献了 1.5μg/m^3，其中有 0.4μg/m^3 来自盆地以外的 EC 背景浓度贡献。外部污染源主要分布在关中盆地以东，并从东到西呈现明显的 EC 浓度梯度分布。

表 5-6 总结了不同季节关中盆地大气各排放源 EC 质量浓度模拟值。其中，工业源和交通运输源随季节变化较小。居民源在冬季 EC 质量浓度模拟值最高，这与冬季居民取暖使用煤炭和生物质燃料量的激增有关。外部污染源的贡献在夏季（52.2%），高于其他季节（37.1%～42.3%），这是因为夏季关中盆地盛行东风且风速大于 2m/s，可以将山西的 EC 输送至关中盆地。

表 5-6　不同季节关中盆地大气各排放源 EC 质量浓度模拟值

季节	月份	EC 质量浓度模拟值/（μg/m³）			
		工业源	居民源	交通运输源	外部污染源
春季	3 月	0.4	1.0	0.4	1.4
	4 月	0.4	0.5	0.4	1.0
	5 月	0.4	0.5	0.3	0.9
	均值	0.4（15.4%）*	0.7（26.9%）	0.4（15.4%）	1.1（42.3%）
夏季	6 月	0.4	0.3	0.3	1.0
	7 月	0.5	0.5	0.4	1.4
	8 月	0.3	0.4	0.3	1.1
	均值	0.4（17.4%）	0.4（17.4%）	0.3（13.0%）	1.2（52.2%）
秋季	9 月	0.7	0.6	0.5	1.1
	10 月	0.8	0.6	0.5	1.3
	11 月	0.7	1.4	0.6	1.6
	均值	0.8（22.9%）	0.9（25.7%）	0.5（14.3%）	1.3（37.1%）
冬季	12 月	0.7	3.4	0.7	2.1
	1 月	0.4	2.8	0.6	2.4
	2 月	0.4	2.6	0.6	2.6
	均值	0.5（7.8%）	2.9（45.3%）	0.6（9.4%）	2.4（37.5%）
年均值		0.5	1.2	0.5	1.5

注：*某个来源 EC 质量浓度占所有来源 EC 质量浓度之和的比例。

　　使用 WRF-Chem 设置不同减排情景（如将关中盆地内来自工业源、居民源和交通运输源的 BC 排放量逐一减少 50%，所有人为源排放量均减少 50%），评估未来减排措施对关中盆地大气中 EC 浓度水平的影响。图 5-11 显示了不同减排情景下关中盆地大气中 EC 质量浓度的月均变化。当工业源或交通运输源减排 50% 时，关中盆地 EC 质量浓度年均值仅降低 6%（即减少 0.2μg/m³）；而冬季居民源减排 50% 时，将使关中盆地 EC 质量浓度降低 25%（即减少 1.7μg/m³），说明居民源的减排是降低关中盆地大气中 EC 浓度的有效途径。当关中盆地人为源减排 50% 时，该地区大气环境中 EC 质量浓度年均值将降低 30%（即 1.1μg/m³）。因此，关中盆地不同行政区之间的联防联控对该地区的 EC 减排至关重要。

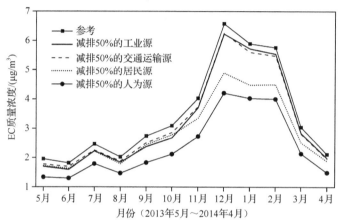

图 5-11　不同减排情景下关中盆地大气 EC 质量浓度的月均变化

5.4　区域输送对青藏高原大气 BC 的影响

5.4.1　区域输送对青海湖大气 BC 的影响

　　使用 HYSPLIT 模型计算 2012 年 11 月 16~27 日青藏高原东北部青海湖大气环境 BC 在观测期间每小时的后向轨迹。采样点及采样仪器的信息见第 3 章表 3-1。选择轨迹到达观测点高度的 100m、500m 和 1000m 分别作 120h 的后向轨迹。如图 5-12 所示，2012 年 11 月 19~21 日的 BC 质量浓度明显升高，平均值为 0.39μg/m³，是其他时段的约 4 倍（0.09μg/m³）。因此，将该时段定义为 BC 污染期，而其他时段则为干净期。Wang 等（2015）的图 4a 中给出了不同高度的后向轨迹，为了更好地呈现效果，该图仅显示了每 6h 一条的后向轨迹结果。观测期间，不同高度的后向轨迹方向相似，说明气团在不同高度混合较好。气团主要来自青海湖的西北和西南两个方向。在 BC 污染期，气团则主要来自印度北部，而该地区 BC 排放量高（Sahu et al., 2008），表明了跨境输送的影响。与之相比，来自欧洲经过我国西部的气团则通常对应干净期较低的 BC 质量浓度。

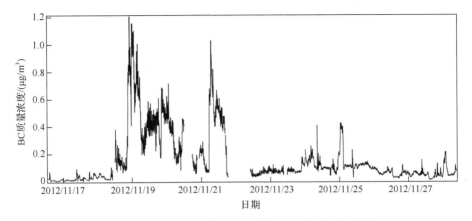

图 5-12 青海湖大气环境中 BC 质量浓度的时间序列变化

使用 PSCF 分析区域污染源对青海湖大气 BC 质量浓度的影响。将后向轨迹所覆盖的地理区域划分为 0.5°×0.5°（纬度×经度）的网格。使用观测期间 BC 质量浓度的上四分位值（0.17μg/m³）作为 BC 污染的判断标准。Wang 等（2015）的图 4b 中给出了观测期间 BC 质量浓度的 PSCF 值分布。印度北部的 PSCF 值很高，而青海湖及其周边地区的值则相对较低，说明印度北部污染物的输送对青海湖大气 BC 质量浓度有重要影响，而周边的污染影响则相对较小。

Wang 等（2015）的图 5 中给出了来自 Terra 卫星观测的气溶胶光学厚度（aerosol optical depth，AOD）和火点分布。印度恒河盆地和巴基斯坦南部的 AOD 值均很高，表明这些区域遭受了严重的气溶胶污染。同时，火点分布显示，印度北部有大量的露天生物质燃烧源，可以排放大量污染物（包含 BC）。尽管喜马拉雅山脉对南亚和东南亚地区的大气污染物具有阻隔作用，但是越来越多的研究表明，这些地区的污染物仍可以沿着喜马拉雅山脉的峡谷输送至 5000m 高的青藏高原（Bonasoni et al., 2010）。PSCF 的结果结合 AOD 及火点分布可以推断，印度北部生物质燃烧源是造成青海湖大气环境中 BC 浓度水平升高的主要原因。

5.4.2 区域输送对鲁朗大气 BC 的影响

2015 年 9 月 17 日~10 月 31 日，使用 SP2 对青藏高原东南部鲁朗大气中 BC 质量浓度进行了测量。采样点的信息见第 3 章表 3-1。使用二元极坐标图建立 BC 质量浓度与风速和风向的关系。观测期间地面风速平均值为 1.1m/s，以西风和北风为主，占整个观测期间风向频率的 70%。如图 5-13 所示，当风速超过 1m/s 时，BC 质量浓度高值通常与东南风有关，该方向面朝雅鲁藏布江峡谷。有文献已证实，印度恒河平原和孟加拉国的大气污染物（包括 BC）可以通过雅鲁藏布江峡谷输送至青藏高原上（Zhao et al., 2017; Cao et al., 2010）。此外，当风速低时（<1m/s）也可以观测到高浓度的 BC，表明本地累积对鲁朗大气环境中 BC 质量浓度也有一定的影响。由于上风向区缺乏污染源，北风和西北风则有利于鲁朗大气中 BC 的扩散。

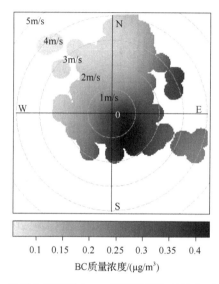

图 5-13　鲁朗大气环境中 BC 质量浓度与风速和风向的关系

为了进一步评估鲁朗以南和以北的大气 BC 输送，利用 BC 质量浓度实测值、风速和风向计算南、北两个方向上的水平输送通量，其计算公式为

$$f = \frac{1}{n}\sum_{j=1}^{n} C_j \times W_j \times \cos\theta_j \qquad (5\text{-}8)$$

其中，f ——BC 的水平传输通量，$\mu g/(s\cdot m^2)$（单位面积和单位时间内传输的量）；

C_j ——第 j 小时的 BC 质量浓度，$\mu g/m^3$；

W_j ——第 j 小时的风速，m/s；

θ_j ——第 j 小时的风向与北或南方向的角度；

n ——观测小时的数量。

对于本地污染物而言，强风有利于其扩散，而弱风则导致积累。然而，强风也会加速上风区污染物的输送，从而造成下风区的污染。通过计算 f 来指示青藏高原外部污染源（如印度恒河平原和孟加拉国）和青藏高原本地源对藏东南（以采样点为代表）的影响。

图 5-14 给出了鲁朗大气 BC 水平传输通量的变化。BC 净水平传输通量的总

体平均值±标准偏差为 0.05μg/（s·m²）±0.29μg/（s·m²），说明外部污染源对鲁朗大气环境中 BC 影响大于青藏高原本地源。BC 水平传输通量的变异系数高达580%，说明其波动剧烈。有两方面的因素可以影响 BC 的水平输送。首先，风向的影响，其流入（正值）和流出（负值）的变化与风向的转变一致；其次，上风区 BC 排放强度的影响。例如，流入的 BC 水平传输通量平均值为 0.18μg/（s·m²），是流出的 BC 通量的 2 倍（-0.09μg/（s·m²））。

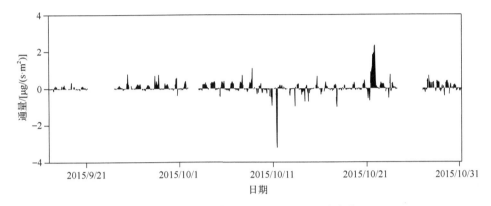

图 5-14　鲁朗大气 BC 水平传输通量的变化

使用 HYSPLIT 模型计算大气环境中 BC 观测期间每小时的后向轨迹，到达采样点的高度为 150m，总轨迹数量为 887 条。当轨迹对应的 BC 质量浓度超过其观测期间 BC 质量浓度的上四分位值时（0.33μg/m³），定义为"污染轨迹"，否则为"干净轨迹"。Wang 等（2018）的图 6a 中给出了鲁朗观测期间的 72h 后向轨迹聚类分析结果。同时，表 5-7 汇总了后向轨迹聚类分析统计结果，包括污染轨迹对应的后向轨迹数量和 BC 质量浓度。聚类轨迹#1 来源于印度北部，经过尼泊尔中部和我国青藏高原南部。该聚类轨迹对应的 BC 质量浓度平均值为 0.37μg/m³。聚类轨迹#1 的轨迹数量占总轨迹数量的 47%，其中有 29%的轨迹为污染轨迹，对应的 BC 质量浓度平均值为 0.95μg/m³，说明聚类轨迹#1 是鲁朗大气环境中 BC 质量浓度的主要贡献者。聚类轨迹#2 来源于孟加拉国中部，经过印度东北部和我国西藏东南部。该聚类轨迹对应 BC 质量浓度的平均值为 0.24μg/m³，占总轨迹数量的44%，其中有 21%的轨迹为污染轨迹，对应 BC 质量浓度的平均值为 0.75μg/m³。聚类轨迹#3 的气团来自我国西藏中部。该聚类轨迹对应 BC 质量浓度的平均值为0.32μg/m³，与聚类轨迹#1 相近。尽管该聚类轨迹仅占总轨迹数量的 9%，但其中有 30%的轨迹为污染轨迹，对应 BC 质量浓度的平均值为 0.72μg/m³，表明青藏高原本地源对鲁朗大气环境中 BC 质量浓度也有一定影响。

表 5-7 后向轨迹聚类分析统计结果

聚类轨迹类型	所有轨迹			污染轨迹		
	数量/条	BC 质量浓度平均值/（μg/m³）	BC 质量浓度标准偏差/（μg/m³）	数量/条	BC 质量浓度平均值/（μg/m³）	BC 质量浓度标准偏差/（μg/m³）
#1	421	0.37	0.71	120	0.95	1.14
#2	390	0.24	0.36	81	0.75	0.52
#3	76	0.32	0.31	23	0.72	0.29

利用 CWT 进一步分析区域污染源对鲁朗大气 BC 的影响。Wang 等（2018）的图 6b 中给出了观测期间鲁朗大气 BC 质量浓度的 CWT 值分布。影响鲁朗大气 BC 质量浓度的区域有三个。区域Ⅰ主要覆盖喜马拉雅山麓南部边界以南、印度恒河平原及孟加拉国北部。区域Ⅰ的 CWT 值最高，表明其对鲁朗大气环境中 BC 质量浓度的升高影响最大。与之相比，区域Ⅱ呈现中等的 CWT 值，包括鲁朗以西的拉萨和灵芝等人为活动较强的城市以及鲁朗相邻区域。在西风作用下，鲁朗以西城市的污染物可以输送至鲁朗，从而影响该地区的 BC 浓度水平。此外，尽管鲁朗及其周边区域人口较少，但居民使用的主要是生物质燃料（包括牛羊粪和木头，Ping et al., 2011），其燃烧可以排放大量的污染物，也会影响到该地区大气中 BC 的浓度水平。由于区域Ⅱ的 CWT 值比区域Ⅰ低，所以本地源排放的影响小于远距离输送。此外，尽管区域Ⅲ延伸到了我国新疆的西南部及中亚国家，但是由于该方向的轨迹数量仅占总轨迹数量的 1%，区域Ⅲ的影响可以忽略不计。

5.4.3 区域输送对高美古大气 BC 的影响

使用 HYSPLIT 模型计算 2018 年 3 月 14 日～5 月 13 日青藏高原东南边缘高美古大气环境 BC 观测期间每小时的后向轨迹，到达采样点的高度为 500m。当每条轨迹对应 BC 质量浓度超过其观测期间的上四分位值时（0.93μg/m³），定义为"污染轨迹"，否则为"干净轨迹"。采样点及采样仪器的信息见第 4 章表 4-1。

Liu 等（2021）的图 5a 中给出了高美古大气 BC 观测期间的 72h 后向轨迹聚类分析结果。聚类轨迹#1 起源于印度东北部，经过孟加拉国到达我国高美古。该聚类轨迹对应 BC 质量浓度的平均值为 0.8μg/m³。聚类轨迹#1 的轨迹数量占总轨迹数量的 74%，其中有 22%的轨迹属于污染轨迹，对应 BC 质量浓度的平均值为 1.3μg/m³。聚类轨迹#2 起源于缅甸。该聚类轨迹对应 BC 质量浓度的平均值为 0.7μg/m³。聚类轨迹#2 的轨迹数量占总轨迹数量的 24%，其中 37%的轨迹属于污染轨迹，对应 BC 质量浓度的平均值高达 1.6μg/m³。聚类轨迹#3 起源于我国宁夏，经陕西和四川到达高美古。该聚类轨迹对应 BC 的质量浓度最低，仅有 0.4μg/m³。聚类轨迹#3 的轨迹数量最少，仅占总轨迹数量的 2%且没有污染轨迹，说明内陆地区的输送对高美古 BC 质量浓度的影响很小。

　　为进一步分析不同区域污染源对高美古大气 BC 输送的影响，将生物质燃烧源和化石燃料燃烧源 BC 质量浓度的日变化根据聚类轨迹进行区分。其中，生物质燃烧源和化石燃料燃烧源 BC 质量浓度计算见 4.5.2 小节。如图 5-15 所示，聚类轨迹#1 和聚类轨迹#2 中，生物质燃烧源 BC 质量浓度呈现相似的日变化，表现出白天高、夜间低的特征，这与白天来自印度东北部和缅甸的污染气团有关。聚类轨迹#3 中生物质燃烧源 BC 质量浓度在白天呈现下降趋势，而夜间则呈现上升趋势。这是因为该聚类轨迹的远距离输送对高美古大气环境中 BC 质量浓度影响很小，大气边界层高度的演变是影响 BC 质量浓度变化趋势的主要因素，即白天大气边界层高度高有利于 BC 的扩散，而夜间则相反。

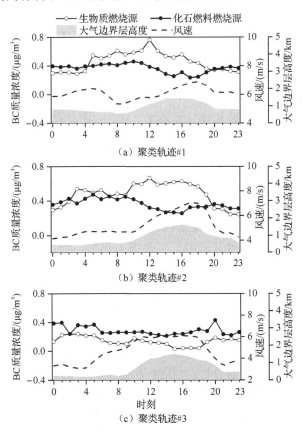

图 5-15　不同聚类轨迹类型中各燃烧源 BC 质量浓度以及大气边界层高度和风速的日变化

　　从图 5-15 可以看到，聚类轨迹#1 和聚类轨迹#2 中化石燃料燃烧源 BC 质量浓度日变化相似，即白天下降，夜间升高。与受远距离输送影响的生物质燃烧源 BC 不同，这两类聚类轨迹中，化石燃料燃烧源 BC 质量浓度日变化主要与周边交通运输源及大气边界层高度的变化有关。与之相比，聚类轨迹#3 中化石燃料燃烧源 BC 质量浓度日变化则相对稳定，仅在个别时段有波动。白天，化石燃料燃烧源 BC 质量浓度相对稳定，说明存在区域输送的影响，从而抵消了由边界层高度升高而引起的污染物扩散作用。聚类轨迹#3 主要来自交通运输发展迅速的内陆地区（Liu, 2019）。可以推断，白天 BC 质量浓度的变化特征受到了机动车源的区域输送影响。

使用 PSCF 进一步探索区域输送影响生物质燃烧源和化石燃料燃烧源的 BC 质量浓度。Liu 等（2021）的图 5b 和图 5c 中给出了观测期间生物质燃烧源和化石燃料燃烧源 BC 质量浓度的 PSCF 值分布。我国高美古附近区域的 PSCF 值较低，而印度东北部和缅甸北部的值较高，与卫星观测的火点分布特征一致，说明高美古受到了这些地区生物质燃烧源排放 BC 的跨境输送影响。对于化石燃料燃烧源 BC 质量浓度，PSCF 的分布表明其影响区域主要位于高美古的西南方向，靠近大丽高速附近。这是因为青藏高原东南部煤炭消耗量低，化石燃料燃烧源 BC 质量浓度主要来自机动车排放的输送影响。此外，缅甸北部也存在零星的区域对高美古化石燃料燃烧源 BC 有影响。

为进一步量化东南亚跨境输送对高美古大气 BC 的贡献，选取 2018 年 3 月 23～27 日发生的 BC 污染事件作为典型案例，利用 WRF-Chem 分析两种排放情景（所有排放源和仅关闭东南亚生物质燃烧源）对 BC 质量浓度的贡献。模拟区域以我国高美古为中心（东经 100.03°、北纬 26.70°），覆盖我国西南地区以及南亚和东南亚的部分区域，共划分 320 个网格点，每个网格点大小为 3km×3km。从地面到高空（气压为 50hPa）的垂直范围内设置了 35 层。BC 排放清单来自 2010 年的亚洲人为源排放清单（Li et al., 2017），包含工业源、电力源、交通运输源和居民源（如化石燃料燃烧源和生物质燃烧源），其空间分辨率为 0.25°×0.25°。露天生物质燃烧源排放来自 NCAR 的火灾清单（Wiedinmyer et al., 2011）。

相关性分析表明，高美古大气 BC 质量浓度的 WRF-Chem 模拟值和实测值具有一定正相关性，相关系数为 0.63。两者的 IOA 为 0.77，说明 WRF-Chem 有效地捕捉到了这次 BC 污染事件的发生过程。尽管如此，BC 质量浓度模拟值和实测值之间的归一化平均偏差为 24%，表明 WRF-Chem 的模拟值偏高。这种差异与 BC 排放清单及气象要素模拟的不确定性有关。图 5-16 显示了高美古及其周边区域 BC 质量浓度分布以及生物质燃烧源对 BC 质量浓度的贡献比。缅甸和印度北部的 BC 质量浓度超过了 15μg/m³，比青藏高原东南边缘 BC 质量浓度（0.7μg/m³）高出一个数量级以上。当关闭东南亚生物质燃烧源后，青藏高原东南部 BC 质量浓度下降了 40%以上，说明东南亚生物质燃烧源对青藏高原东南边缘的影响很大，与聚类轨迹和 PSCF 分析结果一致。

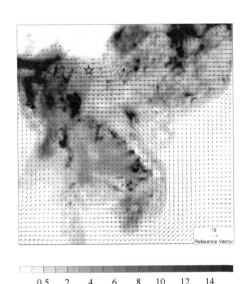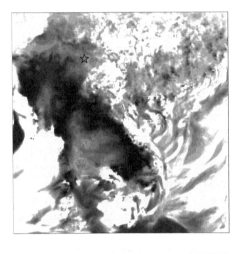

BC 质量浓度/(μg/m³)　　　　　　　　　　生物质燃烧对BC质量浓度的贡献比/%

图 5-16　高美古及其周边区域 BC 质量浓度分布以及生物质燃烧对 BC 质量浓度的贡献比

图中☆代表采样点高美古

5.5　本章小结

　　本章通过多种区域分析方法深入探讨了我国典型地区大气 BC 受传输污染的影响。华北平原中部是北京大气 BC 污染的主要输送源区。香河大气中 BC 质量浓度受本地排放（53%）和区域传输（47%）的共同影响，其中输送的关键区域为华北平原和天津，在污染事件中，仅华北平原对 BC 贡献比可达 63%。在沿海城市厦门，大气中 BC 受人为源排放较强的沿海城市以及航海交通频繁的南海污染物传输影响。在内陆城市宝鸡，大气中 BC 的区域污染源随不同季节变化，春季主要来自西南方向，夏季区域输送影响小，秋季来自宝鸡以南，冬季来自四川盆地东北部。在关中盆地内，本地排放源和外部污染源对大气中 BC 质量浓度分别贡献了 59% 和 41%，其中本地排放源以居民源贡献比最高（55%），外部污染源主要来自关中盆地以东地区。季节特征上，关中盆地 BC 排放量冬季最高，外部污染源在夏季对 BC 的贡献比最高。空间分布上，关中盆地中部因人为活动密集、气象条件稳定使得 BC 浓度水平较高。我国青藏高原东南部大气中 BC 主要受到东南亚生物质燃烧源污染物跨境传输的影响（如印度北部恒河平原、孟加拉国北部等），而在东北部的青海湖大气中，BC 也能受到印度北部生物质燃烧源污染物传输的影响。

参 考 文 献

BONASONI P, LAJ P, MARINONI A, et al., 2010. Atmospheric brown clouds in the Himalayas: First two years of continuous observations at the Nepal Climate Observatory-Pyramid (5079m)[J]. Atmospheric Chemistry and Physics, 10(15): 7515-7531.

CAO J J, TIE X X, XU B Q, et al., 2010. Measuring and modeling black carbon (BC) contamination in the SE Tibetan Plateau[J]. Journal of Atmospheric Chemistry, 67(1): 45-60.

CHEN F, DUDHIA J, 2001. Coupling an advanced land surface-hydrology model with the Penn State-NCAR MM5 modeling system. Part I: Model implementation and sensitivity[J]. Monthly Weather Review, 129(4): 569-585.

DUDHIA J, 1989. Numerical study of convection observed during the winter monsoon experiment using a mesoscale two-dimensional model[J]. Journal of Atmospheric Sciences, 46(20): 3077-3107.

EMMONS L K, WALTERS S, HESS P G, et al., 2010. Description and evaluation of the Model for Ozone and Related chemical Tracers, version 4 (MOZART-4)[J]. Geoscientific Model Development, 3(1): 43-67.

HONG S Y, LIM J O J, 2006a. The WRF single-moment 6-class microphysics scheme (WSM6)[J]. Journal of Atmospheric Sciences, 42(2): 129-151.

HONG S Y, NOH Y, DUDHIA J, 2006b. A new vertical diffusion package with an explicit treatment of entrainment processes[J]. Monthly Weather Review, 134(9): 2318-2341.

JEONG U, KIM J, LEE H, et al., 2017. Assessing the effect of long-range pollutant transportation on air quality in Seoul using the conditional potential source contribution function method[J]. Atmospheric Environment, 150(2): 33-44.

LACK D A, CORBETT J J, 2012. Black carbon from ships: A review of the effects of ship speed, fuel quality and exhaust gas scrubbing[J]. Atmospheric Chemistry and Physics, 12(9): 3985-4000.

LI M, ZHANG Q, KUROKAWA J, et al., 2017. MIX: A mosaic Asian anthropogenic emission inventory under the international collaboration framework of the MICS-Asia and HTAP[J]. Atmospheric Chemistry and Physics, 17(2): 935-963.

LI N, HE Q Y, TIE X X, et al., 2016. Quantifying sources of elemental carbon over the Guanzhong Basin of China: A consistent network of measurements and WRF-Chem modeling[J]. Environmental Pollution, 214: 86-93.

LIN Y L, FARLEY R D, ORVILLE H D, 1983. Bulk parameterization of the snow field in a Cloud Model[J]. Journal of Applied Meteorology and Climatology, 22(6): 1065-1092.

LIU H K, WANG Q Y, XING L, et al., 2021. Measurement report: Quantifying source contribution of fossil fuels and biomass-burning black carbon aerosol in the southeastern margin of the Tibetan Plateau[J]. Atmospheric Chemistry and Physics, 21(2): 973-987.

LIU T Y, 2019. Spatial structure convergence of China's transportation system[J]. Research in Transportation Economics, 78, DOI: 10.1016/j.retrec.2019.100768.

MLAWER E J, TAUBMAN S J, BROWN P D, et al., 1997. Radiative transfer for inhomogeneous atmospheres: RRTM, a validated correlated-k model for the longwave[J]. Journal of Geophysical Research-Atmospheres, 102(D14): 16663-16682.

PING X G, JIANG Z G, LI C W, 2011. Status and future perspectives of energy consumption and its ecological impacts in the Qinghai-Tibet region[J]. Renewable and Sustainable Energy Reviews, 15(1): 514-523.

SAHU S K, BEIG G, SHARMA C, 2008. Decadal growth of black carbon emissions in India[J]. Geophysical Research Letters, 35(2), DOI: 10.1029/2007GL032333.

SIROIS A, BOTTENHEIM J W, 1995. Use of backward trajectories to interpret the 5-year record of PAN and O_3 ambient air concentrations at Kejimkujik National Park, Nova Scotia[J]. Journal of Geophysical Research: Atmospheres, 100(D2): 2867-2881.

WANG Q Y, CAO J J, HAN Y M, et al., 2018. Sources and physicochemical characteristics of black carbon aerosol from the southeastern Tibetan Plateau: Internal mixing enhances light absorption[J]. Atmospheric Chemistry and Physics, 18(7): 4639-4656.

WANG Q Y, HUANG R J, CAO J J, et al., 2015. Black carbon aerosol in winter northeastern Qinghai-Tibetan Plateau, China: The source, mixing state and optical property[J]. Atmospheric Chemistry and Physics, 15(22): 13059-13069.

WANG Q Y, HUANG R J, CAO J J, et al., 2016a. Contribution of regional transport to the black carbon aerosol during winter haze period in Beijing[J]. Atmospheric Environment, 132: 11-18.

WANG Q Y, HUANG R J, ZHAO Z Z, et al., 2016b. Size distribution and mixing state of refractory black carbon aerosol from a coastal city in South China[J]. Atmospheric Research, 181: 163-171.

WANG R, TAO S, WANG W T, et al., 2012. Black carbon emissions in China from 1949 to 2050[J]. Environmental Science & Technology, 46(14): 7595-7603.

WANG Y Q, ZHANG X Y, DRAXLER R R, 2009. TrajStat: GIS-based software that uses various trajectory statistical analysis methods to identify potential sources from long-term air pollution measurement data[J]. Environmental Modelling & Software, 24(8): 938-939.

WESELY M L, 1989. Parameterization of surface resistances to gaseous dry deposition in regional-scale numerical models[J]. Atmospheric Environment, 23(6): 1293-1304.

WIEDINMYER C, AKAGI S K, YOKELSON R J, et al., 2011. The Fire INventory from NCAR (FINN): A high resolution global model to estimate the emissions from open burning[J]. Geoscientific Model Development, 4(3): 625-641.

YANG M, HOWELL S G, ZHUANG J, et al., 2009. Attribution of aerosol light absorption to black carbon, brown carbon, and dust in China-interpretations of atmospheric measurements during EAST-AIRE[J]. Atmospheric Chemistry and Physics, 9(6): 2035-2050.

ZHANG D, ANTHES R A, 1982. A high-resolution model of the planetary boundary layer-Sensitivity tests and comparisons with SESAME-79 data[J]. Journal of Applied Meteorology, 21(11): 1594-1609.

ZHANG Q, STREETS D G, CARMICHAEL G R, et al., 2009. Asian emissions in 2006 for the NASA INTEX-B mission[J]. Atmospheric Chemistry and Physics, 9(14): 5131-5153.

ZHANG R, JING J, TAO J, et al., 2013. Chemical characterization and source apportionment of $PM_{2.5}$ in Beijing: Seasonal perspective[J]. Atmospheric Chemistry and Physics, 13(14): 7053-7074.

ZHAO S Y, TIE X X, CAO J J, et al., 2015. Seasonal variation and four-year trend of black carbon in the Mid-west China: The analysis of the ambient measurement and WRF-Chem modeling[J]. Atmospheric Environment, 123(12): 430-439.

ZHAO S Y, TIE X X, LONG X, et al., 2017. Impacts of Himalayas on black carbon over the Tibetan Plateau during summer monsoon[J]. Science of The Total Environment, 598: 307-318.

ZHOU B H, WANG Q Y, ZHOU Q, et al., 2018. Seasonal characteristics of black carbon aerosol and its potential source regions in Baoji, China[J]. Aerosol and Air Quality Research, 18(2): 397-406.

第6章 大气环境中 BC 粒径分布特征

BC 的粒径分布决定了其在大气中的诸多性质，如寿命、传输距离、云凝结核/冰核活性、吸光性等，这些性质的变化将改变大气 BC 的气候环境效应。本章将基于单颗粒黑碳光度计（SP2）的测量，阐明我国典型大气环境中（城市和青藏高原）BC 粒径分布和变化特征。此外，选取生物质燃烧为例，阐释新鲜排放 BC 的粒径分布特征及其影响因素。

大气环境中 BC 的形状复杂多样且不规则，通常采用等效粒径来描述 BC 的大小。本章涉及的 BC 粒径来自 SP2 测量结果。由于仪器原理不同，获得的 BC 等效粒径也不同。从 2.1.1 小节可知，SP2 是通过建立已知质量的标准 BC 和白炽光信号峰值强度之间的函数关系来获得大气 BC 的质量。假设 BC 为球形，则其质量粒径的计算公式为

$$D_{BC} = \left(\frac{6M_{BC}}{\rho\pi} \right)^{\frac{1}{3}}$$（6-1）

式中，D_{BC}——BC 的质量粒径，nm；

M_{BC}——BC 的质量，fg；

ρ——BC 的密度，取 1.8g/cm^3 或 2.0g/cm^3。

该方法计算的 BC 质量粒径仅包含 BC 核，而不包含其外层包裹物（coating）的贡献。

6.1 典型城市大气环境中 BC 粒径分布特征

6.1.1 西安大气 BC 粒径分布特征

以西安作为内陆地区大气污染的典型城市，探讨 BC 粒径分布特征。图 6-1 显示了 2012 年 12 月～2013 年 1 月西安大气环境中不同质量粒径 BC 数浓度的日变化。采样点及采样仪器的信息见第 3 章表 3-1。由图 6-1 可知，西安冬季大气环境中 BC 质量粒径主要分布在 70～300nm 的积聚模态。不同粒径 BC 数浓度随时间的变化存在明显差异。随着白天的发展，大气边界层高度逐渐升高，扩散条件变好，不同粒径 BC 的数浓度在 14 点～16 点出现全天最低值。夜间，大气边界层

趋于稳定且高度较低，扩散条件变差，导致不同质量粒径 BC 的数浓度逐渐增大，在 22 点～23 点达到高峰值，此时 BC 数浓度主要分布在 90～120nm 的质量粒径范围。受早高峰机动车数量增多影响，BC 数浓度在 8 点～9 点呈现明显上升趋势，尤其是 90～120nm 的质量粒径范围。

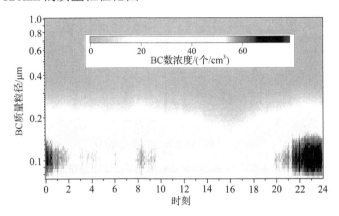

图 6-1　2012 年 12 月～2013 年 1 月西安大气环境中不同质量粒径 BC 数浓度的日变化

图 6-2 显示了西安冬季大气 BC 质量粒径的分布特征。BC 在质量粒径 70～1000nm 呈单模态对数正态分布，与国内外采用 SP2 报道城市大气 BC 粒径分布特征一致（Thamban et al., 2017; Liu et al., 2014; Huang et al., 2012）。从图 6-2 可以看到，SP2 测量的 BC 质量占对数正态拟合值的 90%，其质量粒径峰值为 207nm，处在文献报道 BC 质量粒径峰值范围内（150～230nm）（Huang et al., 2012）。

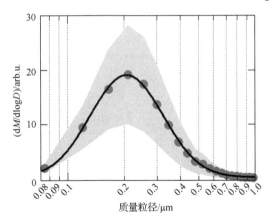

图 6-2　西安冬季大气 BC 质量粒径分布特征

阴影代表一个标准偏差

受不同排放源、老化过程及气象条件影响，大气中 BC 质量粒径随时间变化将发生改变。图 6-3 为西安冬季大气 BC 质量粒径峰值日均值的时间序列变化。

BC 质量粒径峰值的平均值±标准偏差为 203nm±10nm，变化范围为 177～222nm。

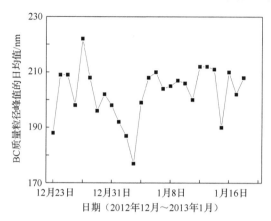

图 6-3　西安冬季大气 BC 质量粒径峰值的日均值的时间序列变化

将采样时段分成白天、夜间和交通高峰时段，从而进一步探讨西安冬季大气环境中 BC 质量粒径的变化特征。图 6-4 给出了西安冬季不同时段大气环境中 BC 质量粒径峰值的时间序列变化。不同时间段 BC 质量粒径峰值呈相似变化趋势。白天，BC 质量粒径峰值的平均值±标准偏差为 198nm±11nm，变化范围为 176～215nm；夜间，BC 质量粒径峰值略大于白天，其平均值±标准偏差为 205nm±9nm，变化范围为 180～225nm；交通高峰期，BC 质量粒径峰值大小介于白天和夜间的观测值之间，其平均值±标准偏差为 201nm±14nm，变化范围为 174～227nm。

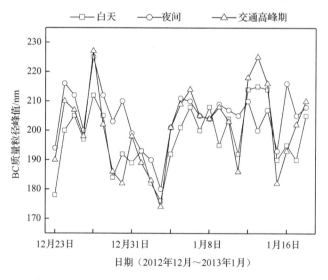

图 6-4　西安冬季不同时段大气环境中 BC 质量粒径峰值的时间序列变化

　　表 6-1 总结了文献报道的 BC 质量粒径峰值。尽管这些文献中使用的观测手段均为 SP2，但是对于 BC 密度的取值并不完全相同，既有采用 1.8g/cm^3，也有采用 2.0g/cm^3。为使各研究结果具有可比性，将 BC 质量粒径峰值统一修正成密度为 2.0g/cm^3 的计算值。由于 BC 来源的多样性以及在大气中经历的老化程度不同，使得不同地区及高空大气中 BC 质量粒径峰值存在一定差异，变化范围为 147～232nm（表 6-1）。与基于滤膜的分级采样器相比，SP2 获得的 BC 质量粒径峰值范围更窄。分级采样器（如安德森分级采样器）获得的是 BC 空气动力学粒径，其峰值主要分布在 100～400nm（Lan et al., 2011; Huang et al., 2006; Allen et al., 2001; Venkataraman et al., 1994）。在大气环境中，颗粒物的增长机制主要包括液相增长、碰并、凝结以及与其他物质发生非均相化学反应等。这些过程通常均可以使 BC 的空气动力学粒径增大。然而，只有碰并过程才能使 BC 核变大，即增大 BC 的质量粒径。空气中颗粒物的碰并过程主要受"布朗运动"的影响，而这一过程在颗粒物的积聚模态进行缓慢（Seinfeld et al., 1998）。因此，大气中 BC 质量粒径峰值的变化范围相对于空气动力学粒径峰值范围更窄。

表 6-1　国内外文献报道的 BC 质量粒径峰值

地点	类型	时间	BC 质量粒径峰值/nm	参考文献
得克萨斯，美国	机载	2004 年 11 月	178	Schwarz et al., 2006
圣约瑟，美国	机载	2006 年 2 月	200	Schwarz et al., 2008a
得克萨斯，美国	机载	2006 年 9～10 月	200	Schwarz et al., 2009
少女峰冰川站，瑞士	高山	2007 年 2～3 月	212～232	Liu et al., 2010
欧洲	机载	2008 年 4～5 月和 9 月	154～203	McMeeking et al., 2010
墨西哥城，墨西哥	机载	2006 年 3 月	147～167	Subramanian et al., 2010
名古屋，日本	机载	2004 年 3 月	182	Moteki et al., 2007
达拉斯/休斯敦，美国	机载	2006 年 9 月	170	Schwarz et al., 2008b
深圳，中国	城市	2009 年 10～11 月和 2012 年 1～2 月	210	Huang et al., 2012
西安，中国	城市	2012 年 12～2013 年 1 月	177～222	Wang et al., 2016a
深圳，中国	农村	2009 年 11～12 月	222	Huang et al., 2012
开平，中国	农村	2008 年 10～11 月	220	Huang et al., 2011
福江，日本	农村	2007 年 3～4 月	192～211	Shiraiwa et al., 2008

6.1.2　厦门大气 BC 粒径分布特征

　　选择沿海典型城市厦门的大气环境来探讨 BC 粒径分布特征。图 6-5 显示了 2013 年 3 月厦门春季大气 BC 质量粒径的分布特征。采样点及采样仪器的信息见第 3 章表 3-1。由图 6-5 可知，BC 质量粒径呈单模态对数正态分布，与 6.1.1 小节中西安的特征一致。整个观测期间，BC 质量粒径峰值为 185nm，低于西安的观测结果（207nm）。以 $PM_{2.5}$ 质量浓度为 $75\mu g/m^3$ 作为判断大气污染和干净时段的依据。当 $PM_{2.5}$ 质量浓度小于 $75\mu g/m^3$ 时为干净时段，相反则为污染时段。污染时段和干净时段分别占观测期间的 20%和 80%。如图 6-5 所示，污染时段和干净时段的 BC 质量粒径均呈单模态对数正态分布。其中，污染时段的 BC 质量粒径峰值为 195nm，比干净时段的值（175nm）高 20nm。

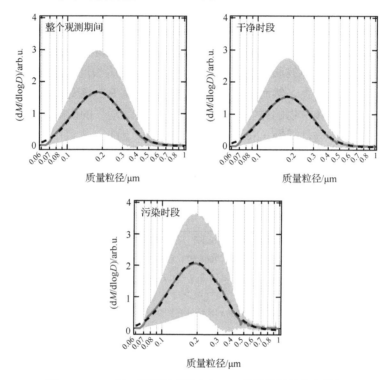

图 6-5　2013 年 3 月厦门春季大气 BC 质量粒径的分布特征

（改自 Wang et al.，2016b）

不同燃烧源排放 BC 的粒径大小存在差异。例如，Liu 等（2014）研究表明，固体燃料燃烧源 BC 质量粒径峰值大于机动车源。图 6-6 显示了 f_{60} 与 BC 质量浓度和 $PM_{2.5}$ 质量浓度的关系，其中 f_{60} 为有机气溶胶质荷比（m/z）60 在总有机气溶胶 m/z 中的占比。使用 ACSM 来测量 m/z，该设备的描述见 2.1.4 小节。文献研究表明，$m/z=60$ 是生物质燃烧源的特征质谱碎片，f_{60} 可以用来指示生物质燃烧排放的特征（Elser et al.，2016）。图 6-6 中，BC 质量浓度和 f_{60} 呈中等相关，相关系数为 0.65，说明生物质燃烧源对厦门春季大气 BC 质量浓度有影响。同时，f_{60} 和 $PM_{2.5}$ 质量浓度之间也呈中等相关，相关系数为 0.67，表明生物质燃烧源对观测期间空气污染的形成也起到了一定的作用。有文献研究表明，生物质燃烧源 BC 质量粒径峰值大于化石燃料燃烧源（Schwarz et al., 2008a）。综上所述，生物质燃烧源排放的增强是导致厦门大气污染时段 BC 质量粒径峰值大于干净时段的重要原因。

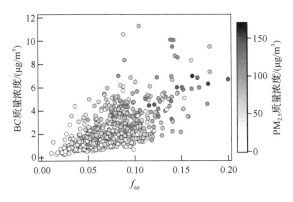

图 6-6 f_{60} 与 BC 和 PM$_{2.5}$ 质量浓度的关系

6.2 青藏高原大气环境中 BC 粒径分布特征

6.2.1 青海湖大气 BC 粒径分布特征

选择青海湖作为青藏高原东北部典型大气环境的代表，探索 BC 粒径分布特征。采样点及采样仪器的信息见第 3 章表 3-1。图 6-7 给出了 2011 年 10 月 16～27 日青海湖"鸟岛"不同时段及受到降雪影响时大气环境中 BC 质量粒径的分布特征。观测期间可以分为以下三个不同的特征时段：①时段Ⅰ，10 月 16～27 日（除 25 日）12 点～19 点，以区域输送影响为主；②时段Ⅱ，10 月 16～27 日（除 25 日）20 点～次日 11 点，以本地积累影响为主；③降雪时段，10 月 25 日 0 点～7 点。由图 6-7 可知，时段Ⅰ和时段Ⅱ大气环境中 BC 质量粒径在 70～1000nm 呈双模态对数正态分布，不同于 6.1 节中典型城市描述的结果。Huang 等（2011）在珠江三角洲地区大气环境中也同样观测到了 BC 质量粒径呈双模态对数正态分布，并推断其与化石燃料燃烧源和生物质燃烧源有关。双模态对数正态分布的主模态在时段Ⅰ和时段Ⅱ具有相同的 BC 质量粒径峰值，均为 175nm，处于文献报道的范围内（150～230nm，表 6-1）。次模态的 BC 质量粒径峰值在不同时段具有一定的差异性。当受本地污染物积累影响为主时（时段Ⅱ），次模态的 BC 质量粒径峰值为 470nm；当受区域污染源影响为主时（时段Ⅰ），其质量粒径峰值则升高至 500nm。与时段Ⅰ和时段Ⅱ不同，降雪时段的 BC 质量粒径在 70～1000nm 呈单模态对数正态分布,说明湿沉降有效地去除了大粒径的BC。Schwarz等(2013)等研究表明,冰雪样品中 BC 的质量粒径大于其在大气中的值,进一步佐证了降雪有利于去除大气环境中粒径大的 BC 颗粒。

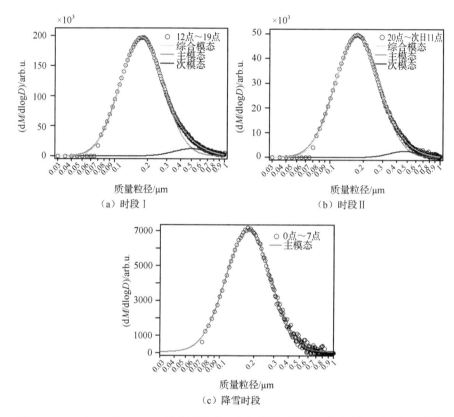

图 6-7　2011 年 10 月 16~27 日青海湖"鸟岛"不同时段及受降雪影响时大气环境中 BC 质量粒径的分布特征

(改自 Wang et al., 2014)

图 6-8 给出了青海湖"鸟岛"大气污染时段和干净时段 BC 质量粒径分布的特征。与 2011 年 10 月的观测结果相比,2012 年 11 月大气 BC 质量粒径呈单模态对数正态分布。不同年份的 BC 粒径模态差异可能与生物质燃烧源和机动车源影响的强度不同有关。污染时段和干净时段的 BC 质量粒径峰值相似,分别为 188nm 和 187nm,与文献报道的生物质燃料燃烧源结果相近(187~193nm, Taylor et al., 2014; Sahu et al., 2012; Kondo et al., 2011),表明青海湖大气环境中 BC 受到了生物质燃烧源的影响。

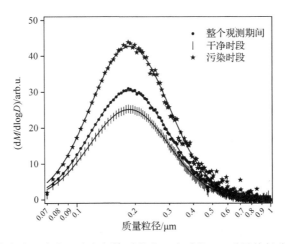

图 6-8　青海湖"鸟岛"大气污染时段和干净时段 BC 质量粒径分布的特征

6.2.2　鲁朗大气 BC 粒径分布特征

选择鲁朗作为青藏高原东南部典型大气环境的代表,于 2015 年 9 月 17 日～10 月 31 日使用 SP2 探索该地区大气中 BC 粒径的分布特征。采样点描述见第 3 章表 3-1。图 6-9 给出了鲁朗大气环境中 BC 质量粒径或数量粒径的分布特征。BC 质量粒径呈单模态对数正态分布,与基于 SP2 在全球不同地方观测的大部分结果一致,包括城市、农村和偏远地区(Wang et al., 2014; Huang et al., 2012; McMeeking et al., 2011; Liu et al., 2010; Schwarz et al., 2008b)。

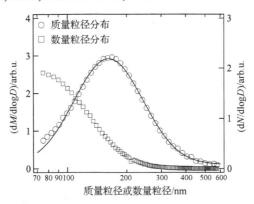

图 6-9　鲁朗大气环境中 BC 质量粒径或数量粒径的分布特征

BC 质量粒径峰值的小时值变化范围较宽,为 98～255nm,平均值±标准偏差为 160nm±23nm。图 6-10 给出了鲁朗大气 BC 质量粒径峰值的日变化特征。BC 质量粒径峰值的平均值在 9 点达到高峰值,为 183nm;随后开始下降,至 14 点到达低谷值,为 147nm;夜间呈上升趋势,最后稳定在 163nm 左右。

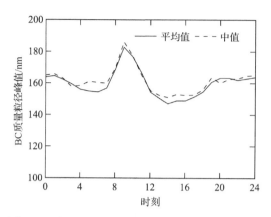

图 6-10 鲁朗大气 BC 质量粒径峰值的日变化特征

在计算 BC 质量粒径时采用 BC 密度为 $1.8g/cm^3$。为使不同 SP2 测量的 BC 粒径具有可比性，将文献中报道的 BC 粒径统一修正成密度为 $1.8g/cm^3$。对比结果表明，鲁朗大气中 BC 质量粒径峰值（160nm）更接近于文献报道范围的下限值（155～240nm，Huang et al., 2012），低于青海湖（181nm，Wang et al., 2014）、芬兰北极帕拉斯全球大气观测站（194nm，Raatikainen et al., 2015）及瑞士少女峰冰川站（220～240nm，Liu et al., 2010）等偏远地区的 SP2 测量结果。

不同地区大气 BC 质量粒径峰值的差异受到以下三个因素的影响。①不同排放源影响。例如，Sahu 等（2012）发现，生物质燃烧源排放的烟羽中 BC 质量粒径峰值（193nm）大于化石燃料燃烧源烟羽中的值（175nm）。又如，Wang 等（2016a）发现，燃煤源 BC 质量粒径峰值（215nm）大于交通运输源的值（189nm）。②不同来向气团的影响。长距离输送过程中 BC 经历的大气物理化学过程存在差异，因此 BC 质量粒径峰值会随不同来向的气团发生变化。例如，当鲁朗观测点的气团来自孟加拉国中部时，BC 质量粒径峰值大于其他来向的气团，平均值±标准偏差为 184nm±17nm；然而，当气团来自印度北部或青藏高原中部时，BC 质量粒径峰值的平均值±标准偏差分别为 173nm±26nm 和 177nm±19nm。③湿沉降的影响。图 6-11 给出了降雨时段和非降雨时段 BC 质量粒径峰值的频次分布。非降雨时段 BC 质量粒径峰值的平均值±标准偏差为 164nm±21nm，变化范围为 112～255nm，其中约 50% 的值在 150～175nm；然而，降雨时段的 BC 质量粒径峰值更小，平均值±标准偏差为 145nm±25nm，变化范围为 98～230nm，其中约 40% 的值在 125～145nm。由此可见，降雨有利于清除大气中粒径较大的 BC 颗粒。

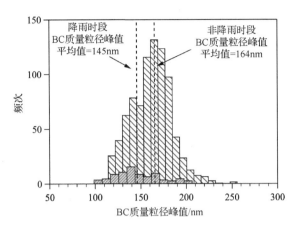

图 6-11　降雨时段和非降雨时段 BC 质量粒径峰值的频次分布

6.3　生物质燃烧源新鲜排放的 BC 粒径分布特征

在农村地区，农作物秸秆常被用作生活燃料，是重要的生物质燃烧源。本节生物质燃烧实验中收集的农作物秸秆（如水稻秸秆、小麦秸秆、玉米秸秆、棉花秸秆和大豆秸秆）来自山东、陕西、湖南、河南、河北、江西和安徽。秸秆样品放在温度为 20℃左右且相对湿度为 35%～45%的环境中保存。使用燃烧模拟采样平台进行实验，该采样平台的描述见 2.4 节。实验前，称取 50g 左右的样品放在燃烧腔内的平台托盘上（长 0.6m×宽 0.6m×高 0.55m），使用丁烷喷枪点火，每次实验燃烧时长为 5～10min。将进入稀释通道采样系统的烟气稀释至原来浓度的 1/25～1/20，采用 SP2 测量 BC 的质量等效粒径。燃烧实验共进行了 57 次，其中水稻秸秆 9 次，小麦秸秆 10 次，玉米秸秆 11 次，棉花秸秆 15 次，大豆秸秆 12 次。表 6-2 中汇总了各类型农作物秸秆燃烧实验的相关信息。

表 6-2　各类型农作物秸秆燃烧实验的相关信息

秸秆类型	产地	实验次数	质量/g	稀释倍数	燃烧时间/min
水稻秸秆	安徽、湖南、山东、江西	9	50.2～55.3	20～26	4～8
小麦秸秆	河南、陕西	10	51.2～53.5	20～25	7～9
玉米秸秆	河北、河南、湖南、山东、陕西	11	50.1～55.2	22～25	5～9
棉花秸秆	安徽、河南、湖南、山东	15	53.1～56.7	26～38	4～12
大豆秸秆	安徽、河南、湖南、陕西	12	51.6～57.7	15～35	4～10

图 6-12 给出了不同类型秸秆燃烧产生的 BC 质量粒径分布特征。BC 质量粒径均呈单模态对数正态分布，与文献报道的生物质燃料燃烧实验以及大气环境中观测到的生物质燃料燃烧事件结果一致（May et al., 2014; Taylor et al., 2014; Schwarz et al., 2008b）。

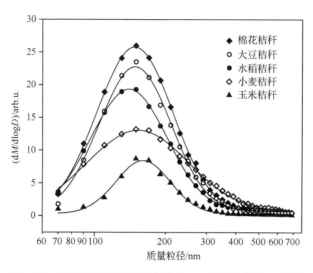

图 6-12　不同类型秸秆燃烧产生的 BC 质量粒径分布特征

图 6-13 给出了不同秸秆燃烧产生的 BC 质量粒径峰值分布。水稻秸秆、小麦秸秆、玉米秸秆、棉花秸秆和大豆秸秆燃烧产生的 BC 质量粒径峰值变化范围相对较窄，分别为 129～152nm、136～159nm、137～204nm、133～157nm 和 132～163nm，相对应的平均值±标准偏差为 141nm±7nm、150nm±8nm、162nm±19nm、147nm±7nm 和 149nm±9nm。t-检验结果表明，水稻秸秆和玉米秸秆燃烧产生的 BC 质量粒径峰值存在显著差异（p=0.002），而其他类型秸秆燃烧的 BC 质量粒径峰值则无显著差异（p=0.15～1.0）。

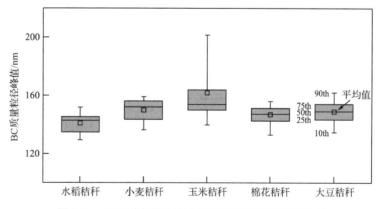

图 6-13　不同秸秆燃烧产生的 BC 质量粒径峰值分布

燃烧状态（如明燃或焖烧）是影响生物质燃烧源排放颗粒物特征的重要因素。通常采用燃烧效率来表征物质燃烧过程的状态，其计算公式为（Kondo et al., 2011）

$$MCE = \frac{\Delta[CO_2]}{\Delta[CO_2] + \Delta[CO]}$$　　　　　　（6-2）

式中，　MCE ——燃烧效率；

　　　　$\Delta[CO_2]$ ——燃烧过程排放的二氧化碳浓度，即点火后测量值减去点火前背
　　　　　　　　　景值，$\mu g/m^3$；

　　　　$\Delta[CO]$ ——燃烧过程排放的一氧化碳浓度，即点火后测量值减去点火前背
　　　　　　　　　景值，$\mu g/m^3$。

　　CO_2 和 CO 分别采用非色散红外二氧化碳分析仪和气体滤光相关技术的一氧
化碳分析仪进行测量。不同秸秆燃烧效率的变化范围为 0.79～0.95，反映了每次
秸秆燃烧时的不同状态。通常,燃烧效率大于 0.9 时为明燃，小于 0.9 时为焖烧（Reid
et al., 2005）。图 6-14 给出了不同秸秆燃烧产生的 BC 质量粒径峰值和燃烧效率之
间的关系。不同秸秆燃烧产生的 BC 质量粒径峰值和燃烧效率之间无显著相关性，
表明秸秆明燃或焖烧对 BC 核的大小影响有限。May 等（2014）在生物质燃料燃
烧实验中同样发现，不同种类植物燃烧产生的 BC 质量粒径峰值和燃烧效率之间
没有明显关系。

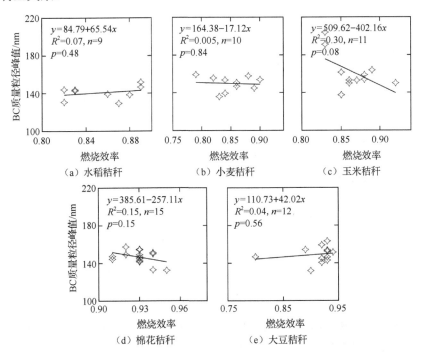

图 6-14　不同秸秆燃烧产生的 BC 质量粒径峰值和燃烧效率之间的关系

与文献报道 SP2 测量结果相比，本节中 BC 质量粒径峰值在 May 等（2014）报道的生物质燃烧结果范围内（140~190nm）。对比环境大气中生物质燃烧源的 BC 质量粒径峰值，本节中测量值更小。例如，Kondo 等（2011）在来自北美新鲜及亚洲老化的生物质燃烧源烟羽中发现，BC 质量粒径峰值的范围分别为 177~197nm 和 176~238nm；Taylor 等（2014）报道，来自加拿大北方森林燃烧产生的烟羽在老化 1d 和 2d 后，BC 质量粒径峰值分别为 194nm 和 196nm；Sahu 等（2012）在来自加利福尼亚州不同地区的生物质燃烧源烟羽中发现，BC 质量粒径峰值范围为 172~210nm。除与不同种类的生物质燃烧源有关外（如农作物秸秆、森林植被等），燃烧效率也是导致 BC 质量粒径峰值不同的重要因素。通常，强烈明燃的生物质燃烧（如燃烧效率大于 0.95）才能产生足够多的热量将烟羽抬升至高空，进而通过大气环流输送至远方。燃烧效率高有利于 BC 粒子之间的凝结，从而使其粒径变大。此外，BC 在大气中的碰并过程也会导致其粒径增长。

6.4　本　章　小　结

本章总结了不同大气环境中 BC 粒径的分布特征。城市大气 BC 质量粒径呈单模态对数正态分布特征。内陆城市西安冬季大气环境中 BC 质量粒径峰值为 203nm±10nm，日变化峰值粒径呈夜间（205nm±9nm）>交通高峰（201nm±14nm）>白天（198nm±11nm）。与之相比，沿海城市厦门大气 BC 质量粒径峰值略低，为 185nm，其中生物质燃烧源排放是导致污染时段 BC 质量粒径峰值（195nm）高于干净时段（175nm）的主要原因。与城市大气 BC 质量粒径分布特征不同，青藏高原东北部青海湖大气 BC 质量粒径呈双模态对数正态分布，而降雪时段 BC 呈单模态对数正态分布，表明湿沉降可以有效去除大粒径 BC。与之对比，青藏高原东南部大气中 BC 质量粒径呈单模态对数正态分布，BC 质量粒径峰值为 160nm±23nm。影响不同地区大气 BC 质量粒径峰值的因素有排放源、气团来向及湿沉降等。不同类型秸秆燃烧产生的 BC 质量粒径均呈单模态对数正态分布，水稻秸秆和玉米秸秆燃烧产生的 BC 质量粒径峰值存在显著差异，明燃或焖烧对 BC 核的大小影响有限。

参 考 文 献

ALLEN J O, MAYO P R, HUGHES L S, et al., 2001. Emissions of size-segregated aerosols from on-road vehicles in the Caldecott tunnel[J]. Environmental Science & Technology, 35(21): 4189-4197.

ELSER M, HUANG R J, WOLF R, et al., 2016. New insights into PM$_{2.5}$ chemical composition and sources in two major cities in China during extreme haze events using aerosol mass spectrometry[J]. Atmospheric Chemistry and Physics, 16(5): 3207-3225.

HUANG X F, GAO R S, SCHWARZ J P, et al., 2011. Black carbon measurements in the Pearl River Delta region of China[J]. Journal of Geophysical Research: Atmospheres, 116(D12), DOI: 10.1029/2010JD014933.

HUANG X F, SUN T L, ZENG L W, et al., 2012. Black carbon aerosol characterization in a coastal city in South China using a single particle soot photometer[J]. Atmospheric Environment, 51: 21-28.

HUANG X F, YU J Z, HE L Y, et al., 2006. Size distribution characteristics of elemental carbon emitted from Chinese vehicles: Results of a tunnel study and atmospheric implications[J]. Environmental Science & Technology, 40(17): 5355-5360.

KONDO Y, MATSUI H, MOTEKI N, et al., 2011. Emissions of black carbon, organic, and inorganic aerosols from biomass burning in North America and Asia in 2008[J]. Journal of Geophysical Research: Atmospheres, 116(D8), DOI: 10.1029/2010JD015152.

LAN Z J, CHEN D L, LI X, et al., 2011. Modal characteristics of carbonaceous aerosol size distribution in an urban atmosphere of South China[J]. Atmospheric Research, 100(1): 51-60.

LIU D, ALLAN J D, YOUNG D E, et al., 2014. Size distribution, mixing state and source apportionment of black carbon aerosol in London during wintertime[J]. Atmospheric Chemistry and Physics, 14(18): 10061-10084.

LIU D, FLYNN M, GYSEL M, et al., 2010. Single particle characterization of black carbon aerosols at a tropospheric alpine site in Switzerland[J]. Atmospheric Chemistry and Physics, 10(15): 7389-7407.

MAY A A, MCMEEKING G R, LEE T, et al., 2014. Aerosol emissions from prescribed fires in the United States: A synthesis of laboratory and aircraft measurements[J]. Journal of Geophysical Research: Atmospheres, 119(20): 11826-11849.

MCMEEKING G R, HAMBURGER T, LIU D, et al., 2010. Black carbon measurements in the boundary layer over western and northern Europe[J]. Atmospheric Chemistry and Physics, 10(19): 9393-9414.

MCMEEKING G R, MORGAN W T, FLYNN M, et al., 2011. Black carbon aerosol mixing state, organic aerosols and aerosol optical properties over the United Kingdom[J]. Atmospheric Chemistry and Physics, 11(17): 9037-9052.

MOTEKI N, KONDO Y, MIYAZAKI Y, et al., 2007. Evolution of mixing state of black carbon particles: Aircraft measurements over the western Pacific in march 2004[J]. Geophysical Research Letters, 34(11), DOI: 10.1029/2006GL028943.

RAATIKAINEN T, BRUS D, HYVÄRINEN A P, et al., 2015. Black carbon concentrations and mixing state in the Finnish Arctic[J]. Atmospheric Chemistry and Physics, 15(17): 10057-10070.

REID J S, KOPPMANN R, ECK T F, et al., 2005. A review of biomass burning emissions part II: Intensive physical properties of biomass burning particles[J]. Atmospheric Chemistry and Physics, 5(3): 799-825.

SAHU L K, KONDO Y, MOTEKI N, et al., 2012. Emission characteristics of black carbon in anthropogenic and biomass burning plumes over California during ARCTAS-CARB 2008[J]. Journal of Geophysical Research: Atmospheres, 117(D16), DOI: 10.1029/2011JD017401.

SCHWARZ J P, GAO R S, FAHEY D W, et al., 2006. Single-particle measurements of midlatitude black carbon and light-scattering aerosols from the boundary layer to the lower stratosphere[J]. Journal of Geophysical Research: Atmospheres, 111(D16), DOI: 10.1029/2006JD007076.

SCHWARZ J P, SPACKMAN J R, FAHEY D W, et al., 2008a. Coatings and their enhancement of black carbon light absorption in the tropical atmosphere[J]. Journal of Geophysical Research: Atmospheres, 113(D3), DOI: 10.1029/2007JD009042.

SCHWARZ J P, GAO R S, SPACKMAN J R, et al., 2008b. Measurement of the mixing state, mass, and optical size of individual black carbon particles in urban and biomass burning emissions[J]. Geophysical Research Letters, 35(13), DOI: 10.1029/2008GL033968.

SCHWARZ J P, STARK H, SPACKMAN J R, et al., 2009. Heating rates and surface dimming due to black carbon aerosol absorption associated with a major U.S. city[J]. Geophysical Research Letters, 36(15), DOI: 10.1029/2009GL039213.

SCHWARZ J P, GAO R S, PERRING A E, et al., 2013. Black carbon aerosol size in snow[J]. Scientific Reports, 3, DOI: 10.1038/srep01356.

SEINFELD J H, PANDIS S N, 1998. Atmospheric chemistry and physics: From air pollution to climate change[J]. Physics Today, 51(10): 88-90.

SHIRAIWA M, KONDO Y, MOTEKI N, et al., 2008. Radiative impact of mixing state of black carbon aerosol in Asian outflow[J]. Journal of Geophysical Research: Atmospheres, 113(D24), DOI: 10.1029/2008JD010546.

SUBRAMANIAN R, KOK G L, BAUMGARDNER D, et al., 2010. Black carbon over Mexico: The effect of atmospheric transport on mixing state, mass absorption cross-section, and BC/CO ratios[J]. Atmospheric Chemistry and Physics, 10(1): 219-237.

TAYLOR J W, ALLAN J D, ALLEN G, et al., 2014. Size-dependent wet removal of black carbon in Canadian biomass burning plumes[J]. Atmospheric Chemistry and Physics, 14(24): 13755-13771.

THAMBAN N M, TRIPATHI S N, MOOSAKUTTY S P, et al., 2017. Internally mixed black carbon in the Indo-Gangetic Plain and its effect on absorption enhancement[J]. Atmospheric Research, 197: 211-223.

VENKATARAMAN C, FRIEDLANDER S K, 1994. Size distributions of polycyclic aromatic hydrocarbons and elemental carbon. 2. ambient measurements and effects of atmospheric processes[J]. Environmental Science & Technology, 28(4): 563-572.

WANG Q Y, HUANG R J, ZHAO Z Z, et al., 2016a. Physicochemical characteristics of black carbon aerosol and its radiative impact in a polluted urban area of China[J]. Journal of Geophysical Research: Atmospheres, 121(20): 12505-12519.

WANG Q Y, HUANG R J, ZHAO Z Z, et al, 2016b. Size distribution and mixing state of refractory black carbon aerosol from a coastal city in South China[J]. Atmospheric Research, 181: 163-171.

WANG Q Y, SCHWARZ J P, CAO J J, et al., 2014. Black carbon aerosol characterization in a remote area of Qinghai-Tibetan Plateau, Western China[J]. Science of The Total Environment, 479(5): 151-158.

第7章 大气环境中 BC 混合态特征

大气中 BC 的混合状态是造成其气候效应不确定性的重要因素，厘清大气环境和排放源的 BC 混合态及其化学组成特征，是深入探索 BC 气候效应的关键。本章将基于单颗粒黑碳光度计（SP2）、单颗粒气溶胶质谱仪（SPAMS）等手段，揭示典型大气环境（城市和青藏高原）和生物质燃烧源新鲜排放的 BC 混合态特征及其影响因素。

7.1 大气 BC 混合态的测量

使用 SP2 来测量 BC 混合态是本章主要的研究方法。SP2 的原理可以参考 2.1.1 小节。当 BC 颗粒经过 SP2 腔室内的 YAG 激光束时，有包裹层（coating）和没有包裹层的 BC 产生的信号强度峰值时间不同，这种差异可以用来判断 BC 的混合态（Schwarz et al., 2006）。内混态 BC 的白炽光信号强度峰值出现时间晚于散光信号强度峰值，通常将这两者之间的时间差称为"延迟时间"。与之相比，外混态 BC 的散光信号峰值和白炽光信号强度峰值出现的时间则基本相同。产生延迟时间的原因在于内混态 BC 包裹层在经过 YAG 激光束时会先被加热而蒸发，随后露出的 BC 核被白炽化。图 7-1 给出了内混态和外混态 BC 散光信号与白炽光信号强度的变化特征。对于外混态 BC，由于散光信号和白炽光信号均由 BC 核产生，它们出现的强度峰值时间基本相同；对于内混态 BC，散光信号和白炽光信号强度峰值之间存在明显的延迟时间，白炽光信号强度的峰值在包裹层蒸发后才出现；对于纯散光颗粒，在经过 YAG 激光束的整个过程中仅有散光信号而没有白炽光信号。

BC 散光信号和白炽光信号强度峰值的比值在很大程度上依赖于 BC 颗粒的粒径大小（含包裹层）。由于内混态 BC 包裹层的存在，增大了整个 BC 颗粒物的粒径，使散光信号和白炽光信号强度峰值的比值增大。该比值可以用来指示 BC 包裹层的厚度，即比值越大，包裹层越厚，反之则越薄。同时，内混态 BC 的延迟时间也会增加。图 7-2 显示了延迟时间与散光信号和白炽光信号强度峰值比值的关系以及延迟时间的频次分布。由图 7-2（a）可知，当延迟时间小于 2μs 时，散光信号和白炽光信号强度峰值的比值随 BC 质量增加而呈现上升的趋势，且该比值与延迟时间之间并无明显关系。当延迟时间大于 2μs 时，延迟时间与散光信号和白炽光信号强度峰值的比值呈现明显正相关，且随延迟时间的不断增大，散光信号和白炽光信号强度峰值的比值可以增加一个数量级以上，表明此时的 BC 具有较厚的包裹层。此外，如图 7-2（b）所示，延迟时间的频次分布具有明显的两个峰值，一个位于 0.8μs，另一个位于 3.2μs，而两个峰值之间的低谷值为 2μs。

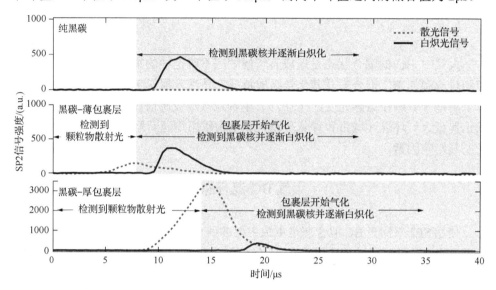

图 7-1　内混态和外混态 BC 散光信号与白炽光信号强度的变化特征

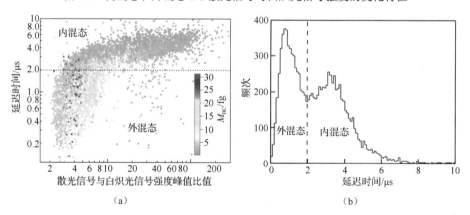

（a）　　　　　　　　　　　　　　　　　（b）

图 7-2　延迟时间与散光信号和白炽光信号强度峰值比值的关系以及延迟时间的频次分布

　　本章涉及的 SP2 研究中，将采用延迟时间等于 2μs 来作为 BC 混合态的判断标准。延迟时间小于 2μs 的 BC 颗粒定义为外混态 BC，即 BC 上没有包裹层或包裹层较薄；而延迟时间大于 2μs 的 BC 颗粒定义为内混态 BC，即 BC 上包裹层较厚。内混态 BC 数量在总 BC 数量中的占比称之为 BC 内混比，表征了 BC 内混的程度。

7.2　典型城市大气 BC 混合态的演变规律

本节将以北京、西安和厦门为代表，分析我国北方、西北及东南沿海城市大气中 BC 混合态的演变规律及其在灰霾污染中的变化特征。

7.2.1　北京大气 BC 混合态的演变规律

2013 年 1 月 9～27 日，在中国科学院大气物理研究所铁塔分部（北京）使用 SP2 测量了大气 BC 混合态的特征。表 7-1 汇总了不同大气污染程度下 BC 质量浓度及其在 $PM_{2.5}$ 质量浓度中的占比以及 BC 内混比的特征。整个观测期间有 14d 属于灰霾污染天，即大气能见度低于 10km，其中还发生了 4 次能见度低于 2km 的重霾污染事件。BC 质量浓度在 $PM_{2.5}$ 质量浓度中占比为 5.7%，并且两者呈高度正相关，相关系数为 0.88。由表 7-1 可知，观测期间 BC 内混比的平均值为 58%。干净期，即能见度大于等于 10km 时，BC 质量浓度在 $PM_{2.5}$ 质量浓度中的占比平均值为 7.4%，高于灰霾期。随着灰霾污染程度的增加，该比值降低，如灰霾期为 5.2%，重霾期为 4.0%。与之相比，BC 混合态则呈现相反的变化趋势。干净期，BC 内混比平均值为 37%，而灰霾期和重霾期则分别上升至 70% 和 83%。

表 7-1　不同大气污染程度下 BC 质量浓度及其在 $PM_{2.5}$ 质量浓度中的
占比以及 BC 内混比的特征

项目	总体平均	干净期	灰霾期	重霾期
BC 内混比/%	58±20	37±9	70±14	83±3
BC 质量浓度/（µg/m³）	5.5±4.7	2.0±1.2	7.6±4.8	12.5±4.7
BC 质量浓度在 $PM_{2.5}$ 质量浓度中占比/%	5.7±4.3	7.4±6.5	5.2±3.2	4.0±1.0

注：数据均为平均值±标准偏差。

图 7-3 显示了北京冬季不同大气能见度条件下 BC 内混比与其质量浓度之间的关系。整体而言，BC 内混比与其质量浓度呈一定的正相关关系。当大气能见度小于 2km 且 BC 质量浓度大于 $15µg/m^3$ 时，BC 内混比不随 BC 质量浓度的升高而变化，维持在一个高值范围（80%～90%）。然而，不同污染程度的 BC 内混比与其质量浓度之间呈现出不同的关系。例如，干净期 BC 内混比与其质量浓度呈一定的负相关关系，而灰霾污染期 BC 内混比则随其质量浓度的升高而增大，呈现一定的正相关关系。

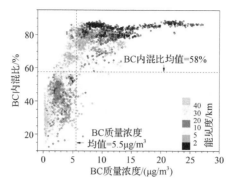

图 7-3　北京冬季不同大气能见度条件下 BC 内混比与其质量浓度之间的关系

（改自 Wu et al., 2016）

　　北京冬季干净期 BC 内混比与其质量浓度的日变化可以用来解释两者之间的负相关关系。如图 7-4 所示，早晨上班高峰期，机动车排放的新鲜 BC 颗粒增多，从而使该时段 BC 质量浓度高，但是内混程度低；而下午大气边界层高度的升高有利于 BC 的扩散，同时光化学氧化作用的增强，导致了 BC 表面更加容易形成二次气溶胶而增加其内混程度。

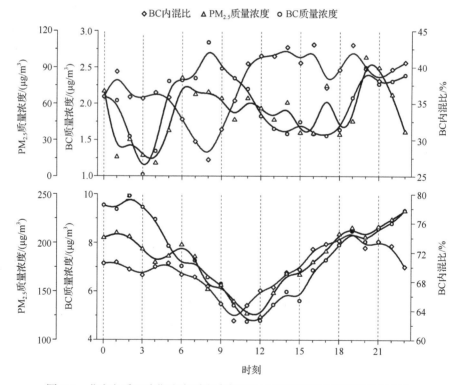

图 7-4　北京冬季干净期和灰霾期大气 BC 内混比及其质量浓度的日变化

（改自 Wu et al., 2016）

灰霾期,BC 内混比的升高与老化过程中非均相化学反应产生的二次气溶胶有关（Zheng et al., 2015; Sun et al., 2013）。基于潜在源贡献因子分析法，Zhang 等（2013）研究表明，北京周边区域输送是北京大气 BC 的主要来源。由图 7-5 可知，BC 质量浓度及其内混比的升高与弱风（风速小于 2m/s）或较强的东南风（风速大于等于 4m/s）密切相关。弱风有利于本地 BC 排放的积累，而强风则可以将天津、辽宁及河北等污染严重地区的 BC 输送至北京。

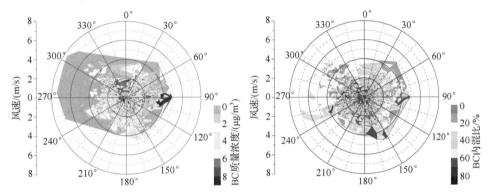

图 7-5　北京冬季大气 BC 质量浓度及其内混比与风速和风向的关系

（改自 Wu et al., 2016）

7.2.2　西安大气 BC 混合态的演变规律

图 7-6 显示了 2012 年 12 月~2013 年 1 月西安大气环境中 BC 内混比的频次分布。采样点及采样仪器的信息见第 3 章表 3-1。整体上，BC 内混比的平均值为47%，变化范围为 18%~69%。BC 内混比呈明显的正态分布，其频次最高区间分布在 45%~50%，占总频次的 29%。大部分 BC 内混比频次分布在 40%~55%，占总频次的 68%。

图 7-7 为西安冬季灰霾期和干净期 BC 内混比的统计分布。当大气能见度小于 10km 且相对湿度小于 80%时定义为灰霾期，而能见度大于等于 10km 时为干净期。由图 7-7 可知，干净期 BC 内混比的平均值为 38%，主要分布在 35%~42%；而灰霾期 BC 内混比升高至 49%，主要分布在 45%~53%。灰霾期 BC 内混程度高于干净期的现象在西安和北京均出现（见 7.2.1 小节）。值得注意的是，西安冬季灰霾期 BC 内混比低于北京的观测结果，这可能是因为北京更多受到华北平原长距离输送影响，而西安则受到关中盆地内部污染影响。

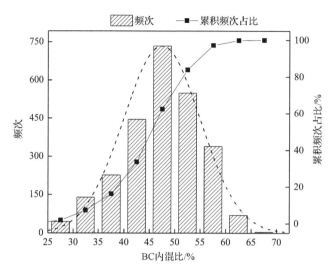

图 7-6　2012 年 12 月～2013 年 1 月西安大气环境中 BC 内混比的频次分布

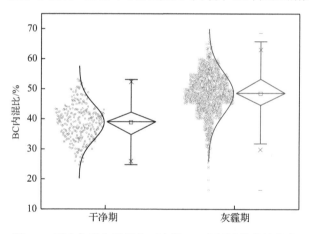

图 7-7　西安冬季灰霾期和干净期 BC 内混比的统计分布

　　图 7-8 显示了西安冬季大气中 BC 内混比及其质量浓度的日变化。整体上看，BC 内混比与其质量浓度呈相反的日变化趋势。在 12 点～15 点，BC 内混比呈上升趋势，该时段光化学氧化促进了二次气溶胶的生成，易与 BC 形成内混。早晚交通高峰期均出现了 BC 内混比的低谷值，而此时段 BC 质量浓度较高，说明大量机动车排放的新鲜 BC（即外混态为主）还未经历足够的老化将其变成内混态。

　　图 7-9 显示了西安冬季大气中 BC 质量浓度及其内混比与风速和风向的关系。BC 内混比的高值主要集中在低风速区，说明本地排放的 BC 在静稳天气条件下容易老化，从而与其他物质形成内混。当风速大于 2m/s 时，BC 内混比也会出现一

些零散的高值，特别是在 BC 质量浓度不高时，说明风速大时有利于老化的 BC 从周边区域输送至西安。

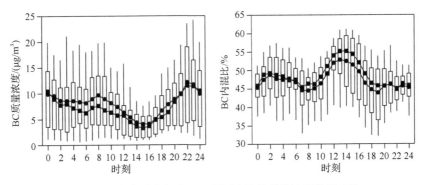

图 7-8　西安冬季大气中 BC 内混比及其质量浓度的日变化

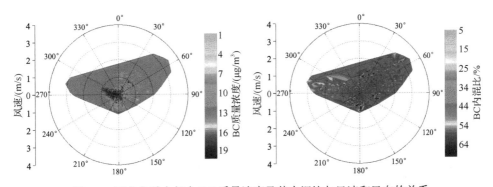

图 7-9　西安冬季大气中 BC 质量浓度及其内混比与风速和风向的关系

7.2.3　厦门大气 BC 混合态的演变规律

图 7-10 显示了 2013 年 3 月厦门大气环境中 BC 内混比的时间序列变化。采样点及采样仪器的信息见第 3 章表 3-1。由图 7-10 可知，BC 内混比的变化范围为 18%～55%，平均值±标准偏差为 31%±6%，表明观测期间 BC 以外混为主。不同城市之间 BC 内混比不同，厦门春季 BC 内混比低于 7.2.1 小节和 7.2.2 小节中描述的北京（58%）和西安（47%）冬季观测值。

图 7-11 给出了厦门春季大气中 BC 内混比和氧化剂 O_x 质量浓度（$[O_x]=[O_3]+[NO_2]$）的日变化。O_x 质量浓度通常用来指示大气环境的氧化程度（Notario et al., 2012）。BC 内混比的日变化呈现出与其质量浓度相反的变化趋势。BC 质量浓度的日变化见图 3-14。早晚上下班高峰时段，BC 质量浓度呈现高峰值，对应 BC 内混比则出现低谷值；中午，BC 质量浓度出现低谷值而其对应内混比则呈现高峰值。

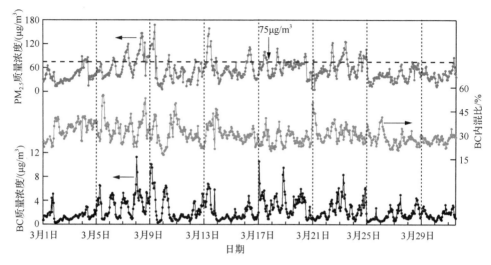

图 7-10　2013 年 3 月厦门大气环境中 BC 内混比的时间序列变化

（改自 Wang et al., 2016）

早晚上下班高峰期，机动车排放的新鲜颗粒物增加，BC 外混态也随之增多，使 BC 内混比呈现低谷值；中午，光化学氧化作用增强，O_x 的浓度水平升高，BC 更加容易与其他化学物质形成内混态，从而使 BC 内混比升高。此外，中午大气边界层高度升高，风速增强，有利于 BC 的区域输送和垂直交换，而这些来源的 BC 通常更加老化，内混程度高（Schwarz et al., 2008）。在 20 点～24 点，BC 内混比呈现出上升趋势，一方面是受到了来自东北方向气团中更加老化的 BC 影响，另一方面也与下班高峰时段机动车排放大量 BC 在大气中老化有关。

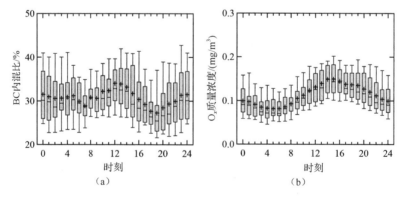

图 7-11　厦门春季大气中 BC 内混比（a）和氧化剂 O_x 质量浓度（b）的日变化

（改自 Wang et al., 2016）

7.3　青藏高原大气 BC 混合态的演变规律

本节将以青海湖"鸟岛"和鲁朗为代表来分析我国青藏高原东北部和东南部大气环境中 BC 混合态的演变规律及其影响因素。

7.3.1　青海湖大气 BC 混合态的演变规律

图 7-12 显示了 2011 年 10 月 16～27 日青海湖"鸟岛"大气中 BC 内混比的频次分布。采样点及采样仪器的信息见第 3 章表 3-1。从图 7-12 中可以看到，BC 内混比的变化范围为 25%～68%，平均值±标准偏差为 50%±8%。BC 内混比呈现明显的正态分布，其频次最高区间分布在 45%～50%，占总频次的 24%。大部分 BC 内混比的频次分布在 40%～65%，占总频次的 88%。

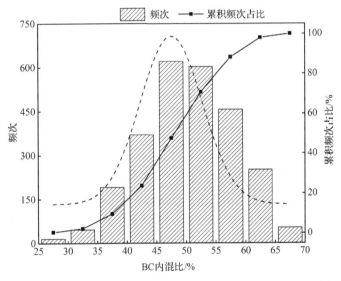

图 7-12　2011 年 10 月 16～27 日青海湖"鸟岛"大气中 BC 内混比的频次分布

图 7-13 显示了观测期间青海湖"鸟岛"大气中 BC 质量浓度、BC 内混比、大气边界层高度和风速的日变化。BC 内混比呈现单峰分布特征。从 8 点开始呈上升趋势，至 13 点～18 点维持在一个相对较高的水平上变化，此后开始下降，至 24 点后维持在一个相对较低的范围内波动。白天 BC 内混比的上升趋势与北京、西安和厦门的变化特征相似（见 7.2 节），与白天光化学氧化作用增强导致 BC 表面二次气溶胶增多有关。此外，大气边界层高度的升高及风速的增强也会有利于气溶胶的区域传输，从而带来更多的内混态 BC。

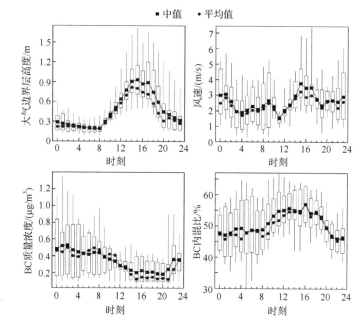

图 7-13　观测期间青海湖"鸟岛"大气中 BC 质量浓度、BC 内混比、

大气边界层高度和风速的日变化

（改自 Wang et al., 2014）

7.3.2　鲁朗大气 BC 混合态的演变规律

图 7-14 显示了 2015 年 9 月 17 日～10 月 31 日鲁朗大气中 BC 内混比的频次分布。整个观测期间，BC 内混比的平均值±标准偏差为 39%±8%，变化范围为 20%～68%，低于青海湖"鸟岛"的观测结果（50%±8%）。BC 内混比呈正态分布，其频次最高区间分布在 35%～40%，占总频次的 26%。大部分 BC 内混比的频次分布在 25%～50%，占总频次的 89%。受不同气团的影响，BC 内混程度存在一定的差异。当受到来自西南方向气团影响时，BC 内混比最高，为 40%，其次是来自西边和西北方向的气团，BC 内混比分别为 38% 和 34%。不同气团结果的对比说明西南方向气团中 BC 老化的程度更高。气团方向的判断基于后向轨迹聚类分析结果，可参考 Wang 等（2018）文献内容。

图 7-15 给出了鲁朗大气 BC 内混比和 O_3 质量浓度的日变化及其相关性。BC 内混比呈现典型的"双峰双谷"分布特征。在 7 点～8 点出现高峰值（45%），表明此时 BC 的内混程度最高。随后 BC 内混比呈下降趋势，在 10 点降至低谷值（35%）。此后，BC 内混比开始上升，到 14 点达到另一高峰值（44%），然后开始下降，至次日 1 点达到最低值（33%）。

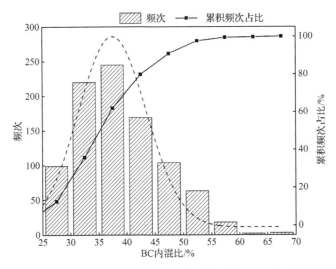

图 7-14　2015 年 9 月 17 日~10 月 31 日鲁朗大气中 BC 内混比的频次分布

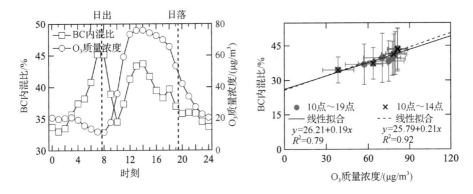

图 7-15　鲁朗大气 BC 内混比和 O₃ 质量浓度的日变化及其相关性

上午, BC 内混比的变化特征说明, 鲁朗大气中 BC 既受到了远距离输送影响, 也受到了本地人为源排放影响。BC 内混比在 7 点~8 点的增加与远距离输送的 BC 老化程度更高有关。尽管当地人口较少, 但是早晨烹饪活动的增强依然会增加新鲜 BC 的排放, 从而使 BC 内混比在 9 点~10 点呈现下降趋势。随着时间的推移, 10 点~19 点 BC 内混比随 O_3 质量浓度的变化而变化 (图 7-15), 表明大气氧化性对 BC 内混态的形成有重要影响。从图 7-15 可以看到, 10 点~19 点 BC 内混比和 O_3 质量浓度之间高度正相关, 决定系数为 0.79, 说明大气氧化性的增强有利于 BC 形成内混态。因此, 10 点~14 点 BC 内混程度的增加可解释为光化学氧化作用促进了 BC 表面二次气溶胶的形成所致。

为了进一步说明青藏高原大气氧化性对 BC 混合态影响的普遍性, 图 7-16 给出了 2011 年 10 月 16~27 日青海湖"鸟岛"大气中 BC 内混比和 O_3 质量浓度的日变化及其相关性。与鲁朗研究结果不同，青海湖"鸟岛"的 BC 内混比仅在 12 点～17 点观察到一个高峰值。青海湖地处青藏高原东北部，早晨基本未受到东南亚远距离输送的影响，因此并未出现与鲁朗类似的早高峰值。在 8 点～18 点，"鸟岛"的 BC 内混比和 O_3 质量浓度呈正相关，决定系数为 0.56，这一现象和鲁朗观测结果相似，进一步证实了光化学氧化是青藏高原大气环境中 BC 形成内混的重要途径。此外，在白天，鲁朗大气中 BC 内混比也随着大气边界层高度的升高而增加，表明受到了垂直方向上老化程度更高的 BC 影响。

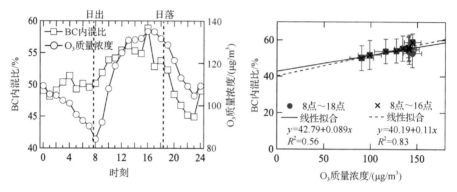

图 7-16　2011 年 10 月 16～27 日青海湖"鸟岛"大气中 BC 内混比和 O_3 质量浓度的日变化及其相关性

7.4　大气氧化性对 BC 混合态的影响

为了探索大气氧化性对城市大气环境中 BC 混合态的影响，分别于 2013 年 2 月 8～20 日和 2014 年 2 月 1～18 日在西安（东经 108.88°，北纬 34.23°）和北京（东经 116.39°，北纬 40.01°）进行了 BC 内混态和大气氧化剂的同步观测。图 7-17 显示了北京和西安大气环境中 BC 内混比、大气氧化剂 O_3 和 O_x 质量浓度以及绝对湿度的时间序列变化。北京和西安大气中 O_x 浓度的变化范围分别为 80～332μg/m³ 和 42～252μg/m³，平均值±标准偏差分别为 168μg/m³±46μg/m³ 和 105μg/m³±42μg/m³。尽管观测期间北京和西安大气中 O_3 对 O_x 的平均贡献比仅有 30%，但是下午当 O_x 达到日内最大值时，O_3 对 O_x 的贡献比可升高至 50%。

从图 7-18 中可以看到，O_x 质量浓度日变化在北京和西安呈现相似的变化特征。8 点 O_x 质量浓度处于全天低谷值，随后快速上升，至 16 点达到高峰值，之后持续下降至次日早晨。O_x 质量浓度日变化与当地人为活动、光化学氧化及大气边界层高度的变化有关。早晨上班高峰期，机动车排放大量氮氧化物（$[NO_x]=[NO]+[NO_2]$）是造成此时段 O_x 质量浓度低的主要原因。从图 7-19 中 NO_x 质量浓度的日变化可以看到，北京和西安的 NO 质量浓度高值均出现在 8 点左右。

NO 滴定作用的影响（Shaw et al., 2015; Wang et al., 2015），导致此时的 O_3 质量浓度较低。白天，O_x 质量浓度的升高与光化学氧化促进了 O_3 的生成有关。此外，由于垂直方向上气流交换加强，使高空 O_3 向下输送增加，也会影响到 O_x 质量浓度的升高。夜间，由于缺乏光化学反应及 NO 滴定的作用，使该时段 O_x 质量浓度较低。

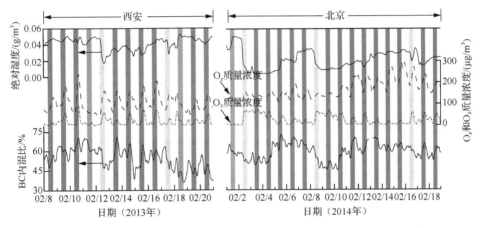

图 7-17　北京和西安大气环境中 BC 内混比、大气氧化剂 O_3 和 O_x 质量浓度以及绝对湿度的时间序列变化

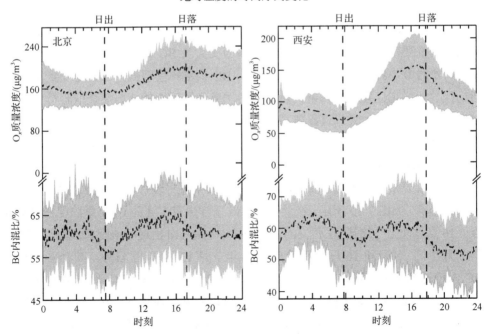

图 7-18　北京和西安大气中 BC 内混比和氧化剂 O_x 质量浓度的日变化

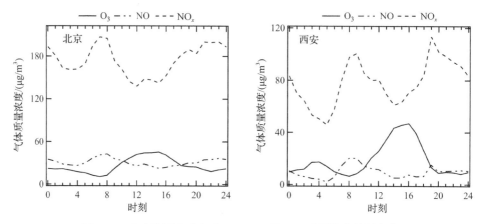

图 7-19　北京和西安大气中 O_3、NO 及 NO_x 质量浓度的日变化

观测期间，北京和西安大气环境中 BC 内混比的变化范围分别为 35%～92% 和 27%～76%（图 7-17），平均值±标准偏差分别为 59%±7% 和 55%±9%。从图 7-18 可知，北京和西安 BC 内混比的日变化呈相似特征，即两个峰值和两个谷值。由于受早高峰交通排放的新鲜 BC 颗粒影响，7 点～9 点 BC 内混比呈现低谷值。日出后，BC 内混比开始上升，在 15 点～16 点达到高峰值，随后持续下降。白天 BC 内混比和 O_x 质量浓度的变化趋势大致相似，表明光化学氧化对 BC 内混态的形成起着重要作用。8 点～16 点，北京和西安大气 BC 内混比增长速率相当，分别为每小时 0.8% 和 0.6%。19 点～23 点，BC 内混比呈现低值原因是受到了人为活动排放新鲜 BC 颗粒的影响，特别是冬季夜间民用固体燃料燃烧取暖排放。随着夜间时间的推移，大气边界层高度降低并趋于稳定，有利于 BC 积累和老化，进而在凌晨 3 点～5 点出现另一个 BC 内混比的峰值。与白天不同，夜间 BC 老化可能是由液相化学反应主导。

选择白天 8 点～16 点 O_x 质量浓度上升阶段来进一步探索大气氧化性对 BC 内混态的影响。如图 7-17 所示，在北京的 18d 采样中有 17d 的 O_x 质量浓度在白天 8 点～16 点呈现上升趋势；在西安的 13d 采样中也有 11d 出现了该现象。除北京 2014 年 2 月 2 日、8 日和 16 日以及西安 2013 年 2 月 12 日和 17 日外，其余采样天的 BC 内混比均随 O_x 质量浓度增加而上升。在 BC 内混比未随 O_x 质量浓度升高的 5d 中，其气象条件变化较大。从图 7-17 可以看到，在这 5d 中，绝对湿度在 8 点～16 点呈现出急剧下降的趋势，而在其他采样天的该时段，绝对湿度变化却不大，说明这 5d 的 8 点～16 点受到了不同特征气团的影响。更具体地说，较低的绝对湿度表明气团可能来自自由对流层的侵入或干燥地区的输送，这两种情况都不适合探讨本节内容。因此，在下面的分析和讨论中将不包含这 5d 的数据。

采用延迟时间的变化来探讨大气氧化性对 BC 混合态的影响。图 7-20 给出了北京和西安 8 点~9 点及 15 点~16 点 BC 信号延迟时间的频次分布特征。两城市的 BC 信号延迟时间均呈现双峰分布特征，其中北京和西安出现第一个峰值时的延迟时间分别为 1.2μs 和 0.8μs，第二个峰值所对应的延迟时间分别为 5.0μs 和 3.5μs。这两个峰值所对应的延迟时间分别代表了外混态和内混态 BC 的特征。8 点~9 点，BC 主要分布在延迟时间的第一个峰值，反映了此时 BC 以外混态为主。当大气氧化性增强时，15 点~16 点的 BC 则主要分布在延迟时间的第二个峰值，表明此时产生了更多的内混态 BC。

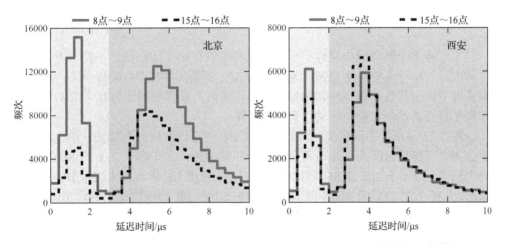

图 7-20　北京和西安 8 点~9 点及 15 点~16 点 BC 信号延迟时间的频次分布特征

图 7-21 建立了北京和西安 8 点~16 点 BC 内混比与 O_x 质量浓度之间的关系。北京和西安大气 BC 内混比与 O_x 质量浓度均呈正相关，相关系数分别为 0.65 和 0.72，表明大气氧化性越强越有利于 BC 内混态的形成。这主要是因为大气氧化性的增强将促进 BC 颗粒上更多二次气溶胶生成，从而使 BC 内混比升高。BC 内混比和 O_x 质量浓度线性关系的斜率在北京和西安分别为 0.14%/($\mu g/m^3$) 和 0.20%/($\mu g/m^3$)，反映了不同城市大气氧化性对 BC 形成内混的效率存在差异。西安更强的氧化速率可能与其 8 点~16 点 O_x 质量浓度的上升速度（12.2($\mu g/m^3$)/h）高于北京（7.6($\mu g/m^3$)/h）有关。

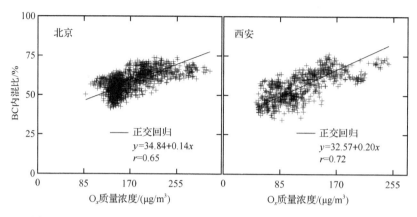

图 7-21　北京和西安 8 点～16 点 BC 内混比与 O$_x$ 质量浓度之间的关系

7.5　生物质燃烧排放的 BC 混合态特征

本节将基于燃烧模拟采样平台，选取典型农作物（如水稻、小麦、玉米、棉花和大豆）秸秆进行燃烧模拟实验，使用 SP2 测量其排放 BC 的混合态。燃烧模拟采样平台主要包括燃烧腔和稀释通道采样系统，其详细描述可参考 2.4 节。农作物秸秆及其燃烧实验的相关信息见 6.3 节。

图 7-22 显示了不同种类秸秆燃烧排放 BC 的延迟时间分布特征，曲线均呈双峰分布，且延迟时间为 2μs 时可分成两个不同的簇，大于等于 2μs 的 BC 颗粒归为内混态，而小于 2μs 的 BC 颗粒归为外混态。采用 BC 内混比来表征 BC 的混合状态。从图 7-23 可以看到，各类型秸秆燃烧产生的 BC 内混比平均值均超过 50%，表明即使是新鲜排放的 BC 颗粒其内混程度也依然很高。水稻秸秆、小麦秸秆和玉米秸秆燃烧产生的 BC 内混比平均值±标准偏差分别为 64%±2%、62%±2% 和 63%±3%，高于棉花秸秆（53%±7%）和大豆秸秆（58%±6%）燃烧结果。

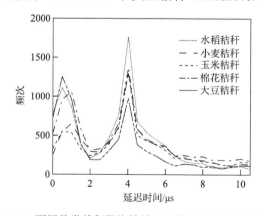

图 7-22　不同种类秸秆燃烧排放 BC 的延迟时间分布特征

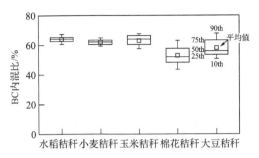

图 7-23　不同种类秸秆燃烧产生的 BC 内混比分布特征

文献结果表明，新鲜排放的 BC 通常呈外混态，当其在大气中经历了不同程度的老化后将逐渐变成内混态（China et al., 2015）。生物质燃烧产生的烟羽在排放几个小时后，BC 颗粒会与其他物质形成内混（Akagi et al., 2012）。相对于有机物，燃烧效率越高（如明燃，即燃烧效率大于 0.9），越有利于 BC 生成；反之，燃烧效率越低（如焖烧，即燃烧效率小于 0.9），则有利于有机气溶胶生成，使 BC 更容易与其形成内混（Collier et al., 2016; Kondo et al., 2011）。为了探讨燃烧效率对 BC 混合态的影响，建立不同种类秸秆燃烧产生的 BC 内混比与燃烧效率的关系，如图 7-24 所示。除水稻秸秆外，小麦秸秆、玉米秸秆、棉花秸秆和大豆秸秆燃烧产生的 BC 内混比与燃烧效率呈显著负相关关系，相关系数范围为-0.73~-0.65，决定系数范围为 0.42~0.53，说明秸秆焖烧会产生比明燃更多的内混态 BC 颗粒。

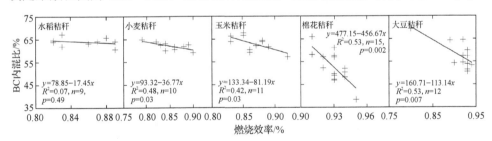

图 7-24　不同种类秸秆燃烧产生的 BC 内混比与燃烧效率的关系

7.6　大气中 BC 内混态化学物质的组成

7.6.1　正定矩阵因子分解模型的应用

利用 PMF 模型来定量解析内陆地区和沿海地区典型城市（西安和厦门）大气中有机气溶胶（OA）、硫酸根（SO_4^{2-}）、硝酸根（NO_3^-）及铵根（NH_4^+）对 BC 内混物组成的贡献。其中，BC 质量浓度及其混合态来自 SP2 测量，而 SO_4^{2-}、NO_3^-

和 NH$_4^+$ 质量浓度则来自 ACSM 测量。SP2 和 ACSM 的原理描述可分别参考 2.1.1 小节和 2.1.4 小节。PMF 的原理可参考 4.1.1 小节。将 BC 内混比以及 OA 和 BC 质量浓度比、SO$_4^{2-}$ 和 BC 质量浓度比、NO$_3^-$ 和 BC 质量浓度比和 NH$_4^+$ 和 BC 质量浓度比作为 PMF 模型的输入参数。在 PMF 运行过程中，通过综合考虑 Q 值、残差分布、回归诊断及合理的物理意义来最终确定解析结果。

　　图 7-25 给出了西安 2012 年 12 月 23 日～2013 年 1 月 18 日 PMF 模型解析的因子特征。因子 1 中 OA 和 BC 质量浓度比贡献比最高，表明有机物是该因子中 BC 内混物的主要贡献者；因子 2 中 SO$_4^{2-}$ 和 BC 质量浓度比贡献比最高，表明硫酸盐是该因子中 BC 内混物的主要贡献者；因子 3 中 NO$_3^-$ 和 BC 质量浓度比贡献比最高，表明硝酸盐是该因子中 BC 内混物的主要贡献者。

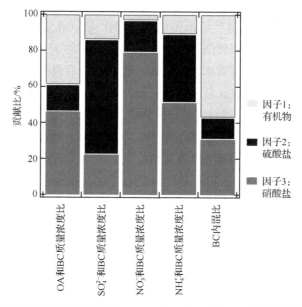

图 7-25　西安 2012 年 12 月 23 日～2013 年 1 月 18 日 PMF 模型解析的因子特征

　　基于上述 PMF 解析结果，图 7-26 给出了不同大气污染环境中有机物、硝酸盐和硫酸盐对 BC 内混物的贡献比。观测期间，有机物是 BC 包裹层的主要贡献者，占 58%，其次是硝酸盐，占 30%，硫酸盐对 BC 包裹层的贡献比最小，仅有 12%。不同污染条件下各化学物质对 BC 包裹层的贡献比表现不同。干净期，有机物和硝酸盐对 BC 包裹层的贡献比相当，分别为 45% 和 41%，硫酸盐的贡献比最低，为 14%；与之相比，灰霾期，有机物对 BC 包裹层的贡献比增加至 59%，而硝酸盐的贡献则下降至 29%，硫酸盐的贡献比基本稳定在 12%。

　　基于观测期间 BC 来源的定量解析结果（见 4.2 节），当某个来源对 BC 质量浓度贡献比大于 70%时，将其作为该时段主导排放源来探讨对 BC 混合态的影响。图 7-27 给出了不同排放源影响时有机物、硝酸盐和硫酸盐对 BC 内混物的贡献比。当以燃煤源为主导时，有机物、硫酸盐和硝酸盐对 BC 包裹层的贡献比分别为 44%、32%和 24%。当以机动车源为主导时，有机物对 BC 包裹层的贡献比则上升至 63%，而硫酸盐的贡献比则下降至 10%，硝酸盐的贡献比（27%）与以燃煤源影响为主导时的结果相近。造成燃煤源和机动车源对 BC 包裹层化学组成的不同有两个方面的原因。一方面，不同源排放的 BC 混合态存在差异。例如，机动车排放的 BC 主要在内燃机内产生并伴随大量的有机物，BC 会与有机物形成内混；煤炭中因含有大量的硫，燃烧后会形成硫酸盐，从而与 BC 形成内混（Moffet et al., 2009）。另一方面，由于是大气环境数据，BC 经历了一定程度的老化，其内混物的成分也会发生改变。

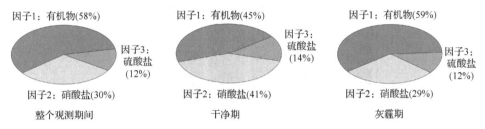

图 7-26　不同大气污染环境中有机物、硝酸盐和硫酸盐对 BC 内混物的贡献比

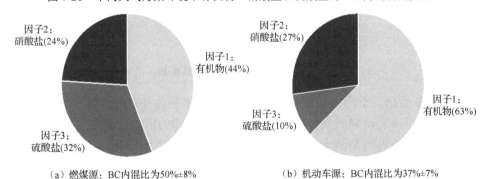

图 7-27　不同排放源影响时有机物、硝酸盐和硫酸盐对 BC 内混物的贡献比

　　基于上述结果可以推测，大气中燃煤源 BC 比机动车源 BC 更有可能成为云凝结核。这是因为受燃煤源影响时，水溶性离子对 BC 包裹层的贡献比高于机动车源，从而使整个 BC 颗粒具有更强的吸湿性。因此，相比机动车源 BC，煤燃源 BC 产生的气溶胶第一间接气候效应可能更为重要。同时，由于燃煤源 BC 具有更强的吸湿性，也更加容易通过湿沉降被去除，从而降低 BC 在大气中的平均寿命。

图 7-28 显示了厦门 2013 年 3 月 1～31 日 PMF 模型解析的因子特征。因子 1 中 OA 和 BC 质量浓度比的贡献比最高，表明该因子中有机物是 BC 内混物的主要贡献者。因子 2 中 SO_4^{2-} 和 BC 质量浓度比及 NH_4^+ 和 BC 质量浓度比的贡献比较高，表明该因子中硫酸盐（如硫酸铵）是 BC 内混物的主要贡献者。因子 3 中 NO_3^- 和 BC 质量浓度比和 NH_4^+ 和 BC 质量浓度比的贡献比较高，表明该因子中硝酸盐（如硝酸铵）是 BC 内混物的主要贡献者。

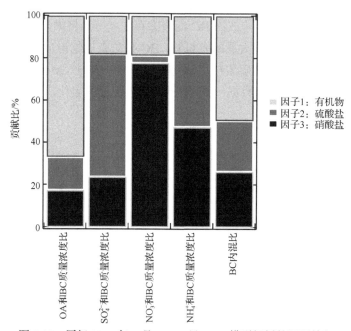

图 7-28　厦门 2013 年 3 月 1～31 日 PMF 模型解析的因子特征

图 7-29 给出了不同大气污染环境中有机物、硝酸盐和硫酸盐对 BC 内混物的贡献比。从整个观测期间来看，有机物对 BC 内混物的贡献比最高，为 50%，表明有机层是 BC 包裹层的主要组成成分；硝酸盐和硫酸盐对 BC 内混比的贡献比相同，均为 25%。不同污染期各化学组分对 BC 包裹层的贡献比不同。干净期，有机物、硫酸盐和硝酸盐对 BC 内混物的贡献比分别为 52%、26% 和 22%。污染期，有机物对 BC 内混物的贡献比下降至 43%，硫酸盐的贡献比稍有下降，为 21%，而硝酸盐的贡献比上升至 36%。研究结果表明，当 BC 包裹层为硝酸盐时，其吸湿性比包裹层为硫酸盐时更强（Liu et al., 2013）。因此，污染期，BC 包裹层中硝酸盐贡献比的升高将增强整个 BC 颗粒的吸湿性，从而使其更容易成为云凝结核。

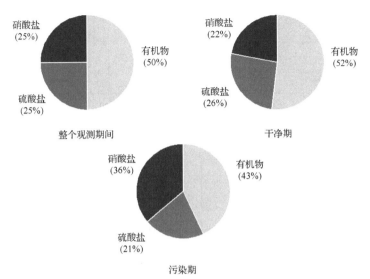

图 7-29　不同大气污染环境中有机物、硝酸盐和硫酸盐对 BC 内混物的贡献比

7.6.2　自适应共振理论神经网络算法的应用

2017 年 12 月 1 日～2018 年 1 月 31 日,在香河大气综合观测实验站采用 SPAMS 分析了 BC 颗粒的化学成分,探索京津冀城市群区域点的 BC 混合态演变特征。SPAMS 的原理可参考 2.1.3 小节。基于 ART-2a 法,观测期间共有 454433 个颗粒的质谱中含有明显的碳簇离子碎片,如质荷比(m/z)为 ±12、±24、±36、±48 和 ±60 等,将它们定义为含元素碳(EC)颗粒。根据含 EC 颗粒的质谱特征,可以进一步将其分为六类,即 EC-OCSO$_x$、EC-NaK、EC-KSO$_x$NO$_x$、EC-BB、pure-EC 和 EC-others。图 7-30 给出了六类含 EC 颗粒的平均质谱图,并且在表 7-2 中汇总了这六类含 EC 颗粒的数量及其在总 EC 颗粒数量中的占比。

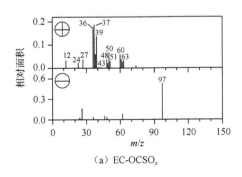

(a) EC-OCSO$_x$

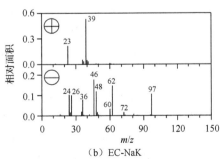

(b) EC-NaK

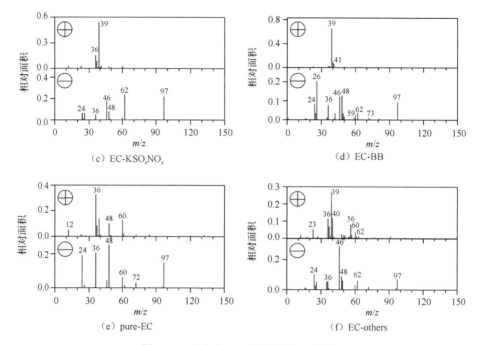

图 7-30　六类含 EC 颗粒的平均质谱图

（改自 Wang et al., 2020）

表 7-2　六类含 EC 颗粒的数量及其在总 EC 颗粒数量中的占比

类型	主要特征	数量/个	占比/%
EC-OCSO$_x$	EC 混合物主要包含有机碳和硫酸盐	235874	51.9
EC-NaK	EC 混合物主要包含 Na 和 K	107272	23.6
EC-KSO$_x$NO$_x$	EC 混合物主要包含 K、硫酸盐和硝酸盐	75227	16.6
EC-BB	与生物质燃烧有关的 EC	26307	5.8
pure-EC	纯 EC	5083	1.1
EC-others	以上五类外的其他 EC	4670	1.0

　　如图 7-30（a）所示，EC-OCSO$_x$ 在正质谱中具有明显的有机物信号，如 $^{37}C_3H^+$、$^{39}C_3H_3^+$、$^{50}C_4H_2^+$、$^{27}C_2H_3^+$、$^{51}C_4H_3^+$ 和 $^{63}(CH_3)_2NH_2OH^+$，而在负质谱中具有较强的硫酸盐信号（$^{97}HSO_4^-$），该类型的含 EC 颗粒在总 EC 颗粒数量中占比最高，可达 52%（表 7-2），表明有机物和硫酸盐是组成 EC 包裹层的主要成分。从图 7-30（a）可以看到，$^{43}C_2H_3O^+$ 和 $^{97}HSO_4^-$ 同时存在于 EC-OCSO$_x$ 中，说明该类型的 EC 颗粒在大气中经历了一定程度的老化，这是因为 $^{43}C_2H_3O^+$ 通常被用来指示二次有机物（Gunsch et al., 2018），而 $^{97}HSO_4^-$ 则用来指示二次硫酸盐。

　　图 7-31 给出了不同类型含 EC 颗粒随液态化石燃料燃烧源和固体燃料燃烧源 BC 质量浓度的变化。其中，两类燃烧源 BC 质量浓度的计算见 4.5.1 小节。从

图 7-31 可以看到，EC-OCSO$_x$ 数量在总 EC 颗粒数量中的占比随固体燃料燃烧源
BC 质量浓度的升高总体上增加。与之相比，EC-OCSO$_x$ 的数量占比在液态化石燃
料燃烧源 BC 质量浓度高于上四分位数时反而呈现下降趋势，说明在 BC 高载荷
的环境中，固体燃料燃烧源对 EC-OCSO$_x$ 的影响大于液态化石燃料燃烧源。冬季
夜间，香河周边农村地区使用固体燃料燃烧取暖活动增强，导致 EC-OCSO$_x$ 数量
占比在 19 点以后呈现明显上升趋势（图 7-32）。

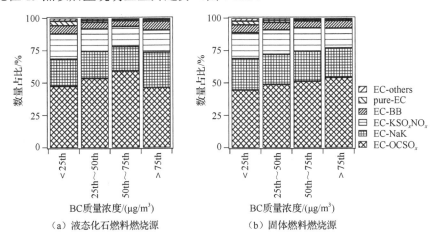

图 7-31　六类含 EC 颗粒随液态化石燃料和固体燃料燃烧源 BC 质量浓度的变化

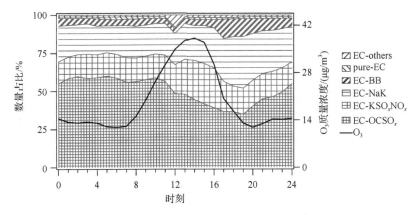

图 7-32　六类含 EC 颗粒数量占比及 O$_3$ 质量浓度的日变化

　　EC-NaK 在正质谱中具有较强的 $^{23}Na^+$ 和 $^{39}K^+$ 信号，而在负质谱中具有相对较
强的 $^{26}CN^-$、$^{46}NO_2^-$、$^{62}NO_3^-$ 和 $^{97}HSO_4^-$ 信号。该类型含 EC 颗粒在总 EC 颗粒数量中
的占比（23.6%）仅次于 EC-OCSO$_x$（表 7-2）。EC-NaK 在负质谱中还含有明显的
碳簇离子碎片（如 m/z=-24、-36、-48、-60 和-72）。研究表明，机动车排放的新
鲜 BC 颗粒在负质谱中含有明显的碳簇离子信号（Yang et al., 2017）。由此推测，

EC-NaK 可能来自机动车的新鲜排放。同时，尽管在负质谱中硝酸盐和硫酸盐的信号均较弱，但依然可以发现硝酸盐的信号大于硫酸盐，与机动车可以排放大量的氮氧化物有关（May et al., 2014）。此外，如图 7-31 所示，EC-NaK 颗粒数量在总 EC 颗粒数量中的占比随液态化石燃料燃烧源 BC 质量浓度升高而增加，但与固体燃料燃烧源 BC 质量浓度的变化关系不大。这些结果进一步证实了 EC-NaK 可能来自机动车排放的新鲜颗粒。

EC-KSO$_x$NO$_x$ 在正质谱中具有很强的 ^{39}K$^+$ 信号，而在负质谱中具有很强的 ^{46}NO$_2^-$、^{62}NO$_3^-$ 和 ^{97}HSO$_4^-$ 信号。该类型含 EC 颗粒在总 EC 颗粒数量中占比为 16.6%（表 7-2）。硝酸盐和硫酸盐的强信号说明，EC-KSO$_x$NO$_x$ 在大气中的老化程度较高。如图 7-32 所示，EC-KSO$_x$NO$_x$ 颗粒数量在总 EC 颗粒数量中的占比在午后呈现上升趋势，与该时段 O$_3$ 质量浓度升高一致，表明氧化性增强有利于 EC 颗粒上生成硫酸盐和硝酸盐，从而形成内混态。研究表明，^{39}K$^+$ 的信号在一定程度上可以反映生物质燃烧源（Bi et al., 2011）。EC-KSO$_x$NO$_x$ 中有很强的 ^{39}K$^+$ 信号，说明该类型的含 EC 颗粒受到了一定程度生物质燃烧影响。

EC-BB 在正质谱中具有强信号的 $^{39/41}$K$^+$，而负质谱中的强信号为 ^{26}CN$^-$、^{46}NO$_2^-$ 和 ^{97}HSO$_4^-$。如表 7-2 所示，该类型的含 EC 颗粒在总 EC 颗粒数量中仅占 5.8%。在负质谱中还发现了 ^{45}CHO$_2^-$、^{59}C$_2$H$_3$O$_2^-$ 和 ^{73}C$_3$H$_5$O$_2^-$ 这三种左旋葡聚糖的信号，表明 EC-BB 受到了生物质燃烧的影响。在负质谱中，碳簇离子的信号较强（如 m/z=−24、−36 和−48），并且硝酸盐和硫酸盐的信号也低，说明 EC-BB 在大气中的老化程度较低，更多地来自生物质燃烧的新鲜排放。

pure-EC（即 EC 基本不含包裹物）的质谱以碳簇离子信号为主，如 m/z=±24、±36、±48、±60 和±72。该类型 EC 中硝酸盐和硫酸盐的信号很低，进一步证实 pure-EC 为新鲜排放。pure-EC 颗粒数量在总 EC 颗粒数量中仅占 1.1%（表 7-2）。

其他不属于上述五种类型的 EC 颗粒归为 EC-others 类型颗粒，其特征是在正质谱中具有一些金属信号（如 ^{40}Ca$^+$、^{56}Fe$^+$/CaO$^+$ 和 ^{62}FeO$^+$）和芳香族特征的信号（如 ^{51}C$_4$H$_3^+$、^{63}C$_5$H$_3^+$、^{77}C$_6$H$_5^+$ 和 ^{91}C$_7$H$_7^+$），并且在负质谱中含有较强的 ^{46}NO$_2^-$ 信号，表明 EC-others 在大气中经历了一定程度的老化。该类型的含 EC 颗粒在总 EC 颗粒数量中很少，仅占比为 1.0%（表 7-2）。

7.7　本章小结

本章基于 SP2 和 SPAMS 获得了不同环境条件下（大气环境和生物质燃烧）BC 混合态的特征及其影响因素。北京和西安大气中 BC 内混比随灰霾污染程度的增加而升高，BC 内混比高值受静稳气象条件或区域污染传输影响。北京大气 BC 内混比与其质量浓度在灰霾期呈正相关，但在干净期却呈负相关；西安和厦门大气 BC 内混比的日变化与其质量浓度呈负相关。光化学氧化和区域传输是青藏高原大气环境中 BC 形成内混的重要途径。

　　青藏高原东北部大气 BC 内混比日变化呈"单峰"特征分布，而东南部大气 BC 则呈"双峰双谷"特征分布，青藏高原东南部较东北部距东南亚国家更近，故更易受到该区域远距离传输影响，从而出现 BC 内混比早高峰值。城市大气中，北京和西安 BC 内混比的日变化也呈现"双峰双谷"的变化特征，但是变化的原因与青藏高原东南部不同，其谷值主要受人为活动排放的新鲜 BC 影响，如交通排放源、固体燃料燃烧源。白天，BC 内混比和 O_x 质量浓度的变化趋势一致，表明光化学氧化对 BC 内混态的形成起着重要作用。

　　不同类型秸秆燃烧排放的 BC 颗粒内混程度均较高（内混比>50%）。除水稻秸秆外，其他秸秆燃烧产生的 BC 内混比与燃烧效率呈显著负相关，表明秸秆焖烧比明燃会产生更多的内混态 BC。

　　PMF 模型解析结果显示，在西安大气中有机物、硝酸盐和硫酸盐对 BC 包裹层的贡献比分别为 58%、30% 和 12%，而在厦门大气中则分别为 50%、25% 和 25%。相对于机动车源，燃煤源中水溶性离子对 BC 包裹层的贡献比更高，因此燃煤源 BC 更可能成为云凝结核。ART-2a 解析结果表明，香河大气中 EC 颗粒可分为 EC-$OCSO_x$、EC-NaK、EC-KSO_xNO_x、EC-BB、pure-EC 和 EC-others。EC-$OCSO_x$ 占比最高（51.9%），表明有机物和硫酸盐是组成该区域大气 EC 包裹层的主要成分；在高 BC 浓度的大气环境中，固体燃料燃烧源对 EC-$OCSO_x$ 的影响大于液态化石燃料燃烧源。EC-NaK 类型的含 EC 颗粒来自机动车新鲜排放。EC-KSO_xNO_x 和 EC-BB 类型的含 EC 颗粒受到生物质燃烧影响，pure-EC 为新鲜排放。

参 考 文 献

AKAGI S K, CRAVEN J S, TAYLOR J W, et al., 2012. Evolution of trace gases and particles emitted by a chaparral fire in California[J]. Atmospheric Chemistry and Physics, 12(3): 1397-1421.

BI X H, ZHANG G H, LI L, et al., 2011. Mixing state of biomass burning particles by single particle aerosol mass spectrometer in the urban area of PRD, China[J]. Atmospheric Environment, 45(20): 3447-3453.

CHINA S, SCARNATO B, OWEN R C, et al., 2015. Morphology and mixing state of aged soot particles at a remote marine free troposphere site: Implications for optical properties[J]. Geophysical Research Letters, 42(4): 1243-1250.

COLLIER S, ZHOU S, ONASCH T B, et al., 2016. Regional influence of aerosol emissions from wildfires driven by combustion efficiency: Insights from the BBOP campaign[J]. Environmental Science & Technology, 50(16): 8613-8622.

GUNSCH M J, MAY N W, WEN M, et al., 2018. Ubiquitous influence of wildfire emissions and secondary organic aerosol on summertime atmospheric aerosol in the forested Great Lakes region[J]. Atmospheric Chemistry and Physics, 18(5): 3701-3715.

KONDO Y, MATSUI H, MOTEKI N, et al., 2011. Emissions of black carbon, organic, and inorganic aerosols from biomass burning in North America and Asia in 2008[J]. Journal of Geophysical Research-Atmospheres, 116, DOI: 10.1029/2010JD015152.

LIU D, ALLAN J, WHITEHEAD J, et al., 2013. Ambient black carbon particle hygroscopic properties controlled by mixing state and composition[J]. Atmospheric Chemistry and Physics, 13(4): 2015-2029.

MAY A A, NGUYEN N T, PRESTO A A, et al., 2014. Gas- and particle-phase primary emissions from in-use, on-road gasoline and diesel vehicles[J]. Atmospheric Environment, 88(5): 247-260.

MOFFET R C, PRATHER K A, 2009. In-situ measurements of the mixing state and optical properties of soot with implications for radiative forcing estimates[J]. Proceedings of the National Academy of Sciences of the United States of America, 106(29): 11872-11877.

NOTARIO A, BRAVO I, ADAME J A, et al., 2012. Analysis of NO, NO_2, NO_x, O_3 and oxidant (O_x=O_3+NO_2) levels measured in a metropolitan area in the southwest of Iberian Peninsula[J]. Atmospheric Research, 104: 217-226.

SCHWARZ J P, GAO R S, FAHEY D W, et al., 2006. Single-particle measurements of midlatitude black carbon and light-scattering aerosols from the boundary layer to the lower stratosphere[J]. Journal of Geophysical Research: Atmospheres, 111(D16), DOI: 10.1029/2006JD007076.

SCHWARZ J P, SPACKMAN J R, FAHEY D W, et al., 2008. Coatings and their enhancement of black carbon light absorption in the tropical atmosphere[J]. Journal of Geophysical Research: Atmospheres, 113(D3), DOI: 10.1029/2007JD009042.

SHAW M D, LEE J D, DAVISON B, et al., 2015. Airborne determination of the temporo-spatial distribution of benzene, toluene, nitrogen oxides and ozone in the boundary layer across Greater London, UK[J]. Atmospheric Chemistry and Physics, 15(9): 5083-5097.

SUN Y L, WANG Z F, FU P Q, et al., 2013. The impact of relative humidity on aerosol composition and evolution processes during wintertime in Beijing, China[J]. Atmospheric Environment, 77(10): 927-934.

WANG Q Y, SCHWARZ J P, CAO J J, et al, 2014. Black carbon aerosol characterization in a remote area of Qinghai-Tibetan Plateau, Western China[J]. Science of The Total Environment, 479-480(5): 151-158.

WANG Q Y, GAO R S, CAO J J, et al., 2015. Observations of high level of ozone at Qinghai Lake basin in the northeastern Qinghai-Tibetan Plateau, Western China[J]. Journal of Atmospheric Chemistry, 72(1): 19-26.

WANG Q Y, HUANG R J, ZHAO Z Z, et al, 2016. Size distribution and mixing state of refractory black carbon aerosol from a coastal city in South China[J]. Atmospheric Research, 181: 163-171.

WANG Q Y, CAO J J, HAN Y M, et al., 2018. Sources and physicochemical characteristics of black carbon aerosol from the southeastern Tibetan Plateau: Internal mixing enhances light absorption[J]. Atmospheric Chemistry and Physics, 18(7): 4639-4656.

WANG Q Y, LI L, ZHOU J M, et al., 2020. Measurement report: Source and mixing state of black carbon aerosol in the North China Plain: Implications for radiative effect[J]. Atmospheric Chemistry and Physics, 20(23): 15427-15442.

WU Y F, ZHANG R J, TIAN P, et al., 2016. Effect of ambient humidity on the light absorption amplification of black carbon in Beijing during january 2013[J]. Atmospheric Environment, 124(1): 217-223.

YANG J, MA S X, GAO B, et al., 2017. Single particle mass spectral signatures from vehicle exhaust particles and the source apportionment of on-line $PM_{2.5}$ by single particle aerosol mass spectrometry[J]. Science of the Total Environment, 593: 310-318.

ZHANG R, JING J, TAO J, et al., 2013. Chemical characterization and source apportionment of $PM_{2.5}$ in Beijing: Seasonal perspective[J]. Atmospheric Chemistry and Physics, 13(14): 7053-7074.

ZHENG G J, DUAN F K, SU H, et al., 2015. Exploring the severe winter haze in Beijing: the impact of synoptic weather, regional transport and heterogeneous reactions[J]. Atmospheric Chemistry and Physics, 15(6): 2969-2983.

第8章 大气环境中 BC 的吸光性

BC 作为大气环境中主要的颗粒态吸光物质，其吸光性是影响 BC 环境和气候效应的关键。本章将阐述我国典型城市大气环境中 BC 的吸光性及其对气溶胶消光的贡献，并阐明不同因素（BC 混合态、大气氧化性和相对湿度等）对 BC 吸光性的影响。

8.1 城市大气 BC 的吸光性

在我国不同区域选取六个典型城市（哈尔滨、北京、西安、上海、武汉和广州），于 2019 年 11~12 月采用多波段黑碳仪（型号 AE31 或 AE33）测量大气中气溶胶在波长 370nm、470nm、520nm、590nm、660nm、880nm 和 950nm 的吸光系数。多波段黑碳仪的原理可参考 2.1.2 小节。表 8-1 汇总了六个典型城市 BC 采样相关信息。

表 8-1 六个典型城市 BC 采样相关信息

观测城市	坐标	区域划分	采样点描述	黑碳仪型号
哈尔滨	东经 126.73°、北纬 45.74°	北方	采样口距地面约 18m，位于哈尔滨东部，周围分布有校园、道路、住宅商业排放源	AE31
北京	东经 116.36°、北纬 39.97°	北方	采样口距地面约 8m，位于北京北部，临近多个交通主干道，其中包括一条高速公路；周围有住宅和餐厅分布	AE31
西安	东经 108.88°、北纬 34.23°	北方	采样口距地面约 10m，位于西安市市区东南，临近双车道道路，周边为住宅商业区	AE33
上海	东经 121.59°、北纬 31.18°	南方	采样口距地面约 20m，周围分布有两条高速公路、教育和商业区	AE33
武汉	东经 114.39°、北纬 30.53°	南方	采样口距地面约 18m，位于武汉市东南部，四周有道路、住宅商业区分布，是典型的城市站点	AE31
广州	东经 113.35°、北纬 23.12°	南方	采样口距地面约 30m，位于广州中部，附近无明显工业排放源	AE31

吸收 Ångström 指数（AAE）描述了气溶胶在不同波长的吸光变化，是表征气溶胶吸光性的重要参数。气溶胶吸光在近紫外至近红外光谱范围内随波长地升高呈指数衰减（Ångström，1929）。AAE 的计算公式为

$$b_{abs}(\lambda) = A\lambda^{-AAE} \tag{8-1}$$

式中，λ ——波长，nm；

b_{abs} ——气溶胶吸光系数，Mm^{-1}；

A ——与气溶胶吸光系数有关的常数。

AAE 可以用来定性判断气溶胶中化学组成的特征。例如，当 AAE 接近 1 时，表明气溶胶的吸光主要由 BC 产生；当 AAE 大于 1 时，则表明存在除 BC 以外的其他物质吸光，如棕碳（brown carbon，BrC）（Laskin et al., 2015）。这是因为 BrC 的吸光具有很强的光谱依赖性，对短波具有较强吸光能力。

图 8-1 显示了六个城市大气中不同波长（370nm、470nm、520nm、590nm、660nm、880nm 和 950nm）的气溶胶吸光系数及 AAE。AAE 在西安最高，为 1.71，其次是哈尔滨（1.51）、北京（1.48）、上海（1.44）、武汉（1.17）和广州（1.01）。由此可以推测，广州大气中气溶胶吸光以 BC 为主，而其他五个城市则是 BC 和 BrC 共同贡献。研究表明，不同源产生的 BC 和 BrC 占比不同，AAE 也存在一定差异。例如，秸秆燃烧排放、燃煤排放和机动车排放的气溶胶 AAE 分别为 1.64～3.25、1.19～1.26 和 0.8～1.1（Tian et al., 2019; Corbin et al., 2018; Sandradewi et al., 2008）。西安冬季固体燃料（如生物质和煤炭）燃烧取暖增加是造成 AAE 高于其他城市的主要原因。虽然北京和上海本地居民固体燃料燃烧活动弱，但是在其周边区域，固体燃料依然是广大农村家庭的重要能源。武汉和广州的 AAE 接近于 1.0，表明这两个城市的气溶胶吸光主要受到机动车源 BC 影响。

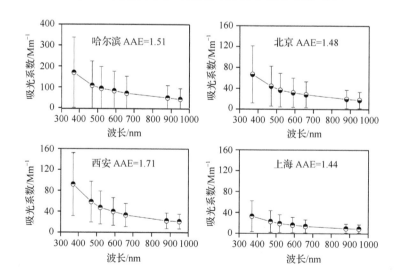

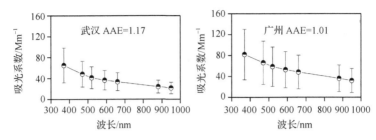

图 8-1 六个城市大气中不同波长的气溶胶吸光系数及 AAE

通常，BrC 在近红外的吸光可以忽略，可采用波长为 880nm 的气溶胶吸光系数代表 BC 的吸光性。图 8-2 显示了六个城市大气中 BC 和 BrC 的吸光系数。BC 吸光系数呈现明显的空间分布特征，其中哈尔滨的 BC 吸光系数最高（45.0Mm^{-1}），其次是广州（36.1Mm^{-1}）；西安（23.3Mm^{-1}）和武汉（23.9Mm^{-1}）的 BC 吸光系数相近；北京（17.7Mm^{-1}）和上海（9.7Mm^{-1}）的 BC 吸光系数最低，表明这两个城市受到 BC 污染程度最小。

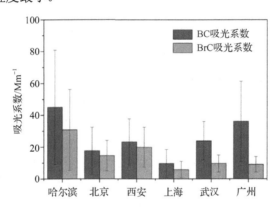

图 8-2 六个城市大气中 BC 和 BrC 的吸光系数

使用双波段光学源解析模型（原理见 4.1.2 小节）定量分析液态化石燃料燃烧源和固体燃料燃烧源对 BC 吸光系数的贡献比，其结果如图 8-3 所示。六个城市中液态化石燃料燃烧源对 BC 吸光系数的贡献比均超过 50%，说明机动车排放源是城市大气中 BC 的主要来源。广州和武汉的液态化石燃料燃烧源对 BC 吸光系数的贡献比分别高达 98% 和 85%，除与机动车源贡献有关外，这两座城市繁忙的货轮排放对 BC 吸光系数也有很大贡献。此外，由于武汉受到了钢铁厂及其周边农村生物质燃烧影响（Zheng et al., 2019），固体燃料燃烧源对 BC 吸光系数的贡献比（15%）也不可忽视。北京、上海、哈尔滨及西安的固体燃料燃烧源对 BC 吸光系数的贡献比为 23%~40%，说明这些城市受到了不同程度的生物质燃烧源和燃煤源影响。其中，影响最大的是西安，与关中地区冬季民用固体燃料燃烧取暖排放有很大关联。

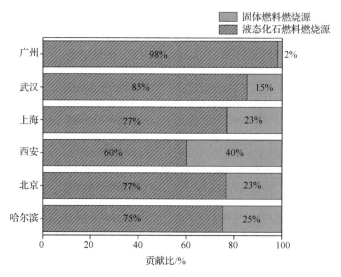

图 8-3　液态化石燃料燃烧源和固体燃料燃烧源对 BC 吸光系数的贡献比

　　为了进一步阐明气体和气象要素对 BC 吸光系数的影响，在液态化石燃料燃烧源和固体燃料燃烧源 BC 吸光系数取自然对数后，利用广义相加模型（GAM）分别建立它们与气体和气象要素之间的关系。表 8-2 汇总了六个城市不同燃烧源 GAM 结果的相关信息。如表 8-2 所示，从决定系数可以看出，北京、上海和广州的变量参数可解释方程方差变量的 62%～82%，高于武汉、哈尔滨和西安的 46%～66%。除哈尔滨外，其他五个城市的液态化石燃料燃烧源 BC 吸光系数的自然对数与 NO_2 浓度呈正相关，在 99% 的置信区间可以解释方程方差变量的 31%～58%，表明这些城市机动车排放源的重要性。与之相比，哈尔滨的 SO_2 可解释方程方差变量的 39.0%，高于其他城市，这可能与哈尔滨工业中使用了更多含硫的液态化石燃料有关（Huang et al., 2014）。此外，GAM 的结果还表明，六个城市的风速和风向均对液态化石燃料燃烧源 BC 吸光系数有不可忽视的作用，可解释方差变量的 26% 以上，表明区域传输的重要性。六个城市的大气相对湿度（50%～70%）可以解释方程方差变量的 7%～17%，这与高湿可以促进 BC 凝聚有一定的关系（Jamriska et al., 2008）。在哈尔滨，O_3 可以解释方差变量的 13.7%，高于其他五个城市。然而，与其他变量不同的是，O_3 浓度的升高会降低液态化石燃料燃烧源 BC 的吸光系数。尽管高浓度的 O_3 会有利于 BC 颗粒上二次气溶胶的生成，使其形成内混态而增强吸光，但由于高浓度的 O_3 通常出现在大气边界层较高的中午，此时的气象条件有利于 BC 扩散，从而使 BC 吸光系数与 O_3 浓度呈现负相关。

表 8-2　六个城市不同燃烧源 GAM 结果的相关信息

来源类型	变量	哈尔滨 (0.46ᵃ)			北京 (0.82)			西安 (0.63)		
		F-统计量	方差百分比/%	p	F-统计量	方差百分比/%	p	F-统计量	方差百分比/%	p
液态化石燃料燃烧源 BC	$s(NO_2)$	3.1	8.6	0.002	81.1	58.2	<0.001	38.6	30.6	<0.001
	$s(O_3)$	12.2	14.6	<0.001	4.0	2.2	<0.001	5.5	1.0	0.002
	$s(SO_2)$	15.5	39.0	<0.001	0.3	0	0.571	6.0	5.5	<0.001
	$s(RH)$	0.3	0.1	0.556	21.0	11.6	<0.001	19.5	26.6	<0.001
	$te(U,V)$ᵇ	2.1	37.7	0.005	0.4	28.1	0.832	0.4	36.4	<0.001

来源类型	变量	哈尔滨 (0.66)			北京 (0.80)			西安 (0.49)		
		F-统计量	方差百分比/%	p	F-统计量	方差百分比/%	p	F-统计量	方差百分比/%	p
固体燃料燃烧源 BC	$s(NO_2)$	27.1	11.6	<0.001	6.0	9.1	<0.001	16.7	13.7	<0.001
	$s(O_3)$	4.7	8.9	<0.001	10.6	11.4	<0.001	6.0	2.4	<0.001
	$s(SO_2)$	8.3	44.1	<0.001	132.5	21.5	<0.001	5.9	25.3	<0.001
	$s(RH)$	1.7	1.2	0.212	4.2	6.3	<0.001	10.1	3.4	<0.001
	$te(U,V)$	3.4	34.2	<0.001	1.0	51.7	0.408	0.4	55.2	<0.001

注：北方城市（北京、西安）

续表

南方城市

来源类型	变量	上海 (0.78)			武汉 (0.58)			广州 (0.79)		
		F-统计量	方差百分比/%	p	F-统计量	方差百分比/%	p	F-统计量	方差百分比/%	p
液态化石燃料燃烧源 BC	s(NO₂)	81.1	42.2	<0.001	28.6	31.5	<0.001	96.9	53.0	<0.001
	s(O₃)	4.0	8.7	<0.001	18.7	16.0	<0.001	17.2	5.0	<0.001
	s(SO₂)	0.3	14.4	<0.001	4.8	6.4	<0.001	4.5	2.7	<0.001
	s(RH)	20.9	8.4	<0.001	5.4	7.0	<0.001	22.0	11.7	<0.001
	te(U,V)	0.4	26.3	<0.001	2.9	39.1	<0.001	1.5	27.6	0.125

来源类型	变量	上海 (0.76)			武汉 (0.64)			广州 (0.62)		
		F-统计量	方差百分比/%	p	F-统计量	方差百分比/%	p	F-统计量	方差百分比/%	p
固体燃料燃烧源 BC	s(NO₂)	39.8	42.6	<0.001	27.6	24.3	<0.001	8.2	10.3	<0.001
	s(O₃)	10.2	5.8	<0.001	1.1	0.8	<0.001	7.0	15.6	<0.001
	s(SO₂)	13.1	25.3	<0.001	6.3	12.5	<0.001	2.4	13.6	<0.001
	s(RH)	2.7	3.0	0.006	2.9	4.5	0.020	21.3	20.3	0.023
	te(U,V)	13.4	23.3	<0.001	1.5	57.9	0.135	2.5	40.2	0.001

注：a 表示决定系数，余同；b 中，s 表示平滑函数，te 为张量积函数，U 为风速与 $\cos$（风向）的乘积，V 为风速与 $\sin$（风向）的乘积。

在固体燃料燃烧源 BC 吸光系数的自然对数与气体及气象要素建立的方程中可以发现（表 8-2），北方城市哈尔滨（44.1%）、北京（21.5%）和西安（25.3%）的 SO₂ 对方程方差变量的解释高于南方城市武汉（12.5%）和广州（13.6%）。同时，北方这两个城市的固体燃料燃烧源 BC 吸光系数的自然对数和 SO₂ 浓度呈显著正相关（表 8-2），说明燃煤源是北方城市 BC 的重要来源。在 99%的置信区间，西安固体燃料燃烧源 BC 吸光系数随风速和风向的增大反而呈上升趋势，与南/西南方向周边的生物质燃烧传输有一定关系。

8.2　大气中不同化学组分对气溶胶消光的贡献

光在大气中传播单位距离时的相对衰减率称作消光系数，是决定大气能见度的关键参数。本节将通过建立气溶胶化学组分消光系数的方程来定量描述 BC 吸光对气溶胶消光的贡献比。

8.2.1　气溶胶消光系数的重建

消光系数的单位由长度的倒数来表示，如 km 的倒数（km^{-1}）或 Mm 的倒数（Mm^{-1}）。气溶胶消光系数由大气中气溶胶和气体产生的散光系数及吸光系数共同决定，其表达式为

$$b_{ext} = b_{scat} + b_{sg} + b_{abs} + b_{ag} \qquad (8\text{-}2)$$

式中，b_{ext} ——气溶胶消光系数，Mm^{-1}；

b_{scat} ——气溶胶散光系数，Mm^{-1}；

b_{sg} ——气体散光系数，Mm^{-1}；

b_{abs} ——气溶胶吸光系数，Mm^{-1}；

b_{ag} ——气体吸光系数，Mm^{-1}。

美国通过长期的观测和理论研究，建立了气溶胶消光系数与 $PM_{2.5}$ 主要化学组分（如有机物、硫酸盐、硝酸盐、黑碳和土壤尘等）的定量关系。Watson（2002）给出了 $PM_{2.5}$ 主要化学组分和粗颗粒（空气动力学粒径介于 2.5～10μm）的消光分量，即 IMPROVE 方程，其公式为

$$
\begin{aligned}
b_{ext} \approx\ & 3 \times f(RH) \times [\text{硫酸盐}] + 3 \times f(RH) \times [\text{硝酸盐}] \\
& + 4 \times [\text{有机物}] \\
& + 10 \times [\text{元素碳}] \\
& + 1 \times [\text{土壤尘}] + 0.6 \times [\text{粗颗粒}] \\
& + 10
\end{aligned}
\qquad (8\text{-}3)
$$

式中，[X]——不同化学组分 X 的质量浓度，化学组分如硫酸盐、硝酸盐、有机物（OM）、元素碳（EC）、土壤尘及粗颗粒，$\mu g/m^3$；

$f(RH)$——硫酸盐或硝酸盐的吸湿增长因子，量纲为 1；

10——瑞利散光系数，Mm^{-1}。

基于新的研究结果，美国在 2006 年的监测报告中对 IMPROVE 方程进行了修正（Pitchford et al., 2007），更新后的公式为

$$b_{ext} \approx 2.2 \times f_{小}(RH) \times [小硫酸盐] + 4.8 \times f_{大}(RH) \times [大硫酸盐] + 2.4$$
$$\times f_{小}(RH) \times [小硝酸盐] + 5.1 \times f_{大}(RH) \times [大硝酸盐] + 2.8$$
$$\times [小有机物] + 6.1 \times [大有机物] + 10 \times [元素碳] + 1 \times [土壤尘]$$
$$+ 1.7 \times f_{海盐}(RH) \times [海盐] + 0.6 \times [大颗粒物] + 瑞利散射 + 0.33$$
$$\times [NO_2] \tag{8-4}$$

当[总硫酸盐]<20$\mu g/m^3$ 时，

$$[大硫酸盐] = \frac{[总硫酸盐]}{20\mu g/m^3} \times [总硫酸盐] \tag{8-5}$$

当[总硫酸盐]≥20$\mu g/m^3$ 时，

$$[大硫酸盐] = [总硫酸盐] \tag{8-6}$$

$$[小硫酸盐] = [总硫酸盐] - [大硫酸盐] \tag{8-7}$$

式中，$f_{小}(RH)$——小粒径硫酸盐或硝酸盐的吸湿增长因子，量纲为 1；

$f_{大}(RH)$——大粒径硫酸盐或硝酸盐的吸湿增长因子，量纲为 1；

$f_{海盐}(RH)$——海盐气溶胶的吸湿增长因子，量纲为 1。

IMPROVE 方程在国内外大气能见度的研究中应用非常广泛。该方程很好地将消光系数量化到化学组分上，从而可以更加有效地探索能见度降低的机制及不同化学组分的环境效应。

8.2.2 北京大气中不同化学组分对气溶胶消光的贡献

为探讨人为源减排中各化学组分变化（含 BC）对气溶胶消光的影响，于 2014 年 10 月 28 日～12 月 6 日在北京举办亚太经济合作组织（APEC）会议前后，对怀柔区中国科学院大学（东经 116.69°，北纬 40.41°）采用浊度仪、光声气溶胶消光仪（PAX）及多波段黑碳仪（AE33）测量大气中气溶胶的散光系数和吸光系数。这些高时间分辨率在线仪器的测量原理见本书第 2 章。同时，使用两台微流量采样器分别采集 47mm 的石英滤膜和特氟龙滤膜，用于水溶性离子、碳组分和无机元素的分析，其仪器分析的原理见 2.2 节。根据 APEC 会议期间相关部门采取的

大气污染防控措施，将整个观测时期分为 APEC 控制期（2014 年 11 月 3～12 日）和非控制期（10 月 28 日～11 月 2 日和 11 月 13 日～12 月 6 日）。

由于浊度仪在 2014 年 10 月 28 日～11 月 10 日运行期间出现了故障，因此使用同时段波长为 870nm 的 PAX 测量的散光系数来重建缺失的浊度仪数据（波长 520nm）。气溶胶散射 Ångström 指数（scattering Ångström exponent，SAE）描述了气溶胶散光的波长依赖性，其公式为

$$SAE = \frac{\ln \dfrac{b_{scat,520}}{b_{scat,870}}}{\ln \dfrac{520}{870}} \tag{8-8}$$

式中，$b_{scat,520}$ ——波长为 520nm 的气溶胶散光系数，Mm^{-1}；
　　　　$b_{scat,870}$ ——波长为 870nm 的气溶胶散光系数，Mm^{-1}。

使用 2014 年 11 月 23 日～12 月 6 日浊度仪和 PAX 测量的波长为 520nm 和 870nm 的散光系数来计算 SAE（平均值为 1.6），从而建立这两个波段散光系数的关系。同时，使用 12 月 11～22 日浊度仪测量的散光系数来验证该方法的合理性。如图 8-4 所示，式（8-8）计算的 $b_{scat,520}$ 和浊度仪实测值之间具有很强的相关性，相关系数为 0.99，回归方程斜率为 0.90，表明该方法可以合理地恢复浊度仪缺失的数据。

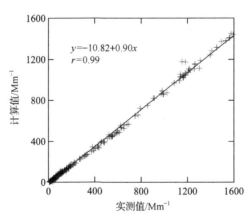

图 8-4　波长为 520nm 的散光系数计算值和实测值对比

图 8-5 给出了 APEC 会议前后北京大气气溶胶散光系数、吸光系数及 $PM_{2.5}$ 质量浓度日均值的时间序列变化。表 8-3 统计了气溶胶光学性质及化学组分在 APEC 控制期和非控制期的值。$PM_{2.5}$ 质量浓度变化幅度很大，最小值为 $3.9\mu g/m^3$，最大值为 $225.2\mu g/m^3$，平均值±标准偏差为 $64.3\mu g/m^3 \pm 64.5\mu g/m^3$，有 36% 的采样天超过了国家环境空气质量 II 级标准的日均 $PM_{2.5}$ 质量浓度（$75\mu g/m^3$，

GB 3095—2012)。与 APEC 非控制期相比（71.8μg/m³），控制期的 PM$_{2.5}$ 质量浓度平均值（43.3μg/m³）降低了 40%。此外，从北京市环境监测中心获取的 PM$_{2.5}$ 质量浓度数据也表明，在 APEC 控制期北京各地区的 PM$_{2.5}$ 质量浓度减少了 38%～51%。

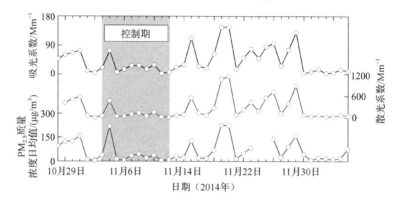

图 8-5　APEC 会议前后北京大气气溶胶散光系数、吸光系数及 PM$_{2.5}$ 质量浓度日均值的时间序列变化

表 8-3　气溶胶光学性质及化学组分在 APEC 控制期和非控制期的值

性质		非控制期		控制期		总体平均	
		平均值	标准偏差	平均值	标准偏差	平均值	标准偏差
b_{scat}/Mm^{-1}		306	319	110	127	256	295
b_{abs}/Mm^{-1}		50	43	22	19	43	40
质量浓度/ （μg/m³）	PM$_{2.5}$	71.8	64.5	43.3	59.4	64.3	64.5
	NH$_4^+$	5.4	6.1	3.0	5.3	4.8	6.0
	SO$_4^{2-}$	8.9	7.7	5.5	4.9	8.1	7.2
	NO$_3^-$	13.3	14.4	10.5	16.1	12.6	14.9
	Cl$^-$	13.3	14.4	10.5	16.1	12.6	14.9
	Na$^+$	3.1	0.4	3.5	0.9	3.2	0.6
	Mg^{2+}	0.2	0.1	0.2	0.1	0.2	0.1
	Ca^{2+}	1.0	0.3	0.9	0.3	1.0	0.3
	OC	15.9	9.6	10.1	6.2	14.5	9.2
	EC	3.9	2.6	2.1	1.8	3.5	2.5
	左旋葡聚糖	0.23	0.15	0.10	0.07	0.19	0.14

　　由于 APEC 控制期采取了严格的大气污染防治措施，各污染物的质量浓度出现了不同程度地下降。如表 8-3 所示，与 APEC 非控制期相比，控制期的 SO$_4^{2-}$、NO$_3^-$、NH$_4^+$、OC 和 EC 的质量浓度均值分别降低了 38%、21%、44%、36% 和 46%。从图 8-5 可以看到，气溶胶散光系数和吸光系数的变化幅度较大，且呈现相似的变化趋势。气溶胶散光系数的平均值±标准偏差从非控制期的 306Mm^{-1}±319Mm^{-1} 下降至控制期的 110Mm^{-1}±127Mm^{-1}，而气溶胶吸光系数则从 50Mm^{-1}±43Mm^{-1} 下

降至 22Mm⁻¹±19Mm⁻¹，两者降幅分别为 64% 和 56%。这些结果表明，APEC 控制期严格的大气污染防治措施有效地改善了北京空气质量。然而，在 2014 年 11 月 4 日 APEC 控制期仍发生了一次重污染事件，$PM_{2.5}$ 质量浓度、气溶胶散光系数和吸光系数分别达到了 217μg/m³、470Mm⁻¹ 和 73Mm⁻¹，是其他控制期的时段的 5～34 倍、3～24 倍和 3～31 倍。

图 8-6 显示了 APEC 控制期与非控制期气溶胶散光系数和吸光系数的日变化。气溶胶散光系数和吸光系数在非控制期呈现明显的日变化特征。气溶胶散光系数从 6 点的 260Mm⁻¹ 上升到 11 点的 369Mm⁻¹，然后在 12 点～13 点到达低谷值（315Mm⁻¹）。此后，气溶胶散光系数又呈现上升趋势，并在 16 点～18 点达到高峰值（470Mm⁻¹），之后整体呈现下降趋势，直至第二天 6 点。上午，气溶胶散光系数的升高可归因于光化学氧化促进了二次气溶胶的生成。随着白天发展，大气边界层高度升高有利于气溶胶稀释，因此下午气溶胶散光系数呈下降趋势。在下午晚些时候，大气边界层高度逐渐降低，气溶胶开始累积，导致其散光系数升高。与气溶胶散光系数相比，气溶胶吸光系数整体上也呈现出相似的变化趋势，不同之处在于气溶胶吸光系数早高峰（8 点）出现的时间比气溶胶散光系数更早（11 点）。造成此差异的主要原因在于 BC 是气溶胶吸光系数的主要贡献者，而早晨交通高峰期机动车排放源是影响 BC 的主要来源。对于气溶胶散光系数而言，其影响来源更加复杂多样，既包括一次排放，又包括二次生成。

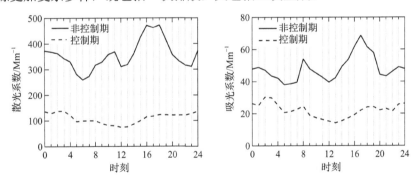

图 8-6 APEC 控制期与非控制期气溶胶散光系数和吸光系数的日变化

与 APEC 非控制期相比，控制期的气溶胶散光系数从 8 点～12 点呈下降趋势，之后持续上升至 18 点达到高峰值，并保持在相对较高的数值，直至次日凌晨 3 点。APEC 非控制期，早晨气溶胶散光系数的上升现象在控制期并未出现，说明控制期上班高峰期气态前体物的降低减少了二次气溶胶的生成。由于 BC 来自燃烧的一次排放，因此气溶胶吸光系数在 APEC 控制期和非控制期呈现出相似的变化趋势。但是，APEC 控制期的气溶胶吸光系数在不同时段比非控制期下降了 30%～70%。

图 8-7 给出了 APEC 控制期和非控制期气溶胶散光系数、吸光系数与 $PM_{2.5}$

质量浓度之间的相关性。气溶胶散光系数在 APEC 控制期和非控制期均与 $PM_{2.5}$ 质量浓度高度正相关，相关系数分别为 0.98 和 0.96，回归方程的斜率代表了 $PM_{2.5}$ 的质量散光效率。在 APEC 控制期，$PM_{2.5}$ 的质量散光效率为 $2.1m^2/g$，约为非控制期（$4.8m^2/g$）的一半。气溶胶吸光系数在 APEC 控制期和非控制期也与 $PM_{2.5}$ 质量浓度高度正相关，相关系数分别为 0.96 和 0.93，回归方程的斜率代表了 $PM_{2.5}$ 的质量吸光效率。在 APEC 控制期，$PM_{2.5}$ 的质量吸光效率为 $0.3m^2/g$，约为非控制期（$0.6m^2/g$）的一半。

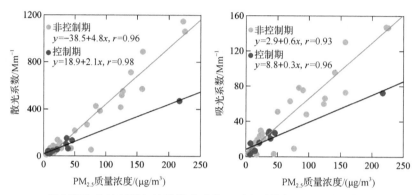

图 8-7   APEC 控制期和非控制期气溶胶散光系数、吸光系数与 $PM_{2.5}$ 质量浓度之间的相关性

尽管 BrC 在近紫外光波段具有较强的吸光性，但在可见光波段（如 520nm），BC 仍然是主要的吸光物质（Laskin et al., 2015）。图 8-8 给出了气溶胶吸光系数与 BC 质量浓度的相关性。在 APEC 控制期和非控制期，气溶胶吸光系数与 BC 质量浓度均高度正相关，相关系数分别为 0.97 和 0.94，截距接近于零或为负，说明观测期间 BC 是 $PM_{2.5}$ 的主要吸光物质。BC 的质量吸光效率（即回归方程的斜率）在 APEC 控制期和非控制期分别为 $10.53m^2/g$ 和 $16.09m^2/g$。

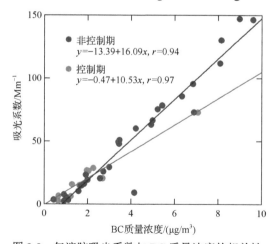

图 8-8   气溶胶吸光系数与 BC 质量浓度的相关性

　　研究表明，生物质燃烧源 BC 的质量吸光效率高于化石燃料燃烧源，这与生物质燃烧产生的 BC 内混程度更高有关（Bond et al., 2013）。左旋葡聚糖是生物质燃烧的示踪物（Zhang et al., 2014）。如图 8-9 所示，APEC 控制期和非控制期的 BC 质量浓度与左旋葡聚糖质量浓度均呈现较好的正相关，说明生物质燃烧是 BC 的重要来源。同时，APEC 非控制期的左旋葡聚糖质量浓度（0.23μg/m³）高于其控制期（0.10μg/m³），说明 BC 在非控制期更高的质量吸光效率与更强的生物质燃烧排放有关。

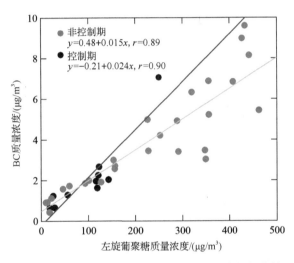

图 8-9　BC 质量浓度和左旋葡聚糖质量浓度的相关性

　　采用 IMPROVE 方程（见 8.2.1 小节）和线性回归方法分别估算 $PM_{2.5}$ 中主要化学组分的气溶胶散光系数和吸光系数贡献。如图 8-10 所示，化学组分重建的气溶胶消光系数重建值与实测值高度正相关，相关系数为 0.98，斜率为 0.80，表明利用化学组分合理地重建了气溶胶消光系数的实测值。回归方程斜率表明化学组分重建的气溶胶消光系数重建值比实测值低 20%，这可能与缺乏本地化的化学组分质量散光效率和吸湿增长因子有关。此外，浊度仪在采样过程中使用的是 TSP 切割头，而化学组分是 $PM_{2.5}$，也会导致重建的气溶胶消光系数偏低。

　　图 8-11 给出了 $PM_{2.5}$ 中主要化学组分对气溶胶消光系数的贡献比的时间序列变化。平均而言，在 APEC 非控制期，OM 是气溶胶消光系数的最大贡献者（45%），其次是 EC（19%）、NH_4NO_3（16%）、$(NH_4)_2SO_4$（12%）和土壤尘（8%）。APEC 控制期，OM 依然是气溶胶消光系数的最大贡献者（49%），其次是 NH_4NO_3（19%）、$(NH_4)_2SO_4$（13%）、EC（12%）和土壤尘（7%）。尽管不同时期各主要化学组分对气溶胶消光系数的贡献比相当，但$(NH_4)_2SO_4$、NH_4NO_3、OM、EC 及土壤尘贡

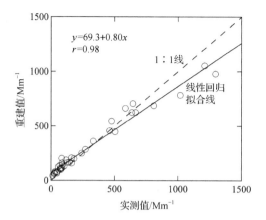

图 8-10 化学组分重建的气溶胶消光系数重建值与实测值的相关性

献量绝对值分别从非控制期的 51Mm⁻¹、82Mm⁻¹、149Mm⁻¹、62Mm⁻¹ 和 18Mm⁻¹
下降至控制期的 27Mm⁻¹、60Mm⁻¹、88Mm⁻¹、23Mm⁻¹ 和 11Mm⁻¹，降幅分别为 47%、
27%、41%、63% 和 39%。

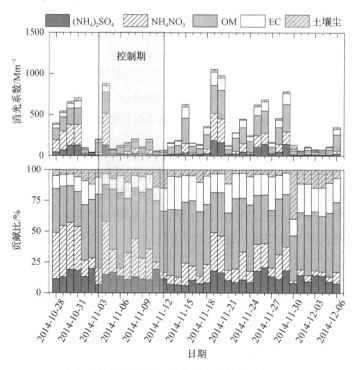

图 8-11 PM$_{2.5}$ 中主要化学组分对气溶胶消光系数的贡献比的时间序列变化

8.2.3　西安大气中不同化学组分对气溶胶消光的贡献

1. 季节变化特征

为了研究不同季节气溶胶化学组分对气溶胶消光系数的影响，于 2009 年 2 月 15 日～12 月 31 日在西安高新区（东经 108.88°，北纬 34.23°）采用浊度仪测量了大气中气溶胶的散光系数。同时，使用两台微流量采样器分别采集 47mm 的石英滤膜和特氟龙滤膜，用于分析 $PM_{2.5}$ 中水溶性离子、碳组分和无机元素。相关分析仪器的介绍可参考 2.2 节。

基于 IMPROVE 方程，利用 $PM_{2.5}$ 的化学组分重建了气溶胶消光系数。气溶胶消光系数重建值与实测值高度相关，相关系数为 0.91，斜率为 0.85，说明 $PM_{2.5}$ 化学组分合理地重建了气溶胶消光系数观测值。整个采样期间，气溶胶消光系数的年均值±标准偏差为 $912Mm^{-1}\pm882Mm^{-1}$，其中冬季最高（$1328Mm^{-1}$），其次是秋季（$1316Mm^{-1}$）、春季（$659Mm^{-1}$）和夏季（$602Mm^{-1}$）。图 8-12 显示了不同季节 $PM_{2.5}$ 中各化学组分对气溶胶消光系数的贡献比。不同季节中，$(NH_4)_2SO_4$ 均是气溶胶消光系数的最大贡献者，年均贡献比为 40%。各季节中，OM 和 NH_4NO_3 对气溶胶消光系数的贡献也很重要，年均贡献比分别为 24%和 23%。NH_4NO_3 在秋季的贡献比明显高于其他季节，而 OM 在不同季节的贡献比相当。EC 吸光对气溶胶消光系数的年均贡献为 9%。从不同季节来看，秋季和冬季 EC 吸光系数的绝对值高于春季和夏季，但对气溶胶消光系数的贡献比则呈相反的趋势，即春季和夏季高于秋季和冬季，与秋季和冬季的散光物质浓度比 EC 浓度升高更快有关。

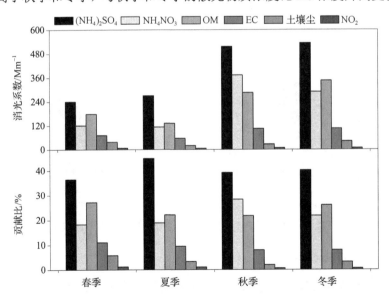

图 8-12　不同季节 $PM_{2.5}$ 中各化学组分对气溶胶消光系数的贡献比

　　为了进一步研究不同大气污染状况下 PM$_{2.5}$ 中各化学组分对气溶胶消光系数的贡献比，大气能见度按水平分为四类。其中，类型Ⅰ：能见度>10km；类型Ⅱ：5km<能见度≤10km；类型Ⅲ：1km<能见度≤5km；类型Ⅳ：能见度≤1km。图 8-13 显示了不同大气能见度条件下 PM$_{2.5}$ 中各化学组分质量浓度对气溶胶消光系数的贡献比。在类型Ⅰ中，[OM]是气溶胶消光系数的最大贡献者（38.5%），其次是[(NH$_4$)$_2$SO$_4$]（30.2%）和[EC]（12.9%）；在类型Ⅳ中，[(NH$_4$)$_2$SO$_4$]（54.3%）和[NH$_4$NO$_3$]（30.4%）两者对气溶胶消光系数的贡献比超过 80%；在类型Ⅲ中，[(NH$_4$)$_2$SO$_4$]和[NH$_4$NO$_3$]对气溶胶消光系数的贡献比也较高，共占 70%以上。在不同能见度类型中，[EC]对气溶胶消光系数的贡献比为 3%~13%，且随能见度的降低而减少，这主要是因为(NH$_4$)$_2$SO$_4$ 和 NH$_4$NO$_3$ 是造成大气污染的主要化学组分，它们产生的散光对气溶胶消光系数的贡献比在污染过程中的上升速度高于 EC 吸光的影响。

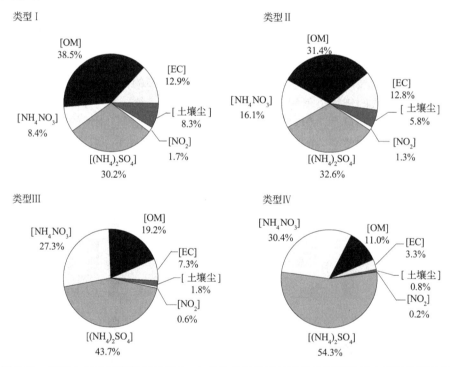

图 8-13　不同大气能见度条件下 PM$_{2.5}$ 中各化学组分质量浓度对气溶胶消光系数的贡献比

2. 冬季重污染特征

　　为了深入探讨大气污染时气溶胶各化学组分对消光的贡献，于 2012 年 12 月 23 日~2013 年 1 月 18 日在西安高新区（东经 108.88°，北纬 34.23°）采用一系列高精度在线观测仪器测量了气溶胶散光系数和吸光系数（测量仪器为波长 532nm

的 PAX），以及气溶胶化学组分的质量浓度（测量仪器为 ACSM 和 SP2）。相关仪器的原理参考本书第 2 章。

　　为了进一步得到更加细化的化学组分对气溶胶消光系数的贡献，基于有机气溶胶（OA）的质谱特征，将其分为一次有机气溶胶（POA）和氧化性有机气溶胶（OOA）。如图 8-14 所示，POA 的质谱呈现较强的 $C_nH_{2n-1}^+$（如 m/z=41 和 55）、$C_nH_{2n+1}^+$（如 m/z=43 和 57）和 m/z=60 信号，这些均是典型的 POA 特征质谱（Elser et al., 2016; Alfarra et al., 2007）。OOA 的质谱特征在 m/z=44 有突出的信号峰（Sun et al., 2016; Ng et al., 2010）。POA 质量浓度与一次来源为主的 BC、CO 及 Cl⁻ 的质量浓度高度相关（r=0.80～0.91），而 OOA 与 SO_4^{2-} 和 NO_3^- 呈现较好的线性关系（r=0.75～0.84）。以上对比结果进一步证明了 POA 和 OOA 的分类合理。

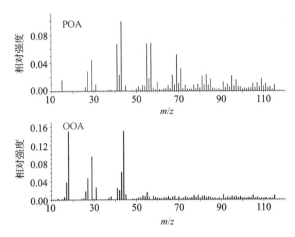

图 8-14　POA 和 OOA 的质谱特征

　　图 8-15 给出了 2012 年 12 月 22 日～2013 年 1 月 18 日，西安大气气溶胶散光系数和吸光系数、颗粒物（包括 PM$_{2.5}$ 和 PM$_1$）及其化学组分质量浓度的时间序列变化。气溶胶散光系数的变化范围为 47～2815Mm⁻¹，平均值±标准偏差为 805Mm⁻¹±581Mm⁻¹，与 PM$_{2.5}$ 质量浓度的变化具有高度一致性。与之相比，气溶胶吸光系数的值小很多，变化范围为 7～587Mm⁻¹，平均值±标准偏差为 123Mm⁻¹±96Mm⁻¹。

　　如图 8-16（a）所示，气溶胶消光系数与 PM$_{2.5}$ 质量浓度之间高度相关，决定系数为 0.86，其斜率指示了 PM$_{2.5}$ 的质量消光效率（3.6m²/g）。尽管气溶胶消光系数与 PM$_1$ 质量浓度之间也高度相关（决定系数为 0.81），但从图 8-16（b）中可以看到，气溶胶消光系数为 782Mm⁻¹ 时，可以将其与 PM$_1$ 的关系分成两个明显不同的簇。根据 Koschmieder 方程可知（Koschmieder, 1924），782Mm⁻¹ 对应大气能见度为 5km。从图 8-17 可以看到，当大气能见度>5km 时，气溶胶消光系数与 PM$_1$ 质量浓度的相关性（决定系数为 0.92）高于其在能见度≤5km 的时候（决定系数为 0.53），这可能是因为在大气污染更严重时，$PM_{2.5}$ 与 PM_1 质量浓度差值（$[PM_{2.5-1}]$）比 PM_1 质量浓度更高所造成。

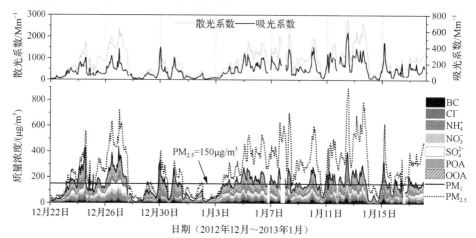

图 8-15　西安大气气溶胶散光系数和吸光系数、颗粒物（包括 $PM_{2.5}$ 和 PM_1）及其化学组分质量浓度的时间序列变化

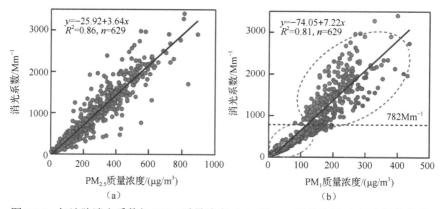

图 8-16　气溶胶消光系数与 $PM_{2.5}$ 质量浓度（a）和 PM_1 质量浓度（b）之间的关系

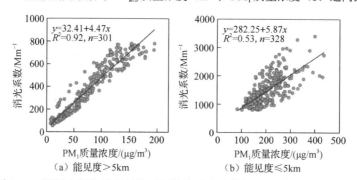

图 8-17　不同大气能见度条件下气溶胶消光系数与 PM_1 质量浓度的关系

使用线性回归方程分别建立气溶胶散光系数（b_{scat}）和吸光系数（b_{abs}）与 PM_1 和 $PM_{2.5-1}$ 之间的关系，公式为

$$b_{scat} = MSE_{PM_1} \times [PM_1] + MSE_{PM_{2.5-1}} \times [PM_{2.5-1}] \tag{8-9}$$

$$b_{abs} = MAE_{PM_1} \times [PM_1] + MAE_{PM_{2.5-1}} \times [PM_{2.5-1}] \tag{8-10}$$

式中，MSE_{PM_1} ——PM_1 的质量散光效率，m^2/g；

$MSE_{PM_{2.5-1}}$ ——$PM_{2.5-1}$ 的质量散光效率，m^2/g；

MAE_{PM_1} ——PM_1 的质量吸光效率，m^2/g；

$MAE_{PM_{2.5-1}}$ ——$PM_{2.5-1}$ 的质量吸光效率，m^2/g；

$[PM_1]$ ——PM_1 的质量浓度，$\mu g/m^3$；

$[PM_{2.5-1}]$ ——$PM_{2.5-1}$ 的质量浓度，$\mu g/m^3$。

选取观测期间 70%的实测数据来建立回归模型，剩余 30%的数据则用于验证模型的准确性。如图 8-18 所示，气溶胶散光系数和吸光系数的预测值与实测值之间均呈很强的线性相关性，且斜率接近于 1，证明回归模型具有很好的预测效果。基于回归模型获得 PM_1 的质量散光效率为 $4.1m^2/g$，与前人研究使用 Mie 理论计算的结果一致（$3.7 \sim 4.1m^2/g$）（Garland et al., 2008; Bates et al., 2005; Boucher et al., 1995）。$PM_{2.5-1}$ 的质量散光效率为 $2.1m^2/g$，比 PM_1 的质量散光效率小。基于回归模型获得 PM_1 的质量吸光效率为 $0.76m^2/g$，是 $PM_{2.5-1}$ 的质量吸光效率（$0.15m^2/g$）的约 5 倍。相对于 $PM_{2.5-1}$，PM_1 的质量散光效率和吸光效率均更高，表明在可见光波长下，粒径小的气溶胶（如粒径小于 $1\mu m$）消光能力强于粒径大的气溶胶（如粒径为 $1 \sim 2.5\mu m$）。根据多元线性回归模型的结果，当大气能见度>5km 时，PM_1 质量浓度对气溶胶散光系数和吸光系数的贡献比分别为 72%和 86%。而当大气能见度≤5km 时（大气污染非常严重），PM_1 质量浓度对气溶胶散光系数的贡献比降至 67%，而 PM_1 质量浓度对气溶胶吸光系数的贡献比则变化不大（84%）。这说明在大气污染非常严重的环境中，粒径较大的气溶胶对散光贡献增强，而气溶胶吸光则主要还是受粒径小于 $1\mu m$ 的 BC 影响。

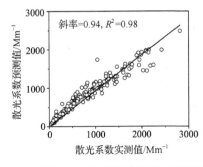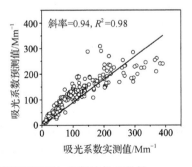

图 8-18 气溶胶散光系数和吸光系数预测值与实测值的相关性

　　为了探索不同污染条件下各化学组分对气溶胶消光的影响，划分大气能见度>5km 和≤5km 两种情况进行讨论。如图 8-19 所示，观测期间有足够的 NH_4^+ 来中和 SO_4^{2-} 和 NO_3^-。因此，$(NH_4)_2SO_4$ 和 NH_4NO_3 的质量浓度可以分别通过计算 SO_4^{2-} 和 NO_3^- 的摩尔分数获得，即 $1.375 \times [SO_4^{2-}]$ 和 $1.29 \times [NO_3^-]$，其中 $[SO_4^{2-}]$ 和 $[NO_3^-]$ 分别为 SO_4^{2-} 和 NO_3^- 的质量浓度。BC 和 BrC 是气溶胶吸光系数的主要贡献者（Yang et al., 2009; Andreae et al., 2006）。BC 来自不完全燃烧的一次排放，而 BrC 则包括一次排放和二次形成。因此，在建立气溶胶吸光的多元线性回归方程时，需同时考虑 BC、POA 和 OOA 对气溶胶吸光的影响。

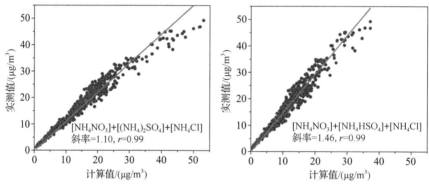

图 8-19　NH_4^+ 质量浓度的计算值和实测值对比

　　利用多元线性回归方程建立气溶胶化学组分与气溶胶散光系数和吸光系数的关系

$$b_{scat} = MSE_{(NH_4)_2SO_4} \times \left[(NH_4)_2 SO_4 \right] + MSE_{NH_4NO_3} \times \left[NH_4NO_3 \right]$$
$$+ MSE_{POA} \times [POA] + MSE_{OOA} \times [OOA] + a \qquad (8\text{-}11)$$

$$b_{abs} = MAE_{BC} \times [BC] + MAE_{POA} \times [POA]$$
$$+ MAE_{OOA} \times [OOA] + b \qquad (8\text{-}12)$$

式中，$MSE_{(NH_4)_2SO_4}$——$(NH_4)_2SO_4$ 的质量散光效率，m^2/g；

　　　　$MSE_{NH_4NO_3}$——NH_4NO_3 的质量散光效率，m^2/g；

　　　　MSE_{POA}——POA 的质量散光效率，m^2/g；

　　　　MSE_{OOA}——OOA 的质量散光效率，m^2/g；

　　　　MAE_{BC}——BC 的质量吸光效率，m^2/g；

　　　　MAE_{POA}——POA 的质量吸光效率，m^2/g；

　　　　MAE_{OOA}——OOA 的质量吸光效率，m^2/g；

　　　　a——其他物质产生的散光系数，Mm^{-1}；

　　　　b——其他物质产生的吸光系数，Mm^{-1}。

如图 8-20 所示,在两种不同大气能见度条件下气溶胶散光系数和吸光系数重建值与其相对应的实测值均呈较好的相关性,相关系数分别为 0.72~0.99,表明气溶胶化学组分通过多元线性回归方程合理地重建了气溶胶散光系数和吸光系数。当大气能见度>5km 时,气溶胶散光系数重建值和实测值之间的回归方程斜率接近于 1.0;而当大气能见度≤5km 时,其回归方程斜率则要小得多,仅有 0.51,这可能是因为在大气污染严重时,[PM$_{2.5-1}$]对气溶胶散光系数的贡献明显增大有关。与之相比,气溶胶吸光系数重建值与实测值之间的回归方程斜率在不同大气能见度条件下均接近于 1.0,且截距较小,说明 BC、POA 和 OOA 代表了大气中的吸光物质。

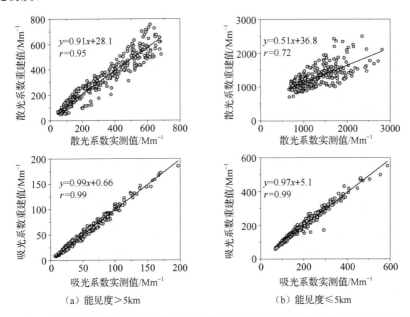

（a）能见度>5km　　　　　　　　　（b）能见度≤5km

图 8-20　不同大气能见度条件下气溶胶散光系数和吸光系数重建值与其相对应的实测值对比

如表 8-4 所示,当大气能见度≤5km 时,POA、(NH$_4$)$_2$SO$_4$ 和 NH$_4$NO$_3$ 的质量散光效率是它们在大气能见度>5km 时的 1.5~2.0 倍。(NH$_4$)$_2$SO$_4$ 的质量散光效率在大气能见度≤5km 时,处于文献对北京研究结果的范围内（5.2~7.0m^2/g）（Han et al., 2015a; Wang et al., 2015a）,而当能见度>5km 时则低于该范围。在不同大气能见度条件下,NH$_4$NO$_3$ 的质量散光效率均高于文献对北京的研究结果（6.0~7.0m^2/g）（Han et al., 2015a; Wang et al., 2015a）。POA 和 OOA 的质量散光效率处于文献中报道值范围内（1.0~16.7m^2/g）（Lan et al., 2018; Han et al., 2015a; Wang et al., 2015a）。当大气能见度≤5km 时,BC 和 OOA 的质量吸光效率均高于其在大气能见度>5km 时的值;与之相比,POA 的质量吸光效率（-0.33m^2/g）为接近

于 0 的负值，这可能与高污染中 POA 容易老化变成非吸光性的 OA 有关。不同大气能见度条件下，BC 的质量吸光效率与 Xu 等（2016）在北京（7～14m²/g）和Tao 等（2018）在南京（10.5～11.4m²/g）等地的研究结果相近，但低于一些大气污染严重的城市（10～50m²/g）（Xu et al., 2016; Chan et al., 2011）。

表 8-4　不同能见度条件下气溶胶中各化学组分的质量散光效率和质量吸光效率

大气能见度	质量散光效率/(m²/g)				质量吸光效率/ (m²/g)		
	POA	OOA	(NH₄)₂SO₄	NH₄NO₃	BC	OOA	POA
>5km	4.1	3.9	3.6	8.9	9.7	0.47	0.20
≤5km	6.1	2.7	6.0	17.4	13.2	0.68	−0.33

图 8-21 给出了不同能见度条件下气溶胶中各化学组分对消光系数的贡献比。不论大气能见度大于还是小于等于 5km，OA 均是气溶胶消光系数的主要贡献者，分别贡献了 43.8%和 31.3%。在 OA 组分中，当能见度>5km 时，OOA 对气溶胶消光系数的贡献比（25.3%）高于 POA（18.5%）；当能见度≤5km 时，POA 对气溶胶消光系数的贡献比（20.2%）则高于 OOA（11.1%），这与重污染期间 POA 在OA 中的占比升高有关。NH₄NO₃ 是气溶胶消光系数的第二大贡献者，在能见度>5km 和≤5km 时贡献比分别为 25.2%和 28.6%。NH₄NO₃ 对气溶胶消光系数的贡献比与西安不断增加的机动车数量密切相关，大量机动车排放的氮氧化物是形成 NH₄NO₃ 的重要前体物。当能见度>5km 和≤5km 时，(NH₄)₂SO₄ 对气溶胶消光系数贡献比分别为 12.2%和 15.1%。值得关注的是，当能见度≤5km 时，无机组分（NH₄NO₃ 和(NH₄)₂SO₄）对气溶胶消光系数的总贡献比（43.7%）超过了 OA的贡献比（31.3%），表明在重污染条件下无机组分对气溶胶消光起着更重要的作用。BC 对气溶胶消光系数的贡献比在能见度>5km 和≤5km 的条件下变化不明显，分别占 10.3%和 11.9%。从图 8-21 中可以看到，BC 在气溶胶吸光系数中占主导地位，显著高于 BrC 和其他物质产生的吸光系数。

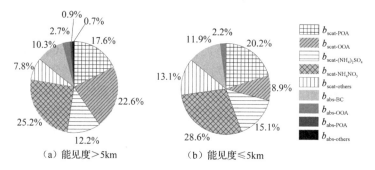

图 8-21　不同能见度条件下气溶胶中各化学组分对消光系数的贡献比

8.2.4　三亚大气中不同化学组分对气溶胶消光的贡献

选取三亚为代表，研究沿海典型城市大气中不同化学组分对气溶胶消光的影响。2017 年 4 月 12 日～5 月 14 日，在三亚海南热带海洋学院（东经 109.52°，北纬 18.30°）使用波长为 532nm 的 PAX 和微流量采样器分别获得气溶胶的光学参数和 $PM_{2.5}$ 样品。图 8-22 给出了化学组分重建的 $PM_{2.5}$ 质量浓度重建值与实测值的对比，其中 $(NH_4)_2SO_4$、NH_4NO_3、OM、海盐气溶胶及土壤尘的质量浓度分别来自 $1.375\times[SO_4^{2-}]$、$1.29\times[NO_3^-]$、$1.6\times[OC]$、$3.1\times[Na^+]$ 和 $Fe/[0.029]$。如图 8-22 所示，$PM_{2.5}$ 质量浓度重建值与实测值高度相关，相关系数为 0.99，斜率为 1.08，说明所用化学组分很好地代表了 $PM_{2.5}$ 质量浓度。

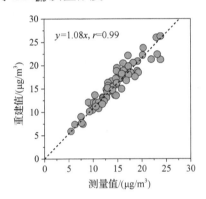

图 8-22　化学组分重建的 $PM_{2.5}$ 质量浓度重建值与实测值对比

图 8-23 显示了三亚大气气溶胶干散光系数（即气溶胶被干燥后的散光系数）和吸光系数小时均值的时间序列变化。气溶胶干散光系数代表了 PAX 除湿后测量的气溶胶散光系数。由图 8-23 可知，气溶胶干散光系数和吸光系数的变化范围分别为 2.7～107.8Mm^{-1} 和 1.2～33.9Mm^{-1}，平均值±标准偏差为 32.5Mm^{-1}±15.5Mm^{-1} 和 8.8Mm^{-1}±4.7Mm^{-1}，低于我国一些沿海城市报道的结果（Wang et al., 2017; Deng et al., 2016; Han et al., 2015b; Tao et al., 2012; Xu et al., 2012），这与三亚低 $PM_{2.5}$ 低浓度水平相符（14.3$\mu g/m^3$±4.2$\mu g/m^3$）。

图 8-24 给出了三亚大气中气溶胶干散光系数和吸光系数以及风速和大气边界层高度的日变化。气溶胶干散光系数和吸光系数均呈现出"双峰双谷"的日变化特征。气溶胶干散光系数和吸光系数从 6 点开始上升，在 7 点～8 点达到峰值（干散光系数为 39.6Mm^{-1}±17.3Mm^{-1}，吸光系数为 11.6Mm^{-1}±3.4Mm^{-1}）。此峰值与早晨上班高峰期机动车排放增强有关。此后，气溶胶干散光系数和吸光系数均开始下降，在 13 点～14 点降至低谷值。这是因为逐渐上升的边界层高度和风速促进了气溶胶的扩散，使其产生的干散光系数和吸光系数降低。有意思的是，干散光系数的下降速率小于吸光系数，可能与白天海风带来的海盐气溶胶及被扬起的土壤尘增加有关，它们抵消了部分由气溶胶扩散造成的干散光系数下降。此外，白

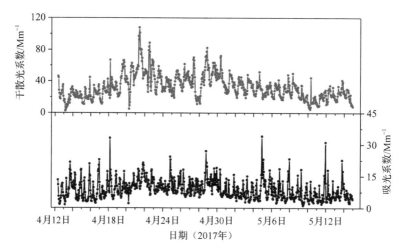

图 8-23　三亚大气气溶胶干散光系数和吸光系数小时均值的时间序列变化

天二次气溶胶的生成也会减缓干散光系数的下降速率。日落后，随着大气边界层高度（<360m）和风速（0.20m/s）的下降，人为源排放的污染物在地面逐渐累积（如下班高峰期的交通排放和傍晚烹饪活动等），导致气溶胶干散光系数和吸光系数在 19 点～21 点呈上升趋势；此后，它们开始下降，直至次日凌晨 3 点，这与夜间人为活动的逐渐减弱有关。

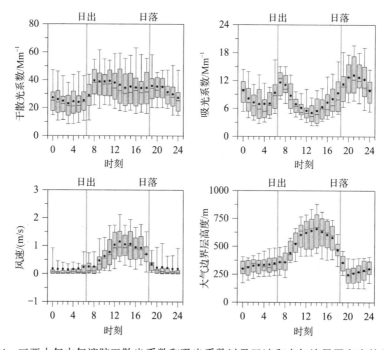

图 8-24　三亚大气中气溶胶干散光系数和吸光系数以及风速和大气边界层高度的日变化

　　为了研究水平输送对气溶胶干散光系数和吸光系数的影响，使用二元极坐标图建立它们与风速和风向之间的关系。如图 8-25 所示，白天气溶胶吸光系数高值通常集中在低风速区（如<1m/s），表明本地源的影响更强（如交通排放），这是因为稳定的气象条件有利于本地污染物的积累。白天气溶胶干散光系数则呈现出更加分散的特征，表明上风向的输送对气溶胶干散光系数高值有影响。当风速>1m/s时，白天气溶胶干散光系数高值与西北、西南和东边的气溶胶输送有关，这很有可能是受到了上风向土壤尘和海盐气溶胶的影响。白天，风速高时气溶胶吸光系数低，说明上风向 BC 源较弱。因此，风速越大越有利于 BC 的扩散，导致气溶胶吸光性降低。夜间，较高的气溶胶干散光系数和吸光系数与来自东北方向的输送有一定关联（风速>1m/s）。

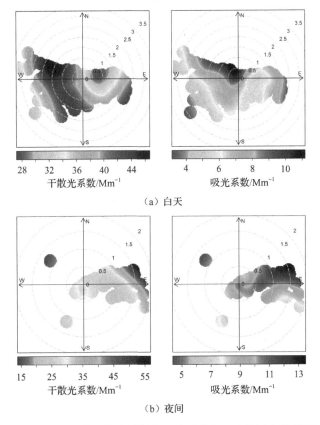

（a）白天

（b）夜间

图 8-25　气溶胶干散光系数和吸光系数与风速及风向的关系

极坐标图中风速单位为 m/s

　　采用 IMPROVE 方程定量分析 $PM_{2.5}$ 中各化学组分对气溶胶消光的贡献。如图 8-26 所示，气溶胶干消光系数、干散光系数及吸光系数的重建值与实测值均高度相关，决定系数为 0.71～0.81，回归方程斜率为 0.89～1.27，表明 IMPROVE 方程可以合理地应用于气溶胶光学参数的计算。

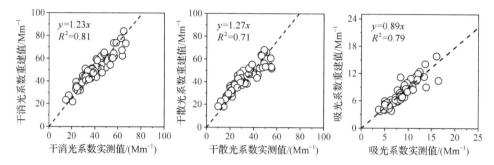

图 8-26　气溶胶干消光系数、干散光系数及吸光系数的重建值与实测值之间的对比

图 8-27 给出了白天和夜间 $PM_{2.5}$ 化学组分对气溶胶干消光系数的贡献比。$(NH_4)_2SO_4$ 和 OM 是气溶胶干消光系数的主要贡献者，贡献比分别为 35%和 24%，与其他沿海城市（如广州和厦门）的研究结果一致（Deng et al., 2016; Tao et al., 2014）。$(NH_4)_2SO_4$ 和 OM 质量浓度在白天和夜间变化较小，产生的气溶胶干消光系数相当。EC、海盐和土壤尘产生的气溶胶干消光系数则呈现明显的昼夜变化。EC 对气溶胶干消光系数的平均贡献比为 15%，其中夜间 EC 吸光系数（$8.6Mm^{-1}$）高于白天（$6.9Mm^{-1}$），与夜间边界层高度低，易于 EC 积累有关。海盐作为沿海地区气溶胶中特殊的化学组分，其对气溶胶干消光系数的贡献比可达 12%。由于白天海风易于吹起土壤尘和携带海盐粒子，这两类物质对气溶胶干消光系数的贡献比均呈现白天高于夜间。

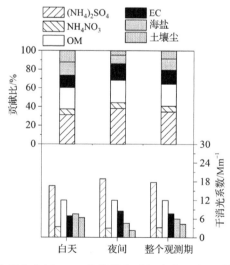

图 8-27　白天和夜间 $PM_{2.5}$ 化学组分对气溶胶干消光系数的贡献比

8.3　BC 吸光性的影响因素

8.3.1　BC 混合态对吸光性的影响

1. 城市大气中 BC 混合态对吸光性的影响

选取西安为代表,研究西北典型城市大气环境中 BC 混合态对吸光的影响。2012 年 12 月 23 日～2013 年 1 月 18 日,在西安(东经 108.88°,北纬 34.23°)采用 SP2 和波长为 870nm 的 PAX 分别测量 BC 质量浓度和气溶胶吸光系数。BC、BrC 和沙尘是大气中主要的吸光性气溶胶(Lack et al., 2010; Yang et al., 2009)。采用线性回归方程建立气溶胶吸光系数与 BC 及其他吸光性物质之间的关联,公式为

$$b_{abs} = MAE_{BC} \times [BC] + b_{abs\text{-}others} \tag{8-13}$$

式中,MAE_{BC} ——BC 质量吸光效率,m^2/g;

　　　$[BC]$ ——BC 质量浓度,$\mu g/m^3$;

　　　$b_{abs\text{-}others}$ ——其他物质的吸光系数(如 BrC 和沙尘),Mm^{-1}。

图 8-28 给出了波长为 870nm 的气溶胶吸光系数和 BC 质量浓度之间的关系以及 BC 质量吸光效率的频次分布。气溶胶吸光系数和 BC 质量浓度高度相关,相关系数为 0.99,截距虽然为负数(-0.34),但接近于零,表明其他吸光性物质在波长 870nm 的贡献可以忽略不计。因此,BC 质量吸光效率可以由波长为 870nm 的气溶胶吸光系数除以 BC 质量浓度得到。BC 质量吸光效率是 BC 吸光性的一个重要参数,表征 BC 的吸光能力。如图 8-28 所示,BC 质量吸光效率呈明显的高斯分布,平均值为 $7.62m^2/g$。

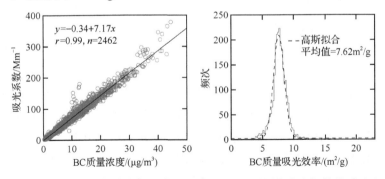

图 8-28　波长为 870nm 的气溶胶吸光系数和 BC 质量浓度之间的关系以及
BC 质量吸光效率的频次分布

表 8-5 汇总了不同研究报道的 BC 质量吸光效率。即使波长相同,BC 质量吸光效率也存在较大差异,这与排放源、燃烧条件以及 BC 粒径和混合态等影响有

关（Bond et al., 2006a）。此外，不同研究中气溶胶吸光系数和 BC 质量浓度测量
方法的差异也会导致 BC 质量吸光效率不同。如表 8-5 所示，部分文献研究测量
气溶胶的吸光系数是基于滤膜为载体的光学仪器，而这种方法通常会受到滤膜过
载和滤膜基质的影响，从而导致气溶胶吸光系数测量存在更大的不确定性（Arnott
et al., 2005）。本小节采用光声技术的 PAX 来测量气溶胶吸光系数，是一种无滤膜
的测量方法，可以消除滤膜测量带来的不利影响。

表 8-5　不同研究报道的 BC 质量吸光效率

站点	站点类型	采样时间	测量技术		λ/nm	质量吸光效率/（m²/g）	参考文献
			吸光系数	BC 质量浓度			
西安，中国	城市	2012 年 12 月～2013 年 1 月	PAX	SP2	870	7.6	Wang et al., 2014
深圳，中国	城市	2011 年 8～9 月	PASS	SP2	532	6.5	Lan et al., 2013
弗雷斯诺，美国	城市	2005 年 8～9 月	PASS	EC/OC 分析仪	532	8.1	Chow et al., 2009
帕萨迪纳，美国	城市	2010 年 5～6 月	AE	EC/OC 分析仪	532	5.7	Thompson et al., 2012
少女峰，瑞士	乡村	2007 年 2～3 月	MAAP	SP2	630	10.2	Liu et al., 2010
英国	空中	2008 年 4 月	PSAP	SP2	550	15.4	McMeeking et al., 2011
墨西哥城，墨西哥	空中	2006 年 3 月	PSAP	SP2	660	10.6	Subramanian et al., 2010

　　BC 与其他物质形成内混后可以显著增强 BC 的吸光能力。例如，Zhang 等
（2008）的研究表明，在相对湿度为 80%的环境中，BC 与硫酸盐形成内混后，其
吸光能力是新鲜 BC 的约 2 倍。Shiraiwa 等（2010）通过实验室研究表明，当 BC
被较厚的有机物包裹时，其吸光能力可提高 2 倍。此外，烟雾箱实验结果表明，
当柴油燃烧排放的 BC 被二次有机物包裹时，其吸光能力可增强 1.8～2.1 倍
（Schnaiter et al., 2005）。

　　为了说明 BC 混合态对吸光性的影响，图 8-29 给出了 BC 质量吸光效率和 BC
内混比的关系。采用稳健回归法以减少离群数据的影响。如图 8-29 所示，BC 质
量吸光效率与 BC 内混比呈显著正相关关系（决定系数为 0.46，$p<0.01$），说明 BC
内混程度越高，其吸光能力越强。根据回归方程，当 BC 完全外混时，即 BC 内
混比为 0（回归方程中 $x=0$），此时 BC 质量吸光效率为 4.85m²/g，代表了外混态
BC 的质量吸光效率。该值与 Bond 等（2006a）提出的外混态 BC 质量吸光效率的
值一致（4.7m²/g，假设 BC 的吸收 Ångström 指数为 1.0，从波长为 550nm 的 BC
质量吸光效率外推至波长为 870nm）。当 BC 完全内混时，即 BC 内混比为 100%

（回归方程中 $x=100\%$），此时 BC 质量吸光效率为 12.9m²/g，代表了 BC 内混态对其质量吸光效率可能的最大影响。该值是完全外混态 BC 的质量吸光效率的 2.7 倍。整个观测期间，BC 内混比的平均值为 47%，此时 BC 质量吸光效率是完全外混时的值的 1.8 倍，代表了西安冬季大气中 BC 内混态可以使 BC 吸光能力增强的平均水平。基于此，对于数值模式中使用 BC 内混可以使 BC 吸光能力增强 2 倍的假设适用于类似西安这样污染严重且 BC 内混程度高的地区。

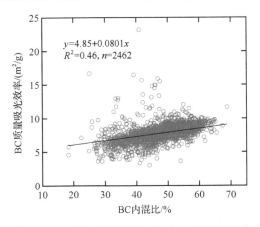

图 8-29 BC 质量吸光效率和 BC 内混比的关系

2. 青藏高原大气中 BC 混合态对吸光性的影响

选取鲁朗为代表研究青藏高原东南部大气环境中 BC 混合态对 BC 吸光性的影响。2015 年 9 月 17 日～10 月 31 日，在鲁朗采用 SP2 和 PAX 分别获得 BC 混合态和波长为 870nm 的气溶胶吸光系数。采样点的描述见第 3 章表 3-1。SP2 和 PAX 的原理分别见 2.1.1 小节和 2.3.1 小节。由于 BrC 在近红外光波段的吸光可忽略不计（Laskin et al., 2015），BC 是波长 870nm 处的主要吸光物质。因此，BC 质量吸光效率可以通过波长为 870nm 的气溶胶吸光系数除以 BC 质量浓度获得。

为了探讨不同来向的气团对 BC 吸光性的影响，采用聚类轨迹分析法将观测期间的后向轨迹分为三类。类型Ⅰ：气团起源于印度北部，经过尼泊尔中部和我国青藏高原南部；类型Ⅱ：气团起源于孟加拉国中部，经过印度东北部和我国西藏东南部；类型Ⅲ：气团来自我国西藏中部。不同类型轨迹中 BC 质量浓度特征的描述见 5.4.2 小节。图 8-30 给出了受不同类型气团影响时 BC 质量吸光效率的频次分布。BC 质量吸光效率均呈单模态对数正态分布。整个观测期间，BC 质量吸光效率频次分布的峰值为 7.6m²/g。当受类型Ⅰ（8.0m²/g）和类型Ⅱ（7.8m²/g）的气团影响时，BC 质量吸光效率略高于受类型Ⅲ气团影响时的峰值（7.5m²/g），说明不同气团中 BC 的老化程度存在一定差异。

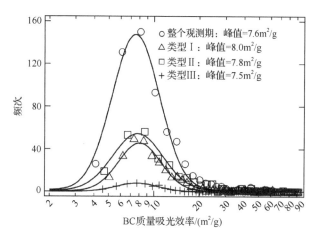

图 8-30　受不同类型气团影响时 BC 质量吸光效率的频次分布

　　BC 吸光增强因子表征了实际观测的 BC 质量吸光效率相对于外混态 BC 的增强倍数，可以进一步指示 BC 的吸光性。SP2 测量的是 BC 核，结合 Mie 理论可以计算出未包裹其他物质时的外混态 BC 质量吸光效率。在 Mie 理论计算过程中，BC 复折射率采用 Bond 等（2006a）提出的 $1.85-0.71i$。如图 8-30 所示，观测期间 BC 质量吸光效率存在少数异常高的值，它们均来自极低气溶胶吸光系数和 BC 质量浓度的计算结果，属于虚假值。为了避免此类异常值的干扰，仅使用低于第 90 百分位的 BC 质量吸光效率与外混态 BC 质量吸光效率来计算 BC 吸光增强因子。如图 8-31 所示，BC 吸光增强因子呈单模态对数正态分布，其峰值为 1.9，表征了 BC 内混态对 BC 吸光增强因子的影响程度。

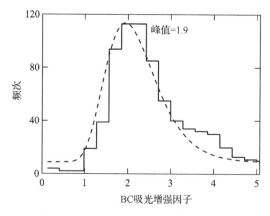

图 8-31　BC 吸光增强因子的频次分布

　　为了进一步探索 BC 混合态及其粒径对 BC 吸光性的影响，图 8-32 给出了 BC

内混比与 BC 吸光增强因子的关系。BC 吸光增强因子与 BC 内混比呈正相关，相关系数为 0.96，说明 BC 内混程度的增加将增强 BC 的吸光性。线性回归方程的斜率为 0.033，粗略定量了 BC 混合态对其吸光性的影响，即 BC 内混程度每升高 1%，可以促进 BC 对光多吸收 3%。当 BC 内混比为 0 时（线性回归方程 $x=0\%$），即 BC 未被其他物质包裹，此时 BC 吸光增强因子为 1.08，接近于理论值 1.0。当所有 BC 均为内混态时（线性回归方程 $x=100\%$），此时 BC 吸光增强因子为 4.4。该高值通常发生在粒径小且具有很厚包裹层的 BC 颗粒上（Bond et al., 2006b）。此外，一些研究表明，BC 内混态对 BC 吸光增强因子的影响呈非线性相关关系，在 BC 混合程度高时，其吸光增强因子趋于稳定（Zhang et al., 2016; Liu et al., 2015）。BC 混合态对 BC 吸光性的影响复杂，在不同环境中呈现出一定的差异。

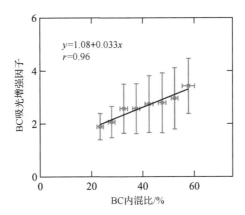

图 8-32　BC 内混比与 BC 吸光增强因子的关系

误差棒代表一个标准偏差

8.3.2　光化学氧化对 BC 吸光性的影响

2013 年 2 月 8～20 日，在西安高新区（东经 108.88°，北纬 34.23°）采用 SP2 和 PAX 分别测量了 BC 质量浓度和波长为 532nm 的气溶胶吸光系数。BC 质量吸光效率通过气溶胶吸光系数除以 BC 质量浓度得来。BrC 在可见光（如 532nm）存在一定的吸光性（Laskin et al., 2015），因此本小节中 BC 质量吸光效率代表了波长为 532nm 的 BC 吸光能力上限值。

图 8-33 显示了 BC 质量吸光效率的频次分布。BC 质量吸光效率呈高斯分布，其峰值为 12.7m²/g。整个观测期间，BC 质量吸光效率平均值±标准偏差为 14.6m²/g±5.6m²/g，是无包裹层的 BC 质量吸光效率（7.8m²/g，假设 BC 的 AAE 为 1.0，从波长为 550nm 的 BC 质量吸光效率推算至波长为 532nm，Bond et al.,

2006a）的约 2 倍。因此，西安冬季大气中 BC 拥有较强的吸光能力。

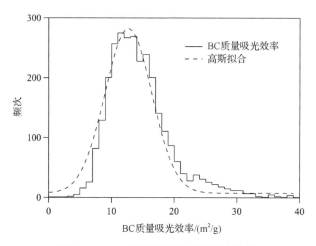

图 8-33 BC 质量吸光效率的频次分布

图 8-34 显示了 BC 质量吸光效率和氧化剂 O_x 质量浓度的日变化。8 点～9 点的 BC 质量吸光效率在日变化中最低。此后，BC 质量吸光效率以每小时 $0.6m^2/g$ 的速率增大，至 16 点达到最高值。当从白天转向夜间时，BC 质量吸光效率以每小时 $0.2m^2/g$ 的速率下降，直至次日清晨。BC 质量吸光效率的日变化与氧化剂 O_x 质量浓度变化趋势相似，表明大气氧化性是驱动 BC 质量吸光效率变化的重要因素。

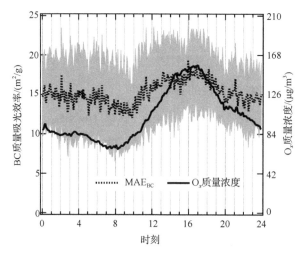

图 8-34 BC 质量吸光效率和氧化剂 O_x 质量浓度的日变化

灰色阴影区域代表 BC 质量吸光效率的标准偏差

为了进一步揭示光化学氧化的影响，将 8 点～16 点氧化剂 O_x 质量浓度的上升阶段用来探讨其与 BC 质量吸光效率的关系。如图 8-35 所示，BC 质量吸光效率与氧化剂 O_x 质量浓度呈正相关关系，相关系数为 0.71，说明大气氧化性越强，越有利于 BC 吸光能力的增强。BC 内混比高时通常对应着 BC 质量吸光效率的高值，说明内混程度的增加促进了 BC 吸光能力的增强。

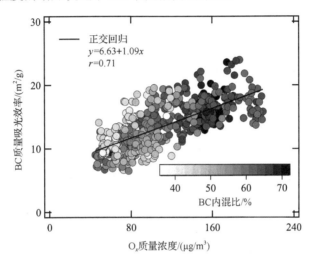

图 8-35　BC 质量吸光效率与氧化剂 O_x 质量浓度及 BC 内混比的关系

BC 质量吸光效率与大气氧化剂 O_x 质量浓度和 BC 内混比之间呈正相关关系，说明大气氧化性越强，越有利于 BC 包裹层的形成，从而提高 BC 的吸光能力。从图 8-35 可以看到，正交回归方程的斜率为 1.09，表征了光化学氧化对 BC 质量吸光效率影响的速率。BC 质量吸光效率是 BC 质量浓度转化成 BC 吸光性的重要参数。在大气老化过程中，BC 内混态通常难以获取，建立 BC 质量吸光效率与大气氧化剂 O_x 质量浓度的关系是一种有效解决数值模式中计算 BC 吸光性的方案。诚然，这还需要更多不同地点和不同季节的观测来进一步完善它们之间的关联。

8.3.3　相对湿度对 BC 吸光性的影响

图 8-36 给出了北京 2013 年 1 月 9～27 日波长为 870nm 的气溶胶吸光系数、BC 内混比及大气能见度的时间序列变化。观测期间，气溶胶吸光系数的变化范围为 0.4～114.2Mm^{-1}，平均值为 23.6Mm^{-1}。灰霾污染期，气溶胶吸光系数的平均值为 33.1Mm^{-1}，而非灰霾期的平均值则下降至 8.2Mm^{-1}。从图 8-36 可以看到，气溶胶吸光系数与大气能见度、BC 质量浓度及 $PM_{2.5}$ 质量浓度的变化趋势基本一致。

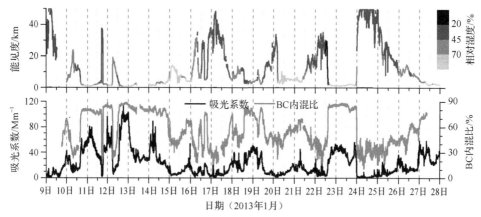

图 8-36　北京 2013 年 1 月 9～27 日波长为 870nm 的气溶胶吸光系数、BC 内混比及
大气能见度的时间序列变化
（改自 Wu et al., 2016）

图 8-37 给出了气溶胶吸光系数与 BC 质量浓度的关系。气溶胶吸光系数与 BC 质量浓度高度正相关，决定系数为 0.96，截距接近于 0，说明 BC 在波长 870nm 处是主要的吸光物质。因此，BC 质量吸光效率可以通过气溶胶吸光系数除以 BC 质量浓度得来。线性回归方程的斜率代表了 BC 质量吸光效率的平均值，为 4.22m^2/g，与 Bond 等（2006a）建议的相同波长下无包裹物 BC 的质量吸光效率相当（4.7m^2/g，从波长为 550nm 的 7.5m^2/g 转换而来）。本小节的研究结果与使用类似观测方法得到的深圳 BC 质量吸光效率相似（4.0m^2/g，从波长 532nm 的 6.5m^2/g 转换而来，Lan et al., 2013），但远低于西安观测值（7.6m^2/g，Wang et al., 2014），说明 BC 的吸光能力存在较大的空间差异。

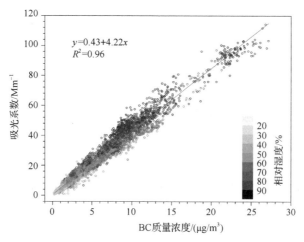

图 8-37　气溶胶吸光系数与 BC 质量浓度的关系

（改自 Wu et al., 2016）

为了探索大气环境湿度对 BC 吸光能力的影响，接下来将讨论 BC 质量吸光效率随相对湿度变化的关系。根据 BC 质量浓度划分为三种不同类型的污染状况：BC 质量浓度在 25th～50th 百分位范围为 BC 轻度污染；50th～75th 百分位范围为 BC 中度污染；大于 75th 百分位为 BC 重度污染。为了减少 BC 浓度水平对其质量吸光效率的影响，将不同 BC 污染水平分开独立探讨其与相对湿度的关系。需要注意的是，由于在 BC 质量浓度小于 25th 百分位时出现相对湿度高的情况较少，在此不讨论。在 BC 轻度污染、BC 中度污染和 BC 重度污染的环境中，BC 质量吸光效率和相对湿度呈显著正相关，相关系数分别为 0.32（$n=1199$，$p<0.001$）、0.41（$n=1218$，$p<0.001$）和 0.59（$n=1227$，$p<0.001$）。采用步长为 10% 的相对湿度与其对应的 BC 质量吸光效率平均值来更加清楚地显示它们之间的关联。如图 8-38 所示，随着相对湿度从 40%～50% 增加到 80%～90%，对于 BC 中度污染的环境，BC 质量吸光效率从 $4.1m^2/g$ 升高到了 $5.0m^2/g$，增幅为 22%。在 BC 重度污染环境中，BC 质量吸光效率则从 $3.8m^2/g$ 升高至 $4.7m^2/g$，增幅为 24%。t 检验表明，这些增长在 99.9% 的置信区间内具有统计学意义上的差异。在 BC 中度污染和重度污染环境中，相对湿度每增加 10%，BC 质量吸光效率分别升高 $0.20m^2/g$ 和 $0.24m^2/g$，这与相对湿度增加促进了 BC 内混态的形成有关。如图 8-38 所示，在 BC 中度污染和重度污染环境中，从相对湿度 40%～50% 到 80%～90% 的过程中，BC 内混比分别增加了 34% 和 18%。

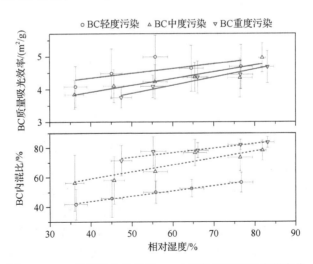

图 8-38　BC 质量吸光效率和 BC 内混比随相对湿度的变化

（改自 Wu et al., 2016）

8.4　源排放 BC 混合态和粒径对吸光性的影响

以秸秆燃烧为例，探索生物质燃烧源 BC 混合态及粒径对 BC 吸光性的影响。秸秆燃烧实验的描述见 6.3 节。采用 PAX 和 SP2 分别测量波长为 870nm 的气溶胶吸光系数和 BC 质量浓度及其混合态。图 8-39 显示了不同类型秸秆燃烧产生的 BC 质量吸光效率的频次分布。约 90% 的 BC 质量吸光效率分布在 6.5~8.5m²/g，与文献中报道受生物质燃烧影响的结果相当（5.7~8.3m²/g）（Wang et al., 2015b; Laborde et al., 2013; Subramanian et al., 2010; Kondo et al., 2009）。从燃烧秸秆的种类来看，水稻秸秆、小麦秸秆、玉米秸秆、棉花秸秆和大豆秸秆燃烧产生的 BC 质量吸光效率平均值±标准偏差分别为 7.6m²/g±0.5m²/g、7.5m²/g±0.6m²/g、7.2m²/g±0.6m²/g、7.0m²/g±0.3m²/g 和 7.4m²/g±1.3m²/g。t 检验结果表明，不同秸秆燃烧产生的 BC 质量吸光效率并无统计学意义上的差异（$p=0.06$），表明 BC 的吸光能力与燃烧秸秆的种类无关。

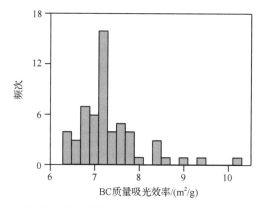

图 8-39　不同类型秸秆燃烧产生的 BC 质量吸光效率的频次分布

基于 Mie 理论计算出 BC 核（未包裹其他物质）的质量吸光效率。通过不同秸秆燃烧烟气中 BC 质量吸光效率与 BC 核质量吸光效率的比值来获得 BC 的吸光增强因子。图 8-40 显示了不同种类秸秆燃烧产生 BC 的吸光增强因子分布。水稻秸秆、小麦秸秆、玉米秸秆、棉花秸秆和大豆秸秆燃烧排放的新鲜 BC 吸光增强因子均较高，分别为 1.9、1.8、1.7、1.7 和 1.8。BC 的复折射率是 Mie 理论计算的关键，此处采用 Bond 等（2006a）提出的 1.85-0.71i。然而，BC 的复折射率可以在 1.75-0.63i 和 1.95-0.79i 之间变化（Bond et al., 2006a），因此，分别采用此结果来进行计算，以判断 BC 吸光增强因子对复折射率变化的敏感性。结果表明，不同复折射率带来的差异在 15% 以内。

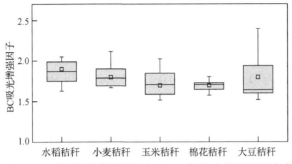

图 8-40 不同种类秸秆燃烧产生 BC 的吸光增强因子分布

为了进一步研究 BC 混合态和粒径大小对 BC 吸光增强因子的影响,图 8-41 给出了 BC 吸光增强因子与 BC 混合态及其质量粒径峰值的关系。如图 8-41(a)~ (e)所示,除水稻秸秆外,其他秸秆燃烧产生的 BC 吸光增强因子与 BC 内混比呈较好的正相关,相关系数为 0.72~0.79,表明 BC 内混程度增加将提升 BC 对光的吸收作用。研究表明,BC 的包裹层就像透镜一样会折射更多的光让 BC 核吸收,这种效应通常称为"透镜效应"(Lack et al., 2010)。从微观角度看,BC 与其他物质的内混态实际上非常复杂,呈现出许多形貌类型。有文献报道,即使 BC 包裹层相同,BC 内嵌包裹层产生的吸光效率大于仅附着在包裹层表面上的 BC (Scarnato et al., 2013; Fuller et al., 1999)。水稻秸秆燃烧产生的 BC 内混态与其吸光增强因子无关,可能是因为 BC 的形貌与其他秸秆排放的 BC 不同有关。然而,这一推测需要在未来工作中进一步提供证据来证明。

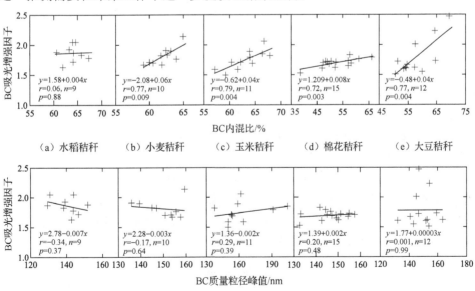

图 8-41 BC 吸光增强因子与 BC 内混比及其质量粒径峰值的关系

　　除 BC 的混合状态外，BC 核的粒径大小也可能影响其对光吸收增强的影响，这是因为粒径在一定程度上反映了 BC 能够接收入射光的面积。如图 8-41（f）～（j）所示，不同秸秆 BC 质量粒径峰值与 BC 吸光增强因子之间并没有显著的相关性，相关系数范围为-0.34～0.29，p=0.37～0.99，说明 BC 核在 129～204nm（实验中获得的 BC 核粒径）对 BC 吸光能力的变化无显著性影响。

8.5　本章小结

　　本章从不同角度总结了我国不同区域大气环境中 BC 的吸光性。结果表明，城市大气中液态化石燃料燃烧源对 BC 吸光系数的贡献比超过 50%，机动车排放是城市大气中 BC 的主要来源；北方城市的固体燃料燃烧源 BC 吸光系数的自然对数与 SO_2 浓度呈显著正相关，说明北方城市燃煤对 BC 有重要贡献。西安 AAE 最高（1.71），与冬季固体燃料燃烧取暖增强密切相关。武汉（1.17）和广州（1.01）AAE 接近于 1，且液态化石燃料燃烧源对 BC 吸光系数的贡献比分别为 98% 和 85%，表明两城市主要受机动车源 BC 的影响。

　　北京气溶胶吸光系数与生物质燃烧密切相关，OM 是气溶胶消光系数的最大贡献者。与 APEC 非控制期相比，APEC 控制期的 $PM_{2.5}$ 质量浓度、各污染物的含量、气溶胶散光系数和吸光系数均呈下降趋势，表明 APEC 控制期严格的大气污染防治措施有效地改善了北京空气质量。西安气溶胶消光系数冬季最高，夏季最低，其中$(NH_4)_2SO_4$、OM 和 NH_4NO_3 是气溶胶消光系数的主要贡献者，BC 在气溶胶吸光系数中占主导地位。相对于大气能见度>5km 时，BC 和 OOA 的质量吸光效率在大气能见度≤5km 时更高，但 POA 的质量吸光效率接近于 0，与高污染中 POA 易老化变成非吸光性的 OA 有关。PM_1 的质量散光效率和质量吸光效率均高于 $PM_{2.5-1}$，表明在可见光波长下粒径小的气溶胶消光能力强于粒径大的气溶胶。三亚大气气溶胶散光系数和吸光系数均呈"双峰双谷"的日变化特征。白天气溶胶吸光系数受本地源的影响强于夜间，散光系数受上风向输送的土壤尘和海盐影响较大；夜间较高的气溶胶散光系数和吸光系数与东北方向输送有关。

　　不论城市，还是青藏高原地区大气中，BC 内混程度、大气氧化性、相对湿度越高越有利于 BC 的吸光增强。从生物质燃烧实验来看，除水稻秸秆外，其他农作物秸秆燃烧产生的 BC 吸光增强因子与 BC 内混比呈较好的正相关，但 BC 核的粒径大小对吸光能力的变化无显著性影响。

参 考 文 献

ALFARRA M R, PREVOT A S H, SZIDAT S, et al., 2007. Identification of the mass spectral signature of organic aerosols from wood burning emissions[J]. Environmental Science & Technology, 41(16): 5770-5777.

ANDREAE M O, GELENCSÉR A, 2006. Black carbon or brown carbon? The nature of light-absorbing carbonaceous aerosols[J]. Atmospheric Chemistry and Physics, 6(10): 3131-3148.

ÅNGSTRÖM A, 1929. On the atmospheric transmission of sun radiation and on dust in the air[J]. Geografiska Annaler, 11: 156-166.

ARNOTT W P, HAMASHA K, MOOSMÜLLER H, et al., 2005. Towards aerosol light-absorption measurements with a 7-wavelength aethalometer: Evaluation with a photoacoustic instrument and 3-wavelength nephelometer[J]. Aerosol Science and Technology, 39(1): 17-29.

BATES T S, QUINN P K, COFFMAN D J, et al., 2005. Dominance of organic aerosols in the marine boundary layer over the Gulf of Maine during NEAQS 2002 and their role in aerosol light scattering[J]. Journal of Geophysical Research-Atmospheres, 110(D18), DOI: 10.1029/2005JD005797.

BOND T C, BERGSTROM R W, 2006a. Light absorption by carbonaceous particles: An investigative review[J]. Aerosol Science and Technology, 40(1): 27-67.

BOND T C, DOHERTY S J, FAHEY D W, et al., 2013. Bounding the role of black carbon in the climate system: A scientific assessment[J]. Journal of Geophysical Research: Atmospheres, 118(11): 5380-5552.

BOND T C, HABIB G, BERGSTROM R W, 2006b. Limitations in the enhancement of visible light absorption due to mixing state[J]. Journal of Geophysical Research: Atmospheres, 111(D20), DOI: 10.1029/2006JD007315.

BOUCHER O, ANDERSON T L, 1995. General circulation model assessment of the sensitivity of direct climate forcing by anthropogenic sulfate aerosols to aerosol size and chemistry[J]. Journal of Geophysical Research: Atmospheres, 100(D12): 26117-26134.

CHAN T W, BROOK J R, SMALLWOOD G J, et al., 2011. Time-resolved measurements of black carbon light absorption enhancement in urban and near-urban locations of southern Ontario, Canada[J]. Atmospheric Chemistry and Physics, 11(20): 10407-10432.

CHOW J C, WATSON J G, DORAISWAMY P, et al., 2009. Aerosol light absorption, black carbon, and elemental carbon at the Fresno Supersite, California[J]. Atmospheric Research, 93(4): 874-887.

CORBIN J C, PIEBER S M, CZECH H, et al., 2018. Brown and black carbon emitted by a marine engine operated on heavy fuel oil and distillate fuels: Optical properties, size distributions, and emission factors[J]. Journal of Geophysical Research: Atmospheres, 123(11): 6175-6195.

DENG J J, ZHANG Y R, HONG Y W, et al., 2016. Optical properties of $PM_{2.5}$ and the impacts of chemical compositions in the coastal city Xiamen in China[J]. Science of The Total Environment, 557(7): 665-675.

ELSER M, HUANG R J, WOLF R, et al., 2016. New insights into $PM_{2.5}$ chemical composition and sources in two major cities in China during extreme haze events using aerosol mass spectrometry[J]. Atmospheric Chemistry and Physics, 16(5): 3207-3225.

FULLER K A, MALM W C, KREIDENWEIS S M, 1999. Effects of mixing on extinction by carbonaceous particles[J]. Journal of Geophysical Research: Atmospheres, 104(D13): 15941-15954.

GARLAND R M, YANG H, SCHMID O, et al., 2008. Aerosol optical properties in a rural environment near the mega-city Guangzhou, China: Implications for regional air pollution, radiative forcing and remote sensing[J]. Atmospheric Chemistry and Physics, 8(17): 5161-5186.

HAN T, XU W, CHEN C, et al., 2015a. Chemical apportionment of aerosol optical properties during the Asia-Pacific Economic Cooperation summit in Beijing, China[J]. Journal of Geophysical Research: Atmospheres, 120(23): 12281-12295.

HAN T T, QIAO L P, ZHOU M, et al., 2015b. Chemical and optical properties of aerosols and their interrelationship in winter in the megacity Shanghai of China[J]. Journal of Environmental Sciences, 27: 59-69.

HUANG L K, WANG G Z, 2014. Chemical characteristics and source apportionment of atmospheric particles during heating period in Harbin, China[J]. Journal of Environmental Sciences, 26(12): 2475-2483.

JAMRISKA M, MORAWSKA L, MERGERSEN K, 2008. The effect of temperature and humidity on size segregated traffic exhaust particle emissions[J]. Atmospheric Environment, 42(10): 2369-2382.

KONDO Y, SAHU L, KUWATA M, et al., 2009. Stabilization of the mass absorption cross section of black carbon for filter-based absorption photometry by the use of a heated inlet[J]. Aerosol Science and Technology, 43(8): 741-756.

KOSCHMIEDER H, 1924. Theorie der horizontalen Sichtweite[J]. Beitrage zur Physik der freien Atmosphare, 12: 33-53.

LABORDE M, CRIPPA M, TRITSCHER T, et al., 2013. Black carbon physical properties and mixing state in the European megacity Paris[J]. Atmospheric Chemistry and Physics, 13(11): 5831-5856.

LACK D A, CAPPA C D, 2010. Impact of brown and clear carbon on light absorption enhancement, single scatter albedo and absorption wavelength dependence of black carbon[J]. Atmospheric Chemistry and Physics, 10(9): 4207-4220.

LAN Z J, HUANG X F, YU K Y, et al., 2013. Light absorption of black carbon aerosol and its enhancement by mixing state in an urban atmosphere in South China[J]. Atmospheric Environment, 69(4): 118-123.

LAN Z J, ZHANG B, HUANG X F, et al., 2018. Source apportionment of $PM_{2.5}$ light extinction in an urban atmosphere in China[J]. Journal of Environmental Sciences, 63: 277-284.

LASKIN A, LASKIN J, NIZKORODOV S A, 2015. Chemistry of atmospheric brown carbon[J]. Chemical Reviews, 115(10): 4335-4382.

LIU D, FLYNN M, GYSEL M, et al., 2010. Single particle characterization of black carbon aerosols at a tropospheric alpine site in Switzerland[J]. Atmospheric Chemistry and Physics, 10(15): 7389-7407.

LIU S, AIKEN A C, GORKOWSKI K, et al., 2015. Enhanced light absorption by mixed source black and brown carbon particles in UK winter[J]. Nature Communications, 6(1), DOI: 10.1038/ncomms9435.

MCMEEKING G R, MORGAN W T, FLYNN M, et al., 2011. Black carbon aerosol mixing state, organic aerosols and aerosol optical properties over the United Kingdom[J]. Atmospheric Chemistry and Physics, 11(17): 9037-9052.

NG N L, CANAGARATNA M R, ZHANG Q, et al., 2010. Organic aerosol components observed in Northern Hemispheric datasets from aerosol mass spectrometry[J]. Atmospheric Chemistry and Physics, 10(10): 4625-4641.

PITCHFORD M, MALM W, SCHICHTEL B, et al., 2007. Revised algorithm for estimating light extinction from IMPROVE particle speciation data[J]. Journal of the Air & Waste Management Association, 57(11): 1326-1336.

SANDRADEWI J, PRÉVÔT A S H, WEINGARTNER E, et al., 2008. A study of wood burning and traffic aerosols in an Alpine valley using a multi-wavelength Aethalometer[J]. Atmospheric Environment, 42(1): 101-112.

SCARNATO B V, VAHIDINIA S, RICHARD D T, et al., 2013. Effects of internal mixing and aggregate morphology on optical properties of black carbon using a discrete dipole approximation model[J]. Atmospheric Chemistry and Physics, 13(10): 5089-5101.

SCHNAITER M, LINKE C, MÖHLER O, et al., 2005. Absorption amplification of black carbon internally mixed with secondary organic aerosol[J]. Journal of Geophysical Research: Atmospheres, 110(D19), DOI: 10.1029/2005JD006046.

SHIRAIWA M, KONDO Y, IWAMOTO T, et al., 2010. Amplification of light absorption of black carbon by organic coating[J]. Aerosol Science and Technology, 44(1): 46-54.

SUBRAMANIAN R, KOK G L, BAUMGARDNER D, et al., 2010. Black carbon over Mexico: The effect of atmospheric transport on mixing state, mass absorption cross-section, and BC/CO ratios[J]. Atmospheric Chemistry and Physics, 10(1): 219-237.

SUN Y L, DU W, FU P Q, et al., 2016. Primary and secondary aerosols in Beijing in winter: Sources, variations and processes[J]. Atmospheric Chemistry and Physics, 16(13): 8309-8329.

TAO J, CHENG T T, ZHANG R J, 2012. Chemical composition of summertime $PM_{2.5}$ and its relationship to aerosol optical properties in Guangzhou, China[J]. Atmospheric and Oceanic Science Letters, 5(2): 88-94.

TAO J, ZHANG L M, HO K F, et al., 2014. Impact of $PM_{2.5}$ chemical compositions on aerosol light scattering in Guangzhou—The largest megacity in South China[J]. Atmospheric Research, 135: 48-58.

TAO J, ZHANG Z S, WU Y F, et al., 2018. Characteristics of mass absorption efficiency of elemental carbon in urban Chengdu, Southwest China: Implication for the coating effects on aerosol absorption[J]. Aerosol Science and Engineering, 2(1): 33-41.

THOMPSON J E, HAYES P L, JIMENEZ J L, et al., 2012. Aerosol optical properties at Pasadena, CA during CalNex 2010[J]. Atmospheric Environment, 55(8): 190-200.

TIAN J, WANG Q Y, NI H Y, et al., 2019. Emission characteristics of primary brown carbon absorption from biomass and coal burning: Development of an optical emission inventory for China[J]. Journal of Geophysical Research: Atmospheres, 124(3): 1879-1893.

WANG J P, VIRKKULA A, GAO Y, et al., 2017. Observations of aerosol optical properties at a coastal site in Hong Kong, South China[J]. Atmospheric Chemistry and Physics, 17(4): 2653-2671.

WANG Q Y, HUANG R J, CAO J J, et al., 2014. Mixing state of black carbon aerosol in a heavily polluted urban area of China: Implications for light absorption enhancement[J]. Aerosol Science and Technology, 48(7): 689-697.

WANG Q Q, SUN Y L, JIANG Q, et al., 2015a. Chemical composition of aerosol particles and light extinction apportionment before and during the heating season in Beijing, China[J]. Journal of Geophysical Research: Atmospheres, 120(24): 12708-12722.

WANG Q Y, HUANG R J, CAO J J, et al., 2015b. Black carbon aerosol in winter northeastern Qinghai-Tibetan Plateau, China: The source, mixing state and optical property[J]. Atmospheric Chemistry and Physics, 15(22): 13059-13069.

WATSON J G, 2002. Visibility: Science and regulation[J]. Journal of the Air & Waste Management Association, 52(6): 628-713.

WU Y F, ZHANG R J, TIAN P, et al, 2016. Effect of ambient humidity on the light absorption amplification of black carbon in Beijing during january 2013[J]. Atmospheric Environment, 124(1): 217-223.

XU J W, TAO J, ZHANG R J, et al., 2012. Measurements of surface aerosol optical properties in winter of Shanghai[J]. Atmospheric Research, 109(6): 25-35.

XU X Z, ZHAO W X, ZHANG Q L, et al., 2016. Optical properties of atmospheric fine particles near Beijing during the HOPE-J^{3}A campaign[J]. Atmospheric Chemistry and Physics, 16(10): 6421-6439.

YANG M, HOWELL S G, ZHUANG J, et al., 2009. Attribution of aerosol light absorption to black carbon, brown carbon, and dust in China—Interpretations of atmospheric measurements during EAST-AIRE[J]. Atmospheric Chemistry and Physics, 9(6): 2035-2050.

ZHANG R Y, KHALIZOV A F, PAGELS J, et al., 2008. Variability in morphology, hygroscopicity, and optical properties of soot aerosols during atmospheric processing[J]. Proceedings of the National Academy of Sciences of the United States of America, 105(30): 10291-10296.

ZHANG T, CAO J J, CHOW J C, et al., 2014. Characterization and seasonal variations of levoglucosan in fine particulate matter in Xi'an, China[J]. Journal of the Air & Waste Management Association, 64(11): 1317-1327.

ZHANG Y X, ZHANG Q, CHENG Y F, et al., 2016. Measuring the morphology and density of internally mixed black carbon with SP2 and VTDMA: New insight into the absorption enhancement of black carbon in the atmosphere[J]. Atmospheric Measurement Techniques, 9(4): 1833-1843.

ZHENG H, KONG S F, WU F Q, et al., 2019. Intra-regional transport of black carbon between the south edge of the North China Plain and central China during winter haze episodes[J]. Atmospheric Chemistry and Physics, 19(7): 4499-4516.

第 9 章　大气环境中 BC 的直接辐射效应

BC 具有很强的太阳短波辐射吸收能力,被认为是仅次于二氧化碳的颗粒态致暖因子,在大气中的寿命通常为一周左右,能够随大气环流在洲际甚至半球尺度上传输(Bond et al., 2013)。作为大气气溶胶的重要成分,BC 可以通过吸收太阳短波辐射,改变大气层顶和地表大气层的辐射通量,影响全球或区域气候。同时,BC 可以与亲水性物质形成内混态而成为云凝结核,参与云的微物理过程,改变云滴数密度及其有效半径,影响气溶胶的辐射效应(尚晶晶等,2017)。由于不同来源 BC 的理化性质及其在大气过程中的老化程度不同,它们的吸光能力差异大,导致各源 BC 产生的直接辐射效应不同。本章将利用辐射传输模型结合源解析方法,评估大气中不同来源 BC 产生的直接辐射效应,为进一步全面理解 BC 气候效应提供认识。

9.1　BC 辐射效应评估方法

多种基于大气辐射传输理论的模型和算法被使用。Lowtran 模型和 Modtran 模型是由美国空军地球物理实验室编写的模型,主要用于军事和遥感方面的大气透射率及无云条件下的辐射计算(Payne et al., 2013)。为了加强有云条件的辐射计算,Ricchiazzi 等(1998)基于 Lowtran 模型和 Modtran 模型开发了平面平行辐射传输(santa barbara DISORT atmospheric radiative transfer, SBDART)模型。SBDART 模型采用离散坐标法求解辐射传输方程,有相对稳定的解析解,且波长范围覆盖了整个紫外光波段到微波波段。该模型自带 6 种大气廓线,包括热带、中纬度夏季、亚北极夏季、中纬度冬季、亚北极冬季和 US62;同时,还提供了温度、压力、水蒸气及臭氧的垂直分布。SBDART 模型将大气分为 33 层,每层高度为 3km,可获得整个大气层及每层大气的光学厚度和辐射通量,也可根据需求选择研究的具体高度。此外,SBDART 模型中自带了辐射效应计算所需的基本数据,如温度垂直廓线、水汽廓线、气压垂直廓线以及臭氧、甲烷、二氧化碳等气体的垂直分布;还提供了 5 种标准的地表反照率,地表包括海面、湖面、雪面、植被和沙地,也可通过对它们进行加权计算获得混合地表的反照率。SBDART 模型通过输入气溶胶相关的光学参数(如光学厚度、单次散射反照率、消光因子、不对称因子等)来计算 BC 在不同大气层高度的直接辐射效应。基于 BC 数浓度、可溶物质数浓度和不可溶物质数浓度，利用气溶胶与云光学特征（optical property of aerosol and cloud，OPAC）模型计算出光学厚度、单次散射反照率和不对称因子。当 OPAC 模型计算的吸光系数、散射系数及单次散射反照率与观测值误差小于 5%时，认为此时的参数设置合理。将计算的光学厚度、单次散射反照率和不对称因子等数据输入 SBDART 模型中，基于大气相关观测数据，选择其他合适参数后计算出含有 BC 和不含有 BC 情况下的气溶胶辐射效应，通过它们之间的差值来获得 BC 直接辐射效应。在获得大气层顶和地表大气层 BC 的辐射效应后，它们之间的差值则是 BC 对整个大气层产生的直接辐射效应，具体公式为

$$DRE_{BC} = \left(F\!\downarrow - F\!\uparrow\right)_{含BC} - \left(F\!\downarrow - F\!\uparrow\right)_{不含BC} \tag{9-1}$$

$$DRE_{BC,ATM} = DRE_{BC,TOA} - DRE_{BC,SUF} \tag{9-2}$$

式中，DRE_{BC} ——BC 直接辐射效应，W/m^2；

　　$F\!\downarrow$ ——向下的辐射通量，W/m^2；

　　$F\!\uparrow$ ——向上的辐射通量，W/m^2；

　　$DRE_{BC,ATM}$ ——BC 在整个大气层产生的直接辐射效应，W/m^2；

　　$DRE_{BC,TOA}$ ——BC 在大气层顶产生的直接辐射效应，W/m^2；

　　$DRE_{BC,SUF}$ ——BC 在地表大气层产生的直接辐射效应，W/m^2。

9.2　不同来源 BC 直接辐射效应

9.2.1　青藏高原大气中不同来源 BC 直接辐射效应

青藏高原对北半球气候环境有着重要影响。南亚和东南亚国家强烈的人为活动（如燃煤、生物质燃烧、工业等）排放了大量的 BC，被气流输送到青藏高原上空，增加了该区域大气中 BC 质量的浓度水平（Luo et al.，2020）。有研究表明，青藏高原大气中 BC 质量浓度的升高导致了该区域气温上升 0.1～0.5℃（吉振明等，2018）。气温的上升导致冰雪进一步融化，严重威胁青藏高原的生态环境。

为了研究东南亚 BC 传输对青藏高原的影响，2018 年 3 月 14 日～5 月 13 日，在青藏高原东南边缘高美古进行了大气气溶胶化学组分及光学性质的高时间分辨率在线加强观测。采样点及采样信息见第 4 章表 4-1，BC 的源解析结果分析可见 4.5.2 小节。图 9-1 给出了基于 OPAC 模型和 SBDART 模型获得的观测期间高美古 $PM_{2.5}$ 和不同排放源 BC（包括生物质燃烧源 BC 和化石燃料燃烧源 BC）在大气层顶、地表大气层和整个大气层产生的直接辐射效应。$PM_{2.5}$ 与 BC 在大气层顶的直接辐射效应分别为 0.03W/m^2±1.1W/m^2 和 1.6W/m^2±0.8W/m^2，而在地表大气层则分别为-6.3W/m^2±4.5W/m^2 和-3.0W/m^2±1.5W/m^2。以上结果表明，$PM_{2.5}$ 及 BC 在大

气顶层中产生正辐射强迫，从而加热大气，而在地表大气层中产生负辐射强迫，起到降温作用。同时，BC 在地表大气层的直接辐射效应接近 PM$_{2.5}$ 的一半，说明在青藏高原东南边缘 BC 在近地面产生的辐射强迫非常重要。从整个大气层来看，PM$_{2.5}$ 产生的直接辐射效应为 6.3W/m^2±4.0W/m^2，其中 73%来自于 BC 产生的直接辐射效应。这表明，尽管 BC 在青藏高原东南边缘仅占 PM$_{2.5}$ 质量浓度的 3.3%，但却可以造成较大的辐射影响。

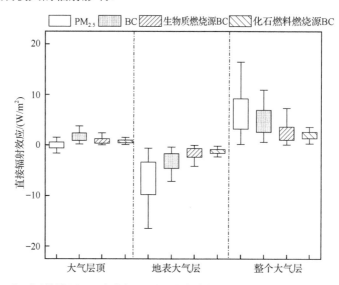

图 9-1　PM$_{2.5}$ 和不同排放源 BC 在大气层顶、地表大气层和整个大气层产生的直接辐射效应

　　如图 9-1 所示，相对于不同源 BC，生物质燃烧源和化石燃料燃烧源排放的 BC 在大气层顶产生的直接辐射效应分别为 0.8W/m^2±0.6W/m^2 和 0.7W/m^2±0.4W/m^2，在地表大气层中产生的直接辐射效应分别为-1.7W/m^2±1.2W/m^2 和 -1.4W/m^2±0.6W/m^2。由此可见，青藏高原东南边缘生物质燃烧源 BC 对大气辐射的扰动略高于化石燃料燃烧源 BC。对整个大气层而言，生物质燃烧源 BC 和化石燃料燃烧源 BC 产生的直接辐射效应分别为 2.5W/m^2±1.8W/m^2 和 2.1W/m^2±0.9W/m^2。结合后向轨迹分析可知，当气团来自较远处的东南亚时，生物质燃烧源 BC 产生的直接辐射效应高达 6.4W/m^2，而当气团来自我国内陆区域时，生物质燃烧源 BC 产生的直接辐射效应则下降至 1.1W/m^2。长距离输送过程中老化增强了 BC 的吸光能力，导致其产生的直接辐射效应增加。

　　利用热力学第一定律和流体静力平衡进一步计算 BC 引起的大气加热速率（Ramachandran et al.，2010），具体公式为

$$\frac{\partial T}{\partial t} = \frac{g}{C_P} \times \frac{\mathrm{DRE_{BC,ATM}}}{\Delta P} \qquad (9-3)$$

式中，$\dfrac{\partial T}{\partial t}$——加热速率，K/d；

　　g——重力加速度，9.8m/s²；

　　C_P——恒定压力下空气的比热容，1006J/（kg·K）；

　　ΔP——大气压差，300hPa。

正辐射效应表明能量被大气层捕获，可导致区域变暖。根据式（9-3）的计算结果，青藏高原东南边缘大气 BC 产生的加热速率为 0.02～0.3K/d，其中生物质燃烧源 BC 产生的加热速率为 0.07K/d±0.05K/d，略高于化石燃料燃烧源 BC 产生的加热速率（0.06K/d±0.02K/d）。当受到东南亚生物质燃烧源影响时，该来源 BC 产生的加热速率可上升到 0.16K/d。进一步计算得知，单位质量浓度下 BC 产生的加热速率为 0.19K/d，与 Wang 等（2015）在青海湖研究的结果相近（0.13K/d），但普遍低于喜马拉雅山脉西南部地区（0.2～0.29K/d），（Bhat et al., 2017; Tiwari et al., 2016; Wang et al., 2015; Srivastava et al., 2012）。

9.2.2　内陆城市大气中不同来源 BC 的直接辐射效应

图 9-2 给出了 2017 年 12 月～2018 年 1 月香河大气 BC 及其不同来源在大气层顶、地表大气层及整个大气层产生的直接辐射效应。香河大气 BC 的浓度特征及来源解析见 3.1.4 小节和 4.5.1 小节。由于 BC 吸收了部分太阳光，到达地面的太阳辐射量减少，从而起到制冷作用。根据 OPAC 模型和 SBDART 模型计算的结果表明，观测期间地表大气层 BC 产生的直接辐射效应变化范围为-1.9～-27.9W/m²，平均值为-13.6W/m²±7.0W/m²。在大气层顶，BC 产生的直接辐射效应范围为 0.6～20.8W/m²，平均值为 4.4W/m²±3.0W/m²。在整个大气层，BC 产生的直接辐射效应平均值为 18.0W/m²±9.6W/m²。根据式（9-3）计算得到 BC 导致大气的加热速率为 0.5K/d，远高于 9.2.1 小节中青藏高原东南边缘的结果。观测期间，BC 产生的直接辐射效应对总气溶胶直接辐射效应的贡献比为 86%，说明 BC 对地-气系统辐射平衡的扰动很重要。BC 在高空大气中造成的升温将增强大气逆温层的形成，减弱大气的垂直对流运动，形成污染（Glojek et al., 2022）。与其他研究中使用 SBDART 模型计算的大气 BC 直接辐射效应相比，香河大气 BC 产生的直接辐射效应与我国南部地区结果相近（17.0W/m²）（Huang et al., 2011），但低于西北地区结果（16.6～108.8W/m²）（Zhao et al., 2019）。

从香河不同排放源 BC 角度看，液态化石燃料燃烧源 BC 在大气层顶和地表大气层产生的直接辐射效应分别为 2.1W/m² 和-7.0W/m²，整个大气层则为 9.1W/m²。与之相比，固体燃料燃烧源 BC 在大气层顶和地表大气层产生的直接辐

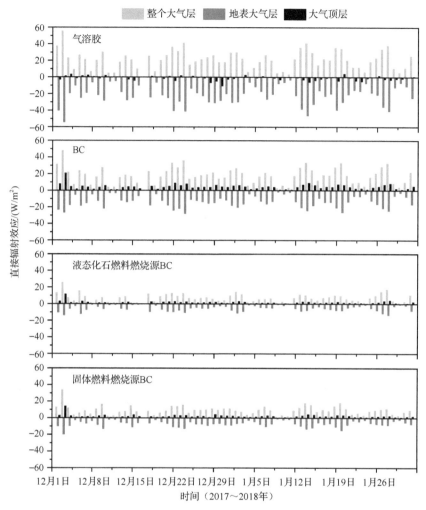

图 9-2　香河大气 BC 及其不同来源在大气层顶、地表大气层及整个大气层产生的
直接辐射效应

射效应分别为 1.7W/m² 和-5.4W/m²，整个大气层则为 7.1W/m²。根据式（9-3）的
计算结果发现，液态化石燃料燃烧源 BC 对大气产生的加热速率为 0.3K/d，固体
燃料燃烧源 BC 则为 0.2K/d。尽管液态化石燃料燃烧源 BC 产生的直接辐射效应
高于固体燃料燃烧源 BC，但后者在 BC 单位质量浓度下产生的直接辐射效应（直
接辐射效率=直接辐射效应/质量浓度）高于前者。固体燃料燃烧源和液态化石燃料
燃烧源 BC 的直接辐射效率分别为 6.5（W/m²）/（μg/m³）和 3.6（W/m²）/（μg/m³）。

　　为进一步探索人为源减排对城市大气 BC 辐射效应的影响，选择 2020 年初西
安疫情防控期间为例进行研究。在此期间，BC 质量浓度特征及其来源分析见 4.4
节。如图 9-3 所示，疫情防控期间人为活动大量减少，BC 的平均质量浓度从疫情

防控前的 5.5μg/m³ 下降到疫情防控期间的 2.7μg/m³，降低了 51%。根据受体模型的解析结果，生物质燃烧源、机动车源和燃煤源是 BC 在疫情防控前和疫情防控期间的主要排放源。通过 SBDART 模型结合 OPAC 模型计算发现，这三大排放源的 BC 在大气层顶产生的直接辐射效应为正，地表大气层为负，说明 BC 可以导致高层大气温度升高而低层大气温度降低。疫情防控期间，大气层顶 BC 产生的直接辐射效应下降了 37%，地表大气层 BC 产生的直接辐射效应下降了 52%。整个大气层 BC 产生的直接辐射效应从疫情防控前的 45.2W/m²±19.4W/m² 下降至疫情防控期间的 24.3W/m²±9.8W/m²，降低了 46%。从不同排放源来看，整个观测期间生物质燃烧源对 BC 直接辐射效应贡献最大，从疫情防控前的 25.3W/m²±11.0W/m² 下降至疫情防控期间的 13.7W/m²±5.7W/m²。相比之下，由于人为活动大量减少，机动车流量下降明显，机动车源 BC 产生的直接辐射效应也随之大幅降低，从疫情防控前的 12.3W/m²±5.4W/m² 下降至疫情防控期间直接的 4.1W/m²±1.7W/m²。不同时期，燃煤源 BC 的质量浓度变化不明显，导致其产生的直接辐射效应在疫情防控前和疫情防控期间变化幅度也较小。

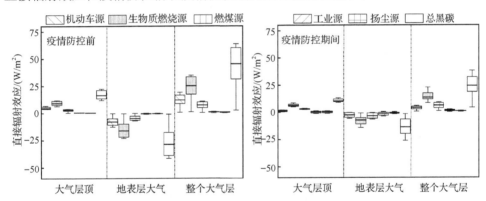

图 9-3　疫情防控前和疫情防控期间不同源 BC 在大气层顶、地表大气层和
整个大气层产生的直接辐射效应

图 9-4 显示了疫情防控前和疫情防控期间不同源 BC 在大气层中产生直接辐射效应的日变化特征。不同时期，BC 产生的直接辐射效应峰值均出现在 12 点。由于疫情防控期间太阳净辐射通量小于疫情防控前，因此疫情防控期间 12 点后 BC 直接辐射效应随时间下降的速率明显高于疫情防控前。受车流量和太阳辐射通量变化的共同影响，疫情防控前，机动车源 BC 直接辐射效应的高值出现在 10 点～13 点；相比之下，生物质燃烧源 BC 产生的直接辐射效应高值则出现在 12 点～15 点。在疫情防控期间，由于 BC 排放量大幅下降，机动车源 BC 产生的直接辐射效应在 10 点～13 点明显减小，而生物质燃烧源 BC 产生的直接辐射效应则在 14 点～15 点明显减小。其他排放源的 BC 浓度水平在疫情防控前和疫情防控期间变

化不明显,因此排放 BC 产生的直接辐射效应也没有明显变化。当考虑 BC 单位质量浓度产生的直接辐射效应时,不同时期各来源 BC 产生的直接辐射效率不同。疫情防控前,生物质燃烧源 BC 的直接辐射效率最高,其次为燃煤源和机动车源 BC,这与它们的吸光能力强弱一致,如 BC 吸光能力呈现生物质燃烧源>燃煤源>机动车源(Zhang et al., 2021; Shen et al., 2013)。疫情防控期间,生物质燃烧源和燃煤源 BC 的直接辐射效率与疫情防控前的值相近,但机动车源 BC 的直接辐射效率却明显高于疫情防控前。研究表明,BC 在大气中老化后,其吸光能力将增强(Chen et al., 2017; Shen et al., 2014)。由于疫情防控期间车流量大幅下降,大气中氧化剂与 BC 的质量浓度比增加,有限数量的机动车排放的 BC 更加容易发生老化,导致疫情防控期间机动车源 BC 的直接辐射效率明显增强。

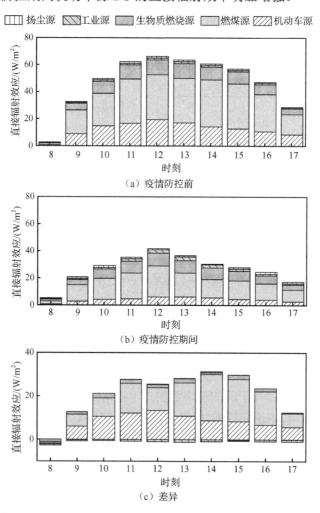

图 9-4　疫情防控前和疫情防控期间不同源 BC 产生直接辐射效应的日变化特征

9.2.3　沿海城市大气中不同来源 BC 的直接辐射效应

选择三亚作为典型城市，探索沿海地区不同来源 BC 对大气直接辐射效应的影响。大气中，除 BC 外，BrC 在短波波段（波长<600nm）对太阳辐射也有较强吸收（Andreae et al., 2006）。图 9-5 给出了基于 OPAC 模型和 SBDART 模型获得的 2017 年春季三亚大气中吸光性碳气溶胶（包括 BC 和 BrC）及其不同源的直接辐射效应。不同源（如生物质燃烧源、机动车源和船舶源等）对吸光性碳气溶胶的贡献基于受体模型的解析结果，详细方法可参考 Wang 等（2020）的文献。三亚大气环境中，吸光性碳气溶胶在地表大气层中产生的直接辐射效应变化范围为 $-5.5\sim-1.6\text{W/m}^2$，均值为 $-3.2\text{W/m}^2\pm1.0\text{W/m}^2$，说明吸光性碳气溶胶在地表大气层起到降温作用。相比之下，在大气层顶，吸光性碳气溶胶的直接辐射效应变化范围为 $0.8\sim2.8\text{W/m}^2$，平均值为 $1.5\text{W/m}^2\pm0.5\text{W/m}^2$，起到大气增温的作用。在 BC 和 BrC 存在的情况下，大气层顶的气溶胶直接辐射强迫要比没有它们存在时高 62%。对于整个大气层而言，吸光性碳气溶胶产生的直接辐射效应为 $4.7\text{W/m}^2\pm1.5\text{W/m}^2$，对大气的加热速率为 $0.13\text{K/d}\pm0.04\text{K/d}$。

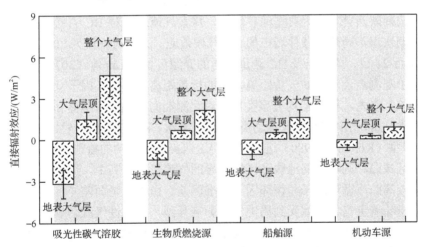

图 9-5　三亚大气中吸光性碳气溶胶及其不同源在大气层顶、地表大气层及整个大气层的直接辐射效应

如图 9-5 所示，生物质燃烧源是吸光性碳气溶胶最大的贡献者，在大气层顶和地表大气层产生的直接辐射效应分别为 $0.7\text{W/m}^2\pm0.2\text{W/m}^2$ 和 $-1.5\text{W/m}^2\pm0.5\text{W/m}^2$。虽然 BrC 的直接辐射效应小于 BC，但生物质燃烧源排放的 BrC 质量浓度高，使其产生的直接辐射效应比仅有 BC 存在时高 21%。由此可见，BrC 造成的直接辐射效应也不容忽视。船舶源排放的吸光性碳气溶胶在大气层顶和地表大气层产生的直接辐射效应分别为 $0.5\text{W/m}^2\pm0.2\text{W/m}^2$ 和 $-1.1\text{W/m}^2\pm0.4\text{W/m}^2$。机动车

源排放的吸光性碳气溶胶在大气层顶和地表大气层产生的直接辐射效应分别为 $0.3W/m^2\pm0.21W/m^2$ 和$-0.6W/m^2\pm0.2W/m^2$。由于船舶源和机动车源排放的 BrC 较少，这两个源排放的吸光性碳气溶胶产生的直接辐射效应主要由 BC 贡献。通过式（9-3）进一步计算，得到生物质燃烧源、船舶源和机动车源排放的吸光性碳气溶胶对大气产生的加热速率分别为 $0.06K/d\pm0.04K/d$、$0.05K/d\pm0.04K/d$ 和 $0.03K/d\pm0.04K/d$。对于典型沿海城市，三亚的研究结果表明，船舶源排放的 BC 对大气产生的加热效应需引起重视。

9.3　气流运动对大气 BC 直接辐射效应的影响

9.3.1　气流运动对城市大气 BC 直接辐射效应的影响

地形对大气 BC 浓度水平有着重要影响。河谷城市地形复杂多样，地表反照率和表面粗糙度多变，影响局地气流运动，导致 BC 浓度水平发生变化（Wei et al., 2020; Brulfert et al., 2006）。污染物一旦被排放或输送到河谷区域，由于山脉阻挡，容易聚集在山谷底部，BC 浓度水平升高，进而扩散到整个地区（Zhao et al., 2015）。本小节选择陕西宝鸡作为典型河谷城市，探索气流运动对 BC 直接辐射效应的影响，以期认识不同地形条件城市的 BC 气候效应。采样时间段为 2018 年 11 月 16 日～12 月 21 日，采样点及 BC 测量仪器的介绍可参考 Liu 等（2022）的文献。

基于观测点上空风的矢量距离、风的标量距离、风循环因子及地面循环因子标准偏差，首先，利用 K 均值聚类算法对观测期间风的矢量距离和风的标量距离进行聚类分析，初步判断气流运动类型数目；其次，采用自组织映射（self-organizing map）模型（Kohonen, 1990）进一步获得这四类气流运动的特征，包括局地主导、局地强区域弱、区域强局地弱和区域主导的气流运动。其中，局地主导的气流运动具有较高的风循环因子和循环因子标准偏差。由于下垫面差异，高循环因子标准偏差意味着宝鸡各区域受到局地湍流影响强烈，区域性气流影响较弱，各区域风循环因子偏离较大。相比之下，局地强区域弱类型中，风的矢量距离和风的标量距离长于局地主导类型，而循环因子标准偏差略低于局地主导。当区域强局地弱时，风循环因子和循环因子标准偏差均低于局地主导和局地强区域弱这两类型。同时，宝鸡不同区域的风循环因子差异小于局地主导和局地强区域弱这两类型，表明区域尺度运动的影响更大。区域主导则反映出由于强区域气流的影响，宝鸡不同区域的风循环因子之间差异较小，观测点的风向一致性高，风循环因子极低，且风的矢量和标量距离均较大，扩散条件良好。

图 9-6 给出了基于 OPAC 模型和 SBDART 模型获得的观测期间宝鸡大气不同来源 BC 在大气层顶、地表大气层和整个大气层产生的直接辐射效应和直接辐射

效率。大气层顶和地表大气层 BC 的直接辐射效应分别为 13.0W/m² 和-22.9W/m²。与河谷城市兰州的研究结果相比（21.8W/m² 和-47.5W/m²）（Zhao et al., 2019），宝鸡大气 BC 产生的直接辐射效应比兰州更低，这与宝鸡大气 BC 质量浓度低于兰州密切相关。从不同排放源来看，宝鸡化石燃料燃烧源 BC 在大气层顶、地表大气层和整个大气层产生的直接辐射效应分别为 9.4W/m²±7.5W/m²、-16.5W/m²±13.5W/m² 和 25.9W/m²±20.8W/m²；与之相比，生物质燃烧源 BC 在大气层顶、地表大气层和整个大气层产生的直接辐射效应则分别为 3.6W/m²±3.4W/m²、-6.4W/m²±6.2W/m² 和 10.0W/m²±9.5W/m²。由此可见，BC 在大气层顶产生正直接辐射效应，在地表大气层产生负直接辐射效应，对整个大气层则起到加热的作用。

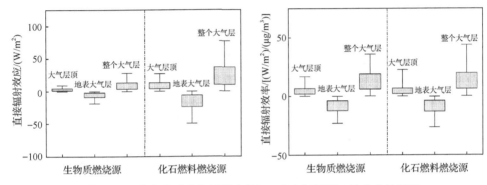

图 9-6 观测期间宝鸡大气不同来源 BC 在大气层顶、地表大气层和
整个大气层产生的直接辐射效应和直接辐射效率

图 9-7 显示了不同气流运动影响下生物质燃烧源 BC 和化石燃料燃烧源 BC 在整个大气层产生的直接辐射效应和直接辐射效率。总体来说，各排放源 BC 产生的直接辐射效应变化趋势与 BC 质量浓度变化趋势一致。在局地主导的气流运动影响下，化石燃料燃烧源 BC 产生的直接辐射效应最高，平均值为 30.4W/m²±23.0W/m²，其次为局地强区域弱的气流运动（28.7W/m²±20.7W/m²）。区域气流运动越强，生物质燃烧源 BC 的质量浓度越低。因此，区域强局地弱和区域主导这两类气流运动影响下，生物质燃烧源 BC 产生的直接辐射效应低于其在局地主导和局地强区域弱气流运动影响下产生的直接辐射效应。相比之下，局地强区域弱气流运动下生物质燃烧源 BC 产生的直接辐射效应最高，为 11.5W/m²±11.8W/m²，但也仅比局地主导气流运动下高 0.3W/m²。区域强局地弱和区域主导这两类气流运动下，生物质燃烧源 BC 产生的直接辐射效应分别为 8.6W/m²±8.5W/m² 和 7.9W/m²±7.4W/m²。

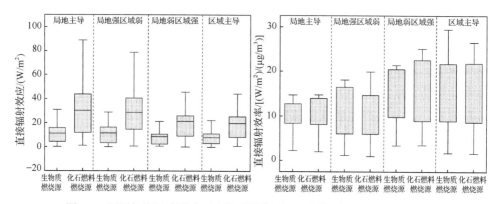

图 9-7　不同气流运动影响下生物质燃烧源 BC 和化石燃料燃烧源 BC 在
整个大气层产生的直接辐射效应和直接辐射效率

　　尽管 BC 直接辐射效应随着区域气流运动影响的增强而下降，但其直接辐射效率却呈现相反的趋势。在局地主导和局地强区域弱的气流运动影响下，生物质燃烧源 BC 和化石燃料燃烧源 BC 产生的直接辐射效率相似，为 10.0（W/m^2）/（μg/m^3）。但是，当区域气流运动增强时，BC 的直接辐射效率反而变大。在区域强局地弱的气流运动影响下，化石燃料燃烧源 BC 和生物质燃烧源 BC 产生的直接辐射效率分别为 13.5（W/m^2）/（μg/m^3）和 14.7（W/m^2）/（μg/m^3）。与之相比，在区域主导气流运动影响下，BC 产生的直接辐射效率更高，其中化石燃料燃烧源 BC 直接辐射效率为 15.6（W/m^2）/（μg/m^3），生物质燃烧源 BC 直接辐射效率为 15.5（W/m^2）/（μg/m^3），是局地主导气流运动影响下的 1.5 倍，这与区域传输过程中 BC 老化可以增强其吸光能力有关。强烈的区域气流运动可以造成 BC 质量浓度与其直接辐射效率之间存在非线性变化关系；同时，强烈的区域气流运动扩散了本地排放的新鲜 BC，但是将上风区的老化 BC 带到了受体点，导致其产生的直接辐射效率更高。因此，相较于新鲜排放的 BC，区域传输的老化 BC 对区域气候效应的扰动能力更强，特别是扩散能力较弱的河谷城市。

9.3.2　气流运动对高山大气 BC 直接辐射效应的影响

　　为厘清水平与垂直输送对高层大气 BC 的影响，2018 年 8 月，在华山西峰（东经 110.08，北纬 34.48°，海拔为 2060m）进行了大气气溶胶观测，包括 PM$_{2.5}$ 滤膜用于水溶性离子、无机元素和碳组分的测量，以及多波段黑碳仪用于气溶胶吸光系数的测量（仪器测量原理可见本书第 2 章）。该区域污染物浓度主要受到气流的水平输送和垂直输送的影响。利用自组织映射模型，根据华山观测点处风的矢量距离、风循环因子和大气边界层高度对华山山顶处垂直和水平输送特征进行分类，获得六类气流运动的特征：①受水平输送和垂直输送共同影响，水平输送风速大，风向较稳定（SOM1）；②以水平输送影响为主，风速大，风向较稳定（SOM2）；③受水平输送和垂直输送影响均不大，风向一致性高（SOM3）；④以垂直输送为主（SOM4）；⑤以水平输送影响为主，风速偏小，风向变化频繁（SOM5）；⑥受水平输送和垂直输送影响均不大，风向变化十分频繁（SOM6）。

　　基于 OPAC 模型和 SBDART 模型，如图 9-8 所示，观测期间 $PM_{2.5}$ 和 BC 在大气层顶（100km）的直接辐射效应分别为 5.1W/m^2±4.6W/m^2 和 29.6W/m^2±19.6W/m^2；华山顶（2km）的 $PM_{2.5}$ 和 BC 直接辐射效应分别为-6.1W/m^2±9.3W/m^2 和 25.1W/m^2±19.5W/m^2；在整个大气层（华山顶到大气层顶）$PM_{2.5}$ 和 BC 产生的直接辐射效应分别为 11.2W/m^2±9.3W/m^2 和 4.4W/m^2±2.8W/m^2。虽然 BC 质量浓度仅占 $PM_{2.5}$ 的 3%，但却贡献了 $PM_{2.5}$ 直接辐射效应的 40%，说明 $PM_{2.5}$ 中 BC 对直接辐射效应的重要性。大气层顶，$PM_{2.5}$ 带来的直接辐射效应导致大气升温，而在华山顶则导致大气降温。相比之下，BC 在大气层顶和华山顶产生的直接辐射效应均为正，导致大气升温。在华山顶，单位质量浓度的 $PM_{2.5}$ 和 BC 产生的直接辐射效应分别改变-0.1W/m^2±0.2W/m^2 和 24.1W/m^2±17.9W/m^2；对于整个大气层而言，它们产生的直接辐射效应则分别为 0.3W/m^2±0.2W/m^2 和 4.4W/m^2±2.8W/m^2。

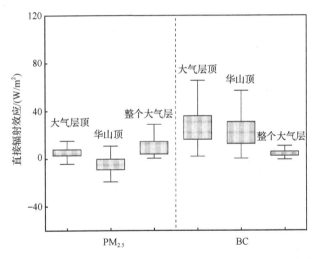

图 9-8　观测期间华山大气 $PM_{2.5}$ 和 BC 在大气层顶、华山顶及整个大气层产生的直接辐射效应

　　图 9-9 展示了六类气流运动影响下 $PM_{2.5}$ 与 BC 产生的直接辐射效应和单位质量浓度下的直接辐射效应（即直接辐射效率）。通过 Wu 等（2018）的方法计算出不同气流运动下 λ=370nm 和 λ=880nm 的吸光增强因子。在 SOM1 情况下，λ=370nm 和 λ=880nm 的吸光增强因子均较低，说明颗粒物老化程度较低。此时，$PM_{2.5}$ 和 BC 在整个大气层产生的直接辐射效应在六类气流运动中最低，分别为

6.1W/m²±1.9W/m² 和 2.5W/m²±1.6W/m²，对应的直接辐射效率分别为 0.2（W/m²）/（μg/m³）±0.1（W/m²）/（μg/m³）和 2.8（W/m²）/（μg/m³）±1.0（W/m²）/（μg/m³）。在 SOM2 情况下，PM$_{2.5}$ 与 BC 的质量浓度均最低，但 λ=880nm 的吸光增强因子却较高，说明该情况下华山山顶处扩散条件良好，且传输来的 BC 具有更强的吸光能力。PM$_{2.5}$ 和 BC 产生的直接辐射效应分别为 10.7W/m²±11.9W/m² 和 5.2W/m²±3.0W/m²，对应的直接辐射效率分别为 0.3（W/m²）/（μg/m³）±0.4（W/m²）/（μg/m³）和 5.7（W/m²）/（μg/m³）±2.4（W/m²）/（μg/m³）。在 SOM3 情况下，PM$_{2.5}$ 和 BC 产生的直接辐射效应分别为 9.8W/m²±8.3W/m² 和 4.5W/m²±2.8W/m²，对应的直接辐射效率分别为 0.2（W/m²）/（μg/m³）±0.2（W/m²）/（μg/m³）和 4.4（W/m²）/（μg/m³）±3.1（W/m²）/（μg/m³）。在 SOM4 情况下，大气混合层高度较高（平均达到 1539m），污染物可以通过湍流被输送至高空，观测点处 PM$_{2.5}$ 和 BC 质量浓度较高，它们产生的直接辐射效应分别为 14.5W/m²±9.4W/m² 和 3.9W/m²±2.2W/m²，对应的直接辐射效率分别为 0.3（W/m²）/（μg/m³）±0.2（W/m²）/（μg/m³）和 2.8（W/m²）/（μg/m³）±3.1（W/m²）/（μg/m³）。虽然 SOM4 情况下 BC 质量浓度（1.5μg/m³）在六类情况中最高，但由于 BC 老化程度较低，产生的直接辐射效率低于其他类型。在 SOM5 情况下，风速偏低且风向一致性较差，频繁变化的风向不利于污染扩散，导致山顶采样点 PM$_{2.5}$ 和 BC 质量浓度较高，其产生的直接辐射效应分别为 15.9W/m²±9.6W/m² 和 8.7W/m²±2.7W/m²，对应的直接辐射效率分别为 0.5（W/m²）/（μg/m³）±0.5（W/m²）/（μg/m³）和 7.9（W/m²）/（μg/m³）±4.3（W/m²）/（μg/m³）。当华山顶受到水平输送和垂直输送影响均不大且风向变化十分频繁时（SOM6 情况），PM$_{2.5}$ 和 BC 质量浓度较低，但是 λ=880nm 的吸光增强因子较高，表明 BC 老化程度较高。PM$_{2.5}$ 和 BC 产生的直接辐射效应分别为 4.3W/m²±3.2W/m² 和 8.8W/m²±8.3W/m²。BC 产生的直接辐射效率较高，分别达到 5.0（W/m²）/（μg/m³）±3.6（W/m²）/（μg/m³），但 PM$_{2.5}$ 直接辐射效率仅为 0.2（W/m²）/（μg/m³）±0.2（W/m²）/（μg/m³）。由此可见，不同情况下垂直输送与水平输送对自由对流层污染物浓度和辐射扰动有重要的影响。

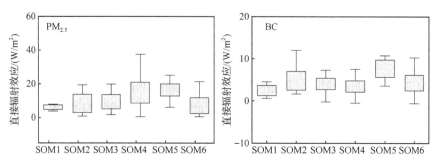

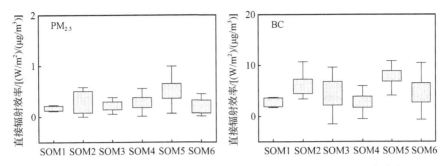

图 9-9　观测期间六类气流运动影响下 PM$_{2.5}$ 和 BC 在整个大气层产生的
直接辐射效应及直接辐射效率

9.4　本 章 小 结

本章描述了计算 BC 直接辐射效应的方法，讨论了不同区域、不同排放源和不同气流运动类型等因素对 BC 直接辐射效应的影响。通过不同案例 BC 的直接辐射效应发现，不同地区和不同排放源 BC 产生的直接辐射效应差异较大，且不同类型气流运动对 BC 直接辐射效应也有着重要影响。由于污染程度较低，青藏高原东南部和沿海典型城市三亚，大气 BC 产生的直接辐射效应明显低于其他内陆城市（如西安和香河）。不同气流运动下，BC 直接辐射效应及直接辐射效率有明显差异。从宝鸡案例分析中发现，BC 直接辐射效应随着区域尺度运动影响的增强而下降，但其直接辐射效率却呈现相反的趋势。强烈的区域尺度运动可能造成 BC 质量浓度与直接辐射效率之间的非线性变化。同时，强烈的区域运动有利于本地排放的新鲜 BC 扩散，但会将上风区老化的 BC 带到受体点，导致其直接辐射效率增强。垂直输送和水平输送对自由对流层中 BC 直接辐射效应及直接辐射效率有重要影响。从华山顶案例分析中发现，当水平风速较大且风向一致性好时，有利于污染物的扩散，此时 BC 在边界层之上产生的直接辐射效应较低，但持续输送可能带来老化程度更高的 BC，使得其直接辐射效应增强；当风速小风且向一致性差时，污染易于累积，导致 BC 在边界层以上的直接辐射效应增大。

参 考 文 献

吉振明, 2018. 青藏高原黑碳气溶胶外源传输及气候效应模拟研究进展与展望[J]. 地理科学进展, 37(4): 465-475.

尚晶晶, 廖宏, 符瑜, 等, 2017. 夏季硫酸盐和黑碳气溶胶对中国云特性的影响[J]. 热带气象学报, 33(4): 451-466.

ANDREAE M O, GELENCSÉR A, 2006. Black carbon or brown carbon? The nature of light-absorbing carbonaceous aerosols[J]. Atmospheric Chemistry Physics, 6(10): 3131-3148.

BHAT M A, ROMSHOO S A, BEIG G, 2017. Aerosol black carbon at an urban site-Srinagar, Northwestern Himalaya, India: Seasonality, sources, meteorology and radiative forcing[J]. Atmospheric Environment, 165: 336-348.

BOND T C, DOHERTY S J, FAHEY D W, et al., 2013. Bounding the role of black carbon in the climate system: A scientific assessment[J]. Journal of Geophysical Research: Atmospheres, 118(11): 5380-5552.

BRULFERT G, CHEMEL C, CHAXEL E, et al., 2006. Assessment of 2010 air quality in two Alpine valleys from modelling: Weather type and emission scenarios[J]. Atmospheric Environment, 40(40): 7893-7907.

CHEN X S, WANG Z F, YU F Q, et al., 2017. Estimation of atmospheric aging time of black carbon particles in the polluted atmosphere over central-eastern China using microphysical process analysis in regional chemical transport model[J]. Atmospheric Environment, 163: 44-56.

GLOJEK K, MOCNIK G, ALAS H D C, et al., 2022. The impact of temperature inversions on black carbon and particle mass concentrations in a mountainous area[J]. Atmospheric Chemistry Physics, 22(8): 5577-5601.

HUANG X F, GAO R S, SCHWARZ J P, et al., 2011. Black carbon measurements in the Pearl River Delta region of China[J]. Journal of Geophysical Research: Atmospheres, 116(D12), DOI: 10.1029/2010JD014933.

KOHONEN T, 1990. The self-organizing map[J]. Proceedings of the IEEE, 78(9): 1464-1480.

LIU H K, WANG Q Y, LIU S X, et al., 2022. The impact of atmospheric motions on source-specific black carbon and the induced direct radiative effects over a river-valley region[J]. Atmospheric Chemistry Physics, 22(17): 11739-11757.

LUO M, LIU Y Z, ZHU Q Z, et al., 2020. Role and mechanisms of black carbon affecting water vapor transport to Tibet[J]. Remote Sensing, 12(2), DOI: 10.3390/rs12020231.

PAYNE D, SCHROEDER J, 2013. Sensor Performance and Atmospheric Effects using NvThermIP/NV-IPM and PcModWin/MODTRAN models: A historical perspective[J]. Proceedings of SPIE, 8706, DOI: 10.1117/12.2016101.

RAMACHANDRAN S, KEDIA S, 2010. Black carbon aerosols over an urban region: Radiative forcing and climate impact[J]. Journal of Geophysical Research-Atmospheres, 115, DOI: 10.1029/2009JD013560.

RICCHIAZZI P, YANG S R, GAUTIER C, et al., 1998. SBDART: A research and teaching software tool for plane-parallel radiative transfer in the earth's atmosphere[J]. Bulletin of The American Meteorological Society, 79(10): 2101-2114.

SHEN G F, CHEN Y C, WEI S Y, et al., 2013. Mass absorption efficiency of elemental carbon for source samples from residential biomass and coal combustions[J]. Atmospheric Environment, 79(11): 79-84.

SHEN Z, LIU J, HOROWITZ L W, et al., 2014. Analysis of transpacific transport of black carbon during HIPPO-3: Implications for black carbon aging[J]. Atmospheric Chemistry and Physics, 14(12): 6315-6327.

SRIVASTAVA A K, RAM K, PANT P, et al., 2012. Black carbon aerosols over Manora Peak in the Indian Himalayan foothills: Implications for climate forcing[J]. Environmental Research Letters, 7(1), DOI: 10.1088/1748-9326/7/1/014002.

TIWARI S, DUMKA U C, HOPKE P K, et al., 2016. Atmospheric heating due to black carbon aerosol during the summer monsoon period over Ballia: A rural environment over Indo-Gangetic Plain[J]. Atmospheric Research, 178: 393-400.

WANG Q Y, HUANG R J, CAO J J, et al., 2015. Black carbon aerosol in winter northeastern Qinghai-Tibetan Plateau, China: The source, mixing state and optical property[J]. Atmospheric Chemistry and Physics, 15(22): 13059-13069.

WANG Q Y, LIU H K, WANG P, et al., 2020. Optical source apportionment and radiative effect of light-absorbing carbonaceous aerosols in a tropical marine monsoon climate zone: The importance of ship emissions[J]. Atmospheric Chemistry and Physics, 20(24): 15537-15549.

WEI N, WANG N L, HUANG X, et al., 2020. The effects of terrain and atmospheric dynamics on cold season heavy haze in the Guanzhong Basin of China[J]. Atmospheric Pollution Research, 11(10): 1805-1819.

WU C, WU D, YU J Z, 2018. Quantifying black carbon light absorption enhancement with a novel statistical approach[J]. Atmospheric Chemistry and Physics, 18(1): 289-309.

ZHANG X R, ZHU Z J, CAO F Y, et al., 2021. Source apportionment of absorption enhancement of black carbon in different environments of China[J]. Science of The Total Environment, 755, DOI: 10.1016/j.scitotenv.2020.142685.

ZHAO S P, YU Y, YIN D Y, et al., 2019. Concentrations, optical and radiative properties of carbonaceous aerosols over urban Lanzhou, a typical valley city: Results from in-situ observations and numerical model[J]. Atmospheric Environment, 213: 470-484.

ZHAO S Y, TIE X X, CAO J J, et al., 2015. Impacts of mountains on black carbon aerosol under different synoptic meteorology conditions in the Guanzhong region, China[J]. Atmospheric Research, 164: 286-296.